中国消防救援学院规划教材

无人机消防救援应用

主　　编　纪任鑫
参编人员　耿荣妹　祝鑫海　孙啸峰
　　　　　王子宁　王　慰　王栋武
　　　　　陈军鹏　史家升　王　静

U0312753

应急管理出版社

·北　京·

图书在版编目（CIP）数据

无人机消防救援应用／纪任鑫主编． – – 北京：应急
管理出版社，2022

中国消防救援学院规划教材

ISBN 978 – 7 – 5020 – 9437 – 9

Ⅰ．①无… Ⅱ．①纪… Ⅲ．①无人驾驶飞机—应用—
消防—救援—高等学校—教材 Ⅳ．①TU998.1

中国版本图书馆 CIP 数据核字（2022）第 133408 号

无人机消防救援应用（中国消防救援学院规划教材）

主　　编	纪任鑫
责任编辑	闫　非
编　　辑	田小琴
责任校对	孔青青
封面设计	王　滨

出版发行　应急管理出版社（北京市朝阳区芍药居 35 号　100029）

电　　话　010 – 84657898（总编室）　010 – 84657880（读者服务部）

网　　址　www.cciph.com.cn

印　　刷　北京建宏印刷有限公司

经　　销　全国新华书店

开　　本　787mm×1092mm$^1/_{16}$　印张　17$^1/_2$　字数　382 千字

版　　次　2022 年 8 月第 1 版　2022 年 8 月第 1 次印刷

社内编号　20220825　　　　　　定价　54.00 元

前　　言

中国消防救援学院主要承担国家综合性消防救援队伍的人才培养、专业培训和科研等任务。学院的发展，对于加快构建消防救援高等教育体系、培养造就高素质消防救援专业人才、推动新时代应急管理事业改革发展，具有重大而深远的意义。学院秉承"政治引领、内涵发展、特色办学、质量立院"办学理念，贯彻对党忠诚、纪律严明、赴汤蹈火、竭诚为民"四句话方针"，坚持立德树人，坚持社会主义办学方向，努力培养政治过硬、本领高强，具有世界一流水准的消防救援人才。

教材作为体现教学内容和教学方法的知识载体，是组织运行教学活动的工具保障，是深化教学改革、提高人才培养质量的基础保证，也是院校教学、科研水平的重要反映。学院高度重视教材建设，紧紧围绕人才培养方案，按照"选编结合"原则，重点编写专业特色课程和新开课程教材，有计划、有步骤地建设了一套具有学院专业特色的规划教材。

本套教材以马克思列宁主义、毛泽东思想、邓小平理论、"三个代表"重要思想、科学发展观、习近平新时代中国特色社会主义思想为指导，以培养消防救援专门人才为目标，按照专业人才培养方案和课程教学大纲要求，在认真总结实践经验，充分吸纳各学科和相关领域最新理论成果的基础上编写而成。教材在内容上主要突出消防救援基础理论和工作实践，并注重体现科学性、系统性、适用性和相对稳定性。

《无人机消防救援应用》由中国消防救援学院副教授纪任鑫任主编。参加编写的人员及分工：纪任鑫编写绪论，第四章第三、四、五节；王慰、王子宁编写第一章；孙啸峰、史家升编写第二章；祝鑫海编写第四章第一、二节，第六章，第七章；王栋武编写第三章、第五章；陈军鹏编写第八章；耿荣妹、王静编写第九章、第十章。

本套教材在编写过程中，得到了应急管理部、兄弟院校、相关科研院所的大力支持和帮助，谨在此深表谢意。

由于编者水平所限，教材中难免存在不足之处，恳请读者批评指正，以便再版时修改完善。

中国消防救援学院教材建设委员会

2022 年 5 月

目　　录

绪论 …………………………………………………………………………… 1

第一章　无人机应用基础 …………………………………………………… 11

    第一节　概述 ……………………………………………………………… 11

    第二节　装备器材 ………………………………………………………… 18

    第三节　人员编组 ………………………………………………………… 32

    第四节　基本应用流程 …………………………………………………… 35

第二章　无人机应用技术 …………………………………………………… 50

    第一节　侦察监测 ………………………………………………………… 50

    第二节　航测勘察 ………………………………………………………… 81

    第三节　环境侦检 ………………………………………………………… 94

    第四节　通信中继 ………………………………………………………… 103

    第五节　物资运输 ………………………………………………………… 110

    第六节　喊话照明 ………………………………………………………… 122

第三章　无人机在建筑火灾救援中的应用 ………………………………… 129

    第一节　任务特点 ………………………………………………………… 129

    第二节　基本救援 ………………………………………………………… 130

    第三节　无人机任务与实施 ……………………………………………… 133

    第四节　应用战例分析 …………………………………………………… 137

第四章　无人机在森林火灾救援中的应用 ………………………………… 145

    第一节　任务特点 ………………………………………………………… 145

    第二节　基本救援 ………………………………………………………… 148

    第三节　无人机任务 ……………………………………………………… 151

    第四节　组织与实施 ……………………………………………………… 156

    第五节　应用战例分析 …………………………………………………… 169

第五章　无人机在危险化学品事故救援中的应用·············· 183

　　第一节　任务特点······························· 183

　　第二节　基本救援······························· 184

　　第三节　无人机任务与实施······················· 187

　　第四节　应用战例分析··························· 189

第六章　无人机在洪涝灾害救援中的应用·················· 193

　　第一节　任务特点······························· 193

　　第二节　基本救援······························· 196

　　第三节　无人机任务与实施······················· 200

　　第四节　应用战例分析··························· 204

第七章　无人机在地质（地震）灾害救援中的应用·········· 206

　　第一节　任务特点······························· 206

　　第二节　基本救援······························· 211

　　第三节　无人机任务与实施······················· 215

　　第四节　应用战例分析··························· 217

第八章　无人机在其他事故救援中的应用·················· 220

　　第一节　山岳救援······························· 220

　　第二节　海上救援······························· 227

第九章　无人机应用保障管理·························· 235

　　第一节　飞行安全······························· 235

　　第二节　综合保障······························· 241

　　第三节　装备管理······························· 251

第十章　无人机消防救援应用训练······················ 264

　　第一节　指挥训练······························· 264

　　第二节　专业训练······························· 265

　　第三节　合成训练······························· 269

参考文献······································· 272

绪　　论

　　长期以来，消防救援队伍作为应急救援的主力军和国家队，承担着防范化解重大安全风险和应对处置各类灾害事故的重要职责。作为同老百姓贴得最近、联系最紧的队伍，有警必出、闻警即动，奋战在人民群众最需要的地方，特别是在重大灾害事故面前，不畏艰险、冲锋在前，做出了突出的贡献。

一、我国灾害事故形势

（一）自然灾害形势

　　自然灾害是地球表层孕灾环境、致灾因子、承灾体综合作用的产物，是在一定自然环境背景下产生，超出人类社会控制和承受能力，对人类社会造成危害和损失的事件，是自然与社会综合作用的结果。从灾害的分类看，我国的自然灾害主要有气象水文灾害、地质地震灾害、海洋灾害、生物灾害、生态环境灾害五大类。其中，气象灾害包括干旱、洪涝、台风、暴雨、大风、冰雹、雷电、低温、冰雪、高温、沙尘暴、大雾灾害等；地质地震灾害包括地震、火山、崩塌、滑坡、泥石流、地面塌陷、地面沉降、地裂缝灾害等；海洋灾害包括风暴潮、灾害性海浪、海冰、海啸等；生物灾害包括植物病虫害、疫病、鼠害、草害、赤潮、森林/草原火灾等；生态环境灾害包括水土流失、风蚀沙化、盐渍化、石漠化灾害等。

　　我国是世界上遭受自然灾害最严重的国家之一，这是我国的一个基本国情。我国自然灾害主要有4个特点：一是灾害种类多。除现代火山活动外，几乎所有的自然灾害类型都在我国出现过。二是分布地域广。各省份均不同程度受到自然灾害影响，70%以上的城市、50%以上的人口分布在气象、地震、地质、海洋等灾害高风险区。三是发生频率高。区域性洪涝、干旱几乎每年都会出现；东南沿海地区平均每年有6～8个台风登陆；地震活动频繁，大陆地震占全球陆地破坏性地震的1/3，是世界上大陆地震最多的国家。四是灾害损失重。2000年以来，我国平均每年因各类自然灾害造成约3亿人次受灾，直接经济损失为3600多亿元人民币。

　　近年来，全球气候正经历一次以全球变暖为主要特征的显著变化，我国极端天气气候事件呈多发频发态势，高温、洪涝和干旱风险进一步加剧。地震方面，我国位于欧亚、太平洋和印度洋三大板块交汇地带，进入新的活跃期。由于我国国土面积广袤，地理气候条件复杂，自然灾害往往呈现群发性特点，一次重大灾害可以衍生一系列次生灾害，形成灾害链。随着经济全球化、城镇化快速发展，社会财富聚集，人口密度增加，各类风险相互交织、相互叠加，自然灾害治理面临更加复杂严峻的形势和挑战。

（二）安全生产事故形势

随着我国经济快速发展，生产安全问题较为突出的主要有矿山类、危化类、油气管道类、隧道施工类、海上油气开发类、建筑施工类等行业领域。据统计，2021 年全国矿山共发生事故 356 起、死亡 503 人。其中，煤矿事故 91 起、死亡 178 人；非煤矿山事故 265 起、死亡 325 人。全国煤矿事故中高发地区依次是贵州、湖南、云南、山西、四川、重庆、黑龙江，非煤矿山事故高发地区依次是云南、湖南、内蒙古、湖北、河南、广东、河北、江西、陕西、山东。矿山安全事故主要包括冒顶片帮、深部岩爆、地表塌陷、井下突水、崩塌滑坡、瓦斯爆炸等。我国化工产业发展迅速，但积累形成了系统性风险，重特大危化品生产安全事故频发，"十三五"期间（2016—2020 年），全国共发生化工和危险化学品事故 929 起，导致 1176 人死亡。其中 2017—2019 年，每年至少发生 2 起重大及以上事故。从事故类型的分布情况看，中毒和窒息事故起数最多，其次是爆炸和高处坠落；从事故死亡人数看，爆炸事故死亡人数最多，其次是中毒和窒息、火灾事故。

二、消防救援队伍遂行任务情况

消防救援队伍全面承担各类灾害事故的应对处置工作，着眼"大应急"体系建设，构建了畅通高效的应急指挥机制。消防救援队伍坚持"人民至上、生命至上"，紧紧围绕防范化解重大安全风险、应对处置各类灾害事故的核心职能，破立并举、守正创新，加快提升队伍正规化、专业化、职业化水平，圆满完成了各项任务，消防救援队伍 2016—2020 年出警情况如图 0－1 所示。2020 年 11 月 5 日消防救援局领导在国务院新闻办公室

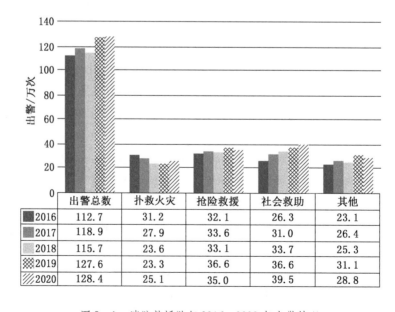

	出警总数	扑救火灾	抢险救援	社会救助	其他
2016	112.7	31.2	32.1	26.3	23.1
2017	118.9	27.9	33.6	31.0	26.4
2018	115.7	23.6	33.1	33.7	25.3
2019	127.6	23.3	36.6	36.6	31.1
2020	128.4	25.1	35.0	39.5	28.8

图 0－1　消防救援队伍 2016—2020 年出警情况

举行的新闻发布会上介绍国家综合性消防救援队伍改革发展情况时说到着眼"全灾种"救援任务，消防救援队伍在全国布点组建了 8 个机动专业支队，各地分类别组建了地震、水域、山岳、洞穴等专业救援队 2800 余个，建设了南方、北方空中救援基地，广泛开展专业培训、资质认证和实战练兵，努力提升综合救援能力；着眼"体系化"装备建设，加快补充急需装备，升级换代常规装备，研发配备高精尖装备，目前消防车配备达到 5.3 万辆，消防船艇 7400 余艘，各类专业救援装备器材 1160 万件（套），基本涵盖了城乡和森林草原火灾扑救，以及洪涝、地震、地质、建筑坍塌、危化品泄漏等灾害事故处置的各个领域。两年来，共接警出动 261.6 万次，营救和疏散遇险群众 123.7 万余人，有效应对处置了江苏响水"3·21"爆炸、四川长宁 6.0 级地震、贵州水城"7·23"山体滑坡、福建泉州"3·7"建筑坍塌、山西榆社"3·17"森林火灾以及超强台风、严重洪涝等一系列重大灾害事故，2019 年 3 月还应莫桑比克政府请求实施跨国救援，协助当地应对处置强热带气旋灾害。

三、无人机消防救援应用的优势及现状

我国将消防救援无人机技术应用于城市、森林消防和各类应急救援中，越来越凸显其重要性，消防救援无人机搭载相应载荷在林区巡护、卫星热点侦察、火场侦察等方面发挥了很好的作用，并在应急预案的制定、快速响应机制的建立、现场火情存档与取证等方面展现出重要作用。

（一）无人机应用的优势

1. 行动反应迅速

消防救援旋翼无人机具备垂直起降、高空定点悬停、360°自旋等技术特点，对地理环境没有特殊要求可以无视交通堵塞情况，飞行速度快，转弯半径可操控性强，能够在空中直线到达应急救援任务区域位置，快速展开侦察和辅助救援工作。例如，在西南某山区发生森林火灾，地面分队从集结点出发翻山越岭用了十个小时才到达直线距离 5 km 外的火场，而用无人机仅需 10 min 就可到达火场上方开展作业。

2. 装备使用便携

无人机的操作相对于大型飞机或者直升机是非常简单的，拥有多种操作模式，操作人员可通过使用遥控器和地面站来操控无人机的飞行动作，通过远距离音视频传输，接收无人机传输数据实时掌握现场情况，以便全方位远程监控。在操作过程中，可以随时改变飞行方向，只需要几分钟就可以按照指定的飞行路线快速飞往现场。

3. 侦测分辨率高

无人机侦测与人工地面侦测及卫星遥感侦测相比，具有多种优势。人工侦测受地形、地物影响大，有视觉盲点，观察的范围十分有限，侦察的效率非常低；卫星遥感侦测因高度高、重返周期长，分辨率较低。而无人机侦测，通过挂载各种可见光、红外摄像机、热成像等一些设备，可以从空中全面而独特的视角抵近侦测，时空分辨率高，实现精准侦

测。如在森林火灾后，通常所获取的火场坐标基本上都是概略坐标，这个坐标是飞机观察员标定或瞭望塔监测给出的概略坐标。众所周知，地理坐标同一经度上纬度相差 1°，实际距离相差 111 km；相差 1′，实际距离相差 1.85 km。如果不先期进行火场侦查，盲目向火场开进或投入力量，就会费时费力，甚至一两天找不到火场。无人机配备以后，救援力量到达火场附近后，可先让队伍原地休整待命，立即派出无人机进行火场侦查，通过地面站接收火场图像，获取火场精确定位，就实现了由概略定位向精确定位的跨越性转变，为一线指挥员指挥决策提供有利的支撑。

4. 环境适应性强

与载人机相比，消防救援无人机能够搭载多种任务平台，针对各类任务需要装备侦测系统、定位系统、全景设备、中继通信平台等，可以满足复杂环境中救援工作的需求。无人机可在高危险任务中代替有人机，降低存在的安全隐患。如火灾现场的情况往往是复杂多变的，而消防无人机对起降场地没有特别高的要求，可以快速地起飞降落。在运用过程中它还能够克服高度、烟雾、温度、风力等各种复杂危险的因素，有效地避免火场环境所带来的影响，并且它还可以到达一些消防人员无法到达的区域执行任务。例如，火场通常伴随着浓烟甚至毒气，消防人员很难进入或者无法进入，但是无人机可以进入飞行，这样不仅可以得到更加真实有效的火场数据，为灭火救援提供更好的依据，而且保证了消防人员的生命安全，使后续的灭火救援顺利进行。

5. 使用成本低廉

无人机目前在应急救援中较广泛，除了比较便捷高效，其使用成本低廉也是很重要的因素。与有人机相比，一是其制造成本较低，无人机由于无人在空中，不需考虑生命支持系统，由此制造成本较有人机大大降低，目前轻小型无人机从几千元至数十万元不等，大载重无人机也只是百万级；二是维护成本较低，结构简单的无人机使用寿命较长，可以使用新型轻质高强度材料，不易损坏，且更换容易；三是所需配套成本较低，无须庞大的机务维护人员和设备提供保障。此外，无人机使用过程中调度快速，容易普及配备，并且能够伴随救援队伍开展救援，从而提高救援的科学性、安全性、高效性，间接地降低了灾害事故损失。

（二）无人机在消防救援中的应用现状

1. 消防无人机应用越来越广泛

近年来，随着无人机的优势不断为人们所认知，在消防救援行动中运用越来越普遍，为救援行动提供了越来越重要的支撑。

2015 年 8 月的天津港爆炸事件后，消防局第一时间紧急调集了北京、河北、山西、山东总队 8 架消防无人机，随同 31 名通信骨干连夜驰援天津，充分利用消防无人机实时获取全方位的高空、高清灾害现场图像，对火情和救援实现有效的动态监控。爆炸发生 5 h 之后，无人机就飞入爆炸核心区，利用无人机绘制出的 360° 全景图，为现场指挥部决策提供了有力的依据。截至 8 月 19 日 13 时，无人机已累计执行 87 次侦察飞行任务，传送爆炸核心区域图像约 750 分钟，向指挥部提供了大量翔实的灾情动态图像信息。

2016 年 4 月 22 日，江苏靖江市发生火灾，引燃了两个储油罐，燃烧面积约 2000 m^2，现场还有 42 个储罐，含 12 个汽油、柴油罐，30 个高危化工品储罐。救援现场面临的挑战有：指挥中心无法宏观了解现场情况；有毒和易燃易爆品多，严重威胁人身安全；油罐温度变化无法预测，存在爆炸隐患。通过无人机热成像对大面积火情进行快速侦查，及时回传画面供指挥中心决策提前预判油温过高的罐体，避免了二次爆炸。

2020 年河南防汛抗洪救援行动中，江苏省消防救援总队跨区驰援，全省各级消防应急通信保障队伍闻令即动、前突先行，一次性调集了 14 支应急通信保障队伍 14 车 60 人，携带无线电台、POC 手机、球机、单兵、自组网等各类通信设备 400 余台，具备侦察建模、空中抛投、喊话照明等功能的无人机 42 台。利用御 2 系列小型无人机执行应急巡查、全景拍摄以及红外夜间搜救任务；使用精灵 4RTK 无人机实施高精度二、三维建模作业；使用 M300 无人机实施疏散喊话照明、定点物资抛投等作业；通过系留设备为实施长时间作业的无人机提供不间断供电。与国家防灾减灾中心通力合作，利用多旋翼无人机 40 架、固定翼无人机 4 架，开展测绘作业 50 次，测绘面积达 195 km^2，制作了灾前灾后二维对比图、全景照片、三维模型等 82 个航拍成果，并及时出具了航空遥感应急监测评估报告，为前方救援指挥部（以下简称"前指"）及时调整救援处置作战部署提供了可靠、直观的信息支撑。

2. 消防无人机配备越来越普及

近年来，随着消防无人机在应急救援中应用优势逐渐显现，无人机装备厂家越来越关注消防救援场景的需求，不断加大科研攻关和装备推广力度，各地消防救援部门也越来越重视采购列装无人机装备。仅 2020 年政府采购网上发布的消防救援队伍无人机装备采购项目就达 36 项，类型多样，有侦察无人机、照明无人机、大载重无人机。如 2020 年 11 月，新疆森林消防总队采购了侦察无人机；2020 年 8 月，四川省消防救援总队成都支队采购了 2 台大载重综合救援灭火无人机。

毕节市消防救援支队 2020 年 10 月采购 M300、精灵 4RTK、御 2、大载重无人机 (Z1) 以及高空长航时无人机（ZT-3VS 电动垂直固定翼）等 11 种机型，配备了多功能绘图仪、图形工作站（外星人 M51）等设备，加之前期采购的大疆御 Pro、M600 等机型，该支队无人机编队无人机数量达到了 13 台，配备无人机运输车 1 辆、无人机驾驶员 8 名。同时，毕节市消防救援支队出台了无人机编队运行管理规定，组建无人机侦察、测绘与评估、无人机救援 3 个小组，实现小空间、热成像、有毒及可燃气体检测、大面积长时间侦察，实现三维建模、灾害现场对比图、全景图、二维图等制作和灾害现场测绘评估，实现救生装备投送、救援物资运送、语音广播、现场照明等功能。无人机装备的配备普及化将有力提升消防救援工作科技化、信息化水平，促进消防安保、战例研讨、火灾事故调查、消防宣传等工作高效开展。

3. 消防无人机用途比较单一

目前，消防救援队伍在无人机应用总体上看主要是用于侦察监测，还有照明喊话和轻小物品的投放，其用途比较单一。一是因为目前消防救援队伍配备的无人机大多数起飞重量小于 7 kg，造价较低。但载重量小，航时较短，机载供电能力小，所能挂载的任务载荷种类有限，功能比较单一，这影响了消防无人机用途的拓展。二是受使用空域的限制，国内低空空域还未完全放开，无人机在使用时受到比较大的限制。如在救灾现场，还未实现无人机与有人机协同作业，凡是白天有人机在作业时，无人机禁止飞行，这对拓展无人机应用是很大的限制。

4. 大型无人机应用已崭露头角

近年来，国内彩虹无人机科技有限公司、中航（成都）无人机系统股份有限公司、腾盾科技有限公司等大型无人机公司将大型长航时无人机平台和应急救援需求结合，探索用于森林火灾侦察、应急通信保障等场景，展现出航时长、获取效率高、抗恶劣天气能力强、任务能力多样等特点，满足了重大自然灾害、重点区域的信息获取需求和应急通信保障需要，受到国内外高度关注。

2020 年 4 月，云南省贡山县遭遇暴雨天气，县域内道路交通、通信、电力、农作物、房屋、供水等受损严重，彩虹－4 无人机中航时固定翼无人机搭载航空应急测绘系统迅速启动应急方案，成立应急无人机飞行调查组，研判灾区地形地貌及其气象情况，连夜规划航迹，完成灾害重点区域图像实时获取、传输及拼接处理，形成"第一张图"，为第一时间获取重特大突发事件现场信息提供保障。

2020 年 9 月 29 日应急管理部组织消防救援学院、消防救援局、森林消防局、中国航空工业集团、中国移动成都研究院等单位在四川木里开展翼龙无人机应急通信保障实战测试，9 月 29 日凌晨 4 时 50 分翼龙－2 无人机冒雨从贵州安顺机场起飞，经过 2 h30 min 飞行 500 km，到达四川木里测试任务空域，开展公网移动通信保障、宽带自组网通信保障、超短波中继、光电吊舱、SAR、CCD 航测相机侦察、极端环境下遂行任务能力等项目测试。9 月 29 日 22 时 05 分，翼龙－2 无人机完成测试任务后，安全顺利返回安顺机场，整个测试过程历时 17 h15 min。此次测试创造了国内大型无人机国内多个"首次"，第一次实现了跨空域、跨昼夜，实战场景下的应急通信测试，探索了军地协同的空中救援快速响应机制。第一次在山沟峡谷、山高林密的复杂地形条件下，构建了公专结合、宽窄融合、空地一体的应急通信平台。第一次实现了空中通信平台与地面多种救援队伍的实战演练和协同指挥，验证了大型长航时无人通信平台的实战保障能力，为解决"断网断电断路"极端情况下，救援力量突不进去，信息传不出来的实战难题，创建了全新解决方案。

2021 年 7 月河南省郑州遭遇大范围极端强降雨，大量群众受灾，急需救援。2021 年 07 月 21 日接应急管理部紧急通知，调派翼龙－2 无人机应急通信系统 GU0001 架飞往河南灾区开展应急通信保障任务。2021 年 07 月 21 日 14 时 23 分，翼龙－2 无人机在贵州安顺机场起飞，跨贵州省、湖北省、河南省和重庆市，奔袭 1200 km，到达河南郑州巩义市米河镇、畅兴物流园及新中镇，在通信中断区实现了约 50 km² 范围长时稳定的连续移动信号覆盖。任务期间，空中基站累计接入用户 5953 个，产生流量 1.4 GB，单次最大接入用户 648 个，短信提醒发送有效号码 2704 个，持续恢复通信 6 h，通过无人机搭载的 DH - 3010H 多功能雷达载荷获取的 SAR 图像对灾情进行分析与评估，如图 0 - 2 所示。

图 0 - 2　灾区房屋和道路的 SAR 图像与光学图像对比

四、无人机技术装备及消防救援应用发展趋势

随着无人机装备技术的发展，无人机必将在消防救援中发挥越来越重要的作用。无人机在侦察监测、通信中继、救援保障等任务中发挥快速、高效、安全的优势，可以显著提高救援的科学性、安全性和救援效率。无人机技术装备是应用的重要物质基础，决定了应用的发展程度，应用的发展趋势引导着无人机技术装备的发展方向。

（一）无人机技术装备发展趋势

1. 平台大型化

近年来无人机装备发展方向逐渐细化，大疆创新科技有限公司等无人机公司专注轻小型的无人机的研制，主要用于侦察等。随着对灭火救援和物资运输的需求突显，消防救援无人机平台的大型化已逐渐显现，除了彩虹、翼龙等大型军用无人机平台向民用转型，航景创新科技有限公司、三和航空工业有限公司、腾盾等无人机公司也均致力于大型无人机平台的研制。如 FWH - 1000 型无人直升机机身 2 m，旋翼直径 7.2 m，最大起飞重量达 550 kg，有效载荷 150 kg。

2. 控制集群化

消防救援任务往往区域广、任务多样、时效性要求高，要克服航时短、载重量小的劣势，就需多机集群协同作业。控制集群化是通过一个地面控制站，对多架任务机进行任务规划，并反馈所述任务规划到与地面控制站建立通讯连接的所有任务机，各任务机根据获取的任务规划进行飞行作业，且飞行过程中同时将自身的位置和速度信息发送给所有连接到地面的控制站，并可动态调整任务规划。目前，通过在无人机群上安装 Mesh 通信模块，初步实现了无人机机群灭火和航测作业的集群控制，但这是初步的，今后需在集群控制算法、通信网络、任务规划等关键技术上突破，才能实现更高水平的集群控制。

3. 作业智能化

无人机在消防救援中可在高温、有毒及复杂环境下开展侦测、救援等作业，需提高目标智能识别、比对、分析、锁定与智能投放能力。通过融合机器学习、AI 智能技术，提高无人机智能化作业水平。如火情侦测时通过在巡视中智能比对任务区温度的变化，锁定重点危险源，为救援方案制定、调整提供重要决策参考。在无人机机群灭火作业中，无人机通过机器学习智能识别区别烟点和火点，并指引灭火无人机携弹及时快速精准打击。

4. 配备体系化

无人机装备和其他救援装备一样，不同规格和功能的无人机应用用途不同，不能靠一种、一类或一个型号装备包打天下，需综合航时、功能、规格等因素结合任务需要选择不同机型承担相应的任务，要坚持体系化配备、体系化应用。如救援任务区域小、持续时间短、任务简单时，只需用小型侦察无人机开展侦测即可。如在灾情严重、范围广、地形复杂、持续时间长的重大森林火灾救援中，则需配备侦察、通信中继、物资投送、喊话照明功能的无人机才能更好地发挥出优势，高效救援。

5. 保障系统化

近年来的无人机应用实践证明，想要有效发挥无人机作用，需要有充分的保障系统给予支撑。针对无人机装备特点配备专用机动运输系统、电力供应系统、指挥控制系统和图像处理分析系统，以实现快速到位、快速展开、快速作业、快速处理、快速回传的目标。

（二）无人机消防救援应用发展趋势

1. 系统运行网络化

随着消防救援无人机配备和应用普及化，需综合利用5G网络等先进技术对无人机运行进行网络化管理。通过可横向扩展的多服务器集群将消防无人机、任务载荷数据及多种通信链路接入云服务系统，实现无人机远程自主飞行与实时监控，为无人机及用户提供人员管理、多机多航线任务规划调度；实现多种无人机的网络化部署、与地面端 APP 协同实现空地一体、提供与监管部门的飞行任务审批、禁飞区实时更新、飞行状态监控、飞行器远程操作、飞行历史查询、动态数据分析，飞控程序升级、飞行器寿命预警等服务。对无人机进行数字化管理，提供及时准确的空域及飞机状态信息，及时提醒分队对飞机进行维护保养，减少飞行事故的发生。无人机指挥调度系统如图 0 - 3 所示，系统还可提供在线图像识别、在线图像拼接、三维图像合成、在线视频图像存储等服务。

2. 态势感知实时化

无人机影像处理的传统实施方法是将相机拍摄的影像通过 USB 接口传输到 PC 端，在PC 端对影像进行处理，时效性无法满足高效救援需要，而通过无人机影像实时处理技术

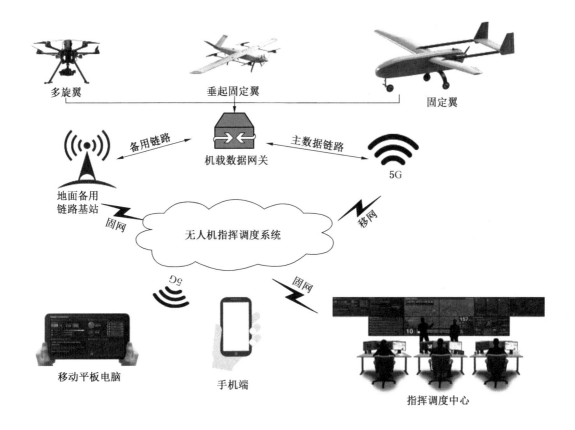

图 0-3　无人机指挥调度系统

可以实现灾情态势感知实时化。如通过对无人机影像实时进行处理，可以实时监测到滑坡、房屋倒塌、围堰状况等信息，对制定科学的救援方案至关重要。影像实时处理技术是通过基于多核 CPU 和 GPU 加速的大高差、大偏角影像立体匹配，采用增量式光束法平差技术对实时获取的少量影像数据进行快速匹配和平差处理，然后不断加入新的影像数据，借鉴 SLAM 技术思想，进行实时匹配和定位，利用先进的三角网构建和剖分算法对空三结果进一步快速加密并直接生成三角网 DEM。利用原始影像的实时高精度位置姿态数据和数字高程模型（DEM），对影像数据进行实时重采样正射纠正和镶嵌，实时生成测区正射影像产品。

3. 实战运用主战化

目前无人机大多是作为侦测用，在消防救援队伍中主要配属给应急通信保障人员使用，是作为一种辅助手段在应用，发挥的用途有限。随着无人机航时和载重能力提升，它可以独立作为灭火或救援装备应用，代替消防员完成危险环境下的任务，发挥出主战装备的作用。如现在研制的高层灭火无人机，它可弥补当前举高车高度受限的不足，承担超高层建筑火灾灭火，大型无人机搭载灭火弹可在森林火灾巡护中实现察打一体，即发现即处理，实现打早、打小、打了的目标。

4. 空地协同一体化

无人机要在未来的救援中发挥重要作用，一定是要通过无人机与有人机协同、无人机与地面协同、前方与后方协同来实现。通过构建空天地一体化通信网络实现空地通信信息通联、无人机与有人机位置共享、航路共规划，以及实现空中力量指挥调度一体化，明确任务空域运行规则和协调机制，建立空地影像信息共享保障和调度机制，根据任务需要统一协调空地资源。

📖 习题

1. 结合实例分析消防救援任务的特点？
2. 无人机在消防救援任务中主要应用场景有哪些？有哪些应用优势？
3. 简述消防救援无人机装备发展的趋势？
4. 简述无人机消防救援应用发展趋势？

第一章　无人机应用基础

无人机应用的效果与装备性能、组织实施水平息息相关。装备器材是无人机应用的重要物质基础，近年随着航空及电子技术的发展，无人机平台及配套设备、器材发展日新月异，为遂行多样化任务提供了坚强有力的支撑。无人机机组是遂行任务的主体，根据任务特点和需要合理编配人员和装备，按应用流程组织任务实施，以不断提高无人机应用的规范化水平。

第一节　概　　述

从第一台无人机诞生至今，各国已经研发出成千上万种无人机，这些无人机外形各异，性能方面也有差异，但这些无人机具有一个共性的特点：都是一种无人驾驶的航空飞行器。任何一种能够离开地面的飞行器，并且在大气层内飞行，而不载有驾驶员，且配置有动力装置和飞行控制系统的，都可以认为是无人机。

一、无人机的起源发展

第一架无人机由美国人 Lawrence 和 Sperry 在 1916 年制造，他们发明了一种陀螺仪代替飞行员来稳定飞机，从而实现了无人驾驶。

1945 年，第二次世界大战之后将退役的飞机改装作为靶机，开创了近代无人机使用的先河。随着电子信息技术的进一步发展，无人机在担任侦察与监视任务中体现出了重要作用。

20 世纪 90 年代后，西方国家意识到无人机在战争中可以发挥重要的作用，于是在无人机的研发上应用了更多高新技术：为了增加无人机的续航时间，不断研究设计新翼型及应用更多的轻型材料；采用更加先进的信息处理与通信技术，提高了无人机的图像与数字化传输速度；不断升级的自动驾驶仪使无人机不再需要陆基电视屏幕领航，而是按照相应程序设定完成飞行任务。

无人机技术在 20 世纪经历了 3 次发展浪潮，真正进入了一个"黄金时代"：1990 年后，全球共有 30 多个国家装备了大型战术无人机系统，代表机型有美国"猎人""先驱者"，以色列"侦察兵""先锋"等。1993 年后，以美国"蒂尔"无人机发展计划为代表，中高空长航时军用无人机得到迅速发展；20 世纪末，中小型固定翼和旋翼战术无人机系统出现，其体积小、价格低、机动性好，使无人机进入了大规模应用时代。

二、无人机的分类

近年来，国内外无人机技术飞速发展，无人机种类繁多、用途广泛，在尺寸、重量、航程、航时、飞行高度、飞行速度、性能以及任务执行等方面都有较大差异。具体分类方法可按平台构型、用途、尺度、活动半径、任务高度等进行分类。

（一）按平台构型分类

无人机可分为固定翼无人机、旋翼无人机、无人飞艇等。

（二）按用途分类

无人机可分为军用无人机和民用无人机。军用无人机可分为侦察无人机、诱饵无人机、电子对抗无人机、无人战斗机及靶机等。民用无人机可分为航拍无人机、农用无人机、气象无人机、勘探无人机以及测绘无人机等。

（三）按尺度分类

无人机可分为微型无人机、轻型无人机、小型无人机以及大型无人机。微型无人机是指空机重量小于等于 7 kg 的无人机。轻型无人机是指空机重量大于 7 kg，但小于等于 116 kg 的无人机，且全马力平飞中校正空速小于 100 km/h、升限小于 3000 m。小型无人机是指空机重量小于等于 5700 kg 的无人机，微型和轻型无人机（图 1-1）除外。大型无人机是指空机重量大于 5700 kg 的无人机。小型和大型无人机如图 1-2 所示。

(a) 微型无人机　　　　　　　　(b) 轻型无人机

图 1-1　微型和轻型无人机

（四）按活动半径分类

无人机可分为超近程无人机、近程无人机、短程无人机、中程无人机和远程无人机。超近程无人机活动半径在 15 km 以内，近程无人机活动半径在 15~50 km 之间，短程无人机活动半径在 50~200 km 之间，中程无人机活动半径在 200~800 km 之间，远程无人机活动半径大于 800 km。

（五）按任务高度分类

无人机可以分为超低空无人机、低空无人机、中空无人机、高空无人机和超高空无人

(a) 小型无人机

(b) 大型无人机

图 1-2 小型和大型无人机

机。超低空无人机任务高度一般在 0~100 m 之间，低空无人机任务高度一般在 100~
1000 m 之间，中空无人机任务高度一般在 1000~7000 m 之间，高空无人机任务高度一般
在 7000~18000 m 之间，超高空无人机任务高度一般大于 18000 m。

三、无人机系统构成

无人机进行任务飞行时，单靠自身是无法完成的。通常情况下，无人机需要一个完整
的系统才能够执行任务，这就是无人机系统。

（一）机体结构

1. 多旋翼无人机

多旋翼无人机机体结构应该是无人机飞行器里最为简单的，相比固定翼机身的框、桁
条、梁等部件，多旋翼无人机大多以碳纤维材料、杆的形式组成。

多旋翼的中央机身，是多旋翼无人机重量最为集中的位置。最上一层支撑为航电设备
安装区，主要集中安装 GPS 天线、GPS 支架、数传模块、数传天线、图传模块和图传天
线，其中 GPS 天线和数传天线需隔开并保持距离，避免电磁干扰。中间层通常布置飞控
系统，机身四周安装 3 个以上的碳纤维支架杆，这种杆材都是中空结构，内部可以为电动
机、电调、数据线提供通道与飞控相连接。同时最下方设置任务设备挂载区，对于进行航
拍任务的无人机需挂载数码相机和稳定云台，对于执行其他任务的无人机也可挂载其他任
务保障设备。

2. 固定翼无人机

大多数固定翼无人机主要由机翼、机身、尾翼、起落装置等组成。

（1）机翼：无人机产生升力的主要部件。机翼后缘有可操纵的活动面，靠内侧的是
襟翼，用于增加起飞、着陆阶段的升力；位于外侧的叫作副翼，用于控制无人机的滚转
运动。

（2）机身：主要是无人机其他结构部件的安装基础，将机翼、尾翼及发动机等连接

成一个整体,还可以装载机载设备、燃料等。

(3)尾翼:用来稳定和操纵无人机飞行姿态的部件,通常包括垂直尾翼和水平尾翼两部分。垂直尾翼由固定的垂直安定面和安装在后面可活动的方向舵组成,水平尾翼由固定的水平安定面和安装在其后部可活动的升降舵组成。方向舵用于控制无人机的航向运动,升降舵用于控制无人机的俯仰运动。

(4)起落装置:无人机重要的具有承力兼操纵性的部件。起落架是用来支撑无人机停放、滑行、起飞和着陆滑跑的部件,由支柱、缓冲器、刹车装置、机轮机构组成。

(二)飞行控制系统

飞行控制系统是无人机航电的核心部分,主要是实现对无人机飞行的实时自动控制,稳定无人机飞行姿态,并控制无人机自动或半自动飞行的关键,是无人机的组成核心。飞行控制系统主要包括主控、卫星定位系统、惯性测量单元、指南针和 LED 指示灯。

1. 主控

主控即飞行控制器,是飞控系统的中央控制器,负责数据信号的接收、处理和传输,向动力系统不断发送修正指令,调整电机转速。

2. 卫星定位系统(GNSS)

GNSS 在无人机中起着定位和导航的作用。无人机接通电源后,马上进入搜索卫星的过程,通常称之为"搜星"。搜星数量越多,定位就越精确,可以帮助无人机实现定点悬停或自动返航的功能。

3. 惯性测量单元(IMU)

惯性测量单元是无人机内部重要的传感器,如果说主控是无人机的"大脑",那 IMU 就相当于"小脑",用来感知飞行姿态、加速度的变化,然后将所得数据传递给主控,由主控处理并输出修正指令。

4. 指南针

指南针用于分辨无人机在地理坐标系中的方向。在无人机中,指南针与 GNSS 协同工作,如果指南针出现异常,会影响无人机定点悬停和返航。指南针容易受到环境干扰,干扰主要来自强磁场和大型金属,如磁矿、带有钢筋的建筑区域、高压线等。在无人机首次飞行前,应对指南针进行校准。在飞行场地与前一次校准的场地相距较远时,需重新校准。

5. LED 指示灯

当 LED 指示灯发出不同颜色和频率的灯光时,驾驶员可直观了解无人机工作状态和异常提示。LED 指示灯的颜色交替和发光频率代表不同的无人机状态,详情可参照无人机飞行操作手册。一般情况红灯快闪,即严重低电量报警,此时无人机会强制返航下降,驾驶员应尽快降落,同时注意下方障碍物。

(三)避障系统

在无人机的自主飞行技术中,避障技术是一项十分关键的技术。无人机避障技术涉及障碍物识别和路线规划，障碍识别通常采用传感器实现，而路线规划则通过决策算法实现。在无人机飞行高度较高的情况下，可以采用地图导航避障，这种方案可以极大地节省电池消耗。在实际应用中，无人机的避障系统主要分为视觉避障、超声波避障、激光雷达避障等。

1. 视觉避障系统

视觉避障就是通过镜头对障碍物进行拍摄，并通过智能计算来对所拍摄到的图片进行对比识别，从而进行避障。相比于超声波避障和激光雷达避障，视觉避障能够自主地进行光源信息的接收，从而获得更大的信息量。

2. 超声波避障系统

当前无人机避障大多采用超声波避障，只要知道无人机发射超声波到障碍物的往返时间就能计算出测量距离，从而进行避障。超声波避障具有性价比高、抗干扰能力强等优点。但是超声波避障的测量距离有限，一般只能测量 5 m 左右的距离，并且障碍物表面的材质对于超声波的测量也会造成干扰。

3. 激光雷达避障系统

激光雷达避障是通过发射器发射光脉冲再通过接收器接受光脉冲来进行测距和避障。当前激光雷达避障法常采用时间测量法和三角测量法来进行距离测算。无人机通过激光雷达避障既避免了超声波避障测量距离有限的缺点，还避免了障碍物表面材质对测距造成干扰的问题，测量精度相对较高。但是由于激光雷达避障是通过发射光脉冲来进行测距的，在使用的过程中容易造成光污染。

（四）动力能源系统

1. 电池

动力电池主要为动力电机的运转提供电能。通常采用化学电池作为电动无人机的动力电源，主要包括镍氢电池、镍铬电池。两种电池因重量重、能量密度低，现已基本上被锂聚合物动力电池取代。无人机动力电池不同于普通意义上的电池，具有能量密度大、重量轻等特点。对于电池来说，有很多标称用来标识电池的性能，而最为关键的参数就是电压值、储能容量以及放电能力。

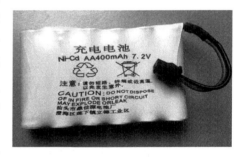

图 1-3 镍铬电池

（1）镍铬电池（Ni-Cd）。如图 1-3 所示，可重复 500 次以上充放电，经济耐用。不仅内阻很小，可以快速充电，可以提供较大电流，而且放电时电压变化很小，是一种非常理想的直接供电电池。镍铬电池正极板上的活性物质由氧化镍粉和石墨粉组成，石墨不参加化学反应，其主要作用是增强导电性。

（2）锂聚合物电池（Li-po）。如图1-4所示，根据锂离子电池所用电解质材料的不同，锂离子电池分为液态锂离子电池、聚合物锂离子电池、锂聚合物电池、锂离子动力电池。聚合物锂离子电池所用的正负极材料与液态锂离子电池是相同的，正极材料分为钴酸锂、锰酸锂、三元材料和磷酸铁锂材料，负极为石墨，电池工作原理也基本一致。它们的主要区别在于电解质的不同，液态锂离子电池使用液体电解质，聚合物锂离子电池则以固体聚合物电解质来代替，这种聚合物可以是"干态"的，也可以是"胶态"的，目前大部分采用聚合物胶体电解质。

（3）智能锂电池。如图1-5所示，目前大部分无人机采用智能锂电池组。智能锂电池功能：一是内置了一个锂电池的专用充电管理电路，并且能够对电芯单体进行电压均衡管理。只要提供合适的充电电压和充电电流，就能够对智能锂电池进行充电。二是智能锂电池具有自放电功能。当电池电量大于65%且无任何操作放置10天后，电池会自动启动放电程序，将电量放到65%，以便于锂电池长时间保存。

图1-4　锂聚合物电池　　　　　　　　图1-5　智能锂电池

（4）氢燃料电池。它是使用氢这种化学元素制造而成的储存能量的电池。其基本原理是电解水的逆反应，把氢和氧分别供给阴极和阳极，氢在阳极变成氢离子（质子）通过电解质转移到阴极，同时放出电子通过外部的负载到达阴极，与氧气发生反应生成水。

（5）太阳能电池。它的电源系统由太阳能电池板、储能蓄电池和电源管理系统组成。其中太阳能电池板属于发电装置，一般由数个电池板通过各种组态形成阵列。但是，由于光强、温度、飞行状态等条件的变化，会影响太阳能电池的工作状态，所以需要电源管理模块对发电状态进行管理，使其工作在最佳状态。当发电量过剩的时候，可通过储能系统（蓄电池）将多余的电能储存起来，用于光强不足时给无人机供电。

2. 燃油发动机

燃油发动机驱动的无人机是指以燃油作为动力源，以燃油发动机作为能量转换装置，通过燃油的燃烧将化学能转化为机械能或电能来驱动推进系统产生动力。对于无人机而言，采用活塞式发动机比较多。

（1）活塞式发动机也叫往复式发动机，由气缸、活塞、连杆、曲轴、气门机构、螺旋桨减速器、机匣等组成主要结构。活塞式发动机属于内燃机，它通过燃料在气缸内的燃烧，将热能转变为机械能。活塞式发动机系统一般由发动机本体、进气系统、增压器、点火系统、燃油系统、启动系统、润滑系统以及排气系统构成。

（2）涡轮喷气式发动机，由进气道、压气机、燃烧室、涡轮和尾喷管 5 部分组成。空气由进气道进入发动机经过等压压缩过程、加热等容过程（燃烧）、等压膨胀过程和放热过程 4 个阶段后从尾喷管高速喷射而出，从而产生推力。涡轮喷气发动机的推力是由高速排出的高温燃气所获得的，所以在得到推力的同时，有不少由燃料燃烧所获得的能量以燃气的动能与热能的形式推出发动机，能量损失较大，因此它的耗油率较高。

3. 电子调速器

电子调速器简称电调，主要作用是通过接收飞控发来的信号来调节电机的转速，并且为电机提供稳定的电压。电调的主要参数为最大持续电流和峰值电流，最大持续电流是指电调正常工作时的输出电流，峰值电流是指电调所能承受的最大瞬间电流。电子调速器如图 1-6 所示。

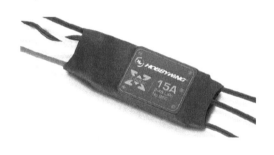

图 1-6　电子调速器

4. 电机

电机是将电能转化为机械能，属于无人机动力装置。目前无人机的电机基本都是使用无刷电机，无刷电机能延长电机的使用寿命，并减少对装备的干扰，同时无刷电机还能减少噪声和摩擦阻力，运转顺畅。

5. 螺旋桨

螺旋桨是与电机共同使用产生动力的装置，所有无人机的成套图纸中，螺旋桨设计图纸上都特意标注"关键件"这样的标识号。对于绝大多数的无人机而言，无论是油动还是电动，都需要螺旋桨。螺旋桨加工材料主要有塑料、木材、碳纤维、金属 4 种。但在无人机领域，主要以前 3 种为主。碳纤维这种复合材料是近几年开始应用于无人机制造领域。

第二节 装备器材

一、无人机平台

无人机平台是无人机系统中最为重要的组成部分，它承载着实现整个无人机系统任务性能的关键，一般来说无人机主要分为固定翼无人机和旋翼无人机。

（一）固定翼无人机

固定翼无人机，即日常生活中提到的"飞机"，是指由动力装置产生前进的推力或拉力，由机体上固定的机翼而产生升力。

1. 常规固定翼无人机

常规固定翼无人机具有位置及后掠角等参数固定不变的机翼，通过推进系统产生向前

图1-7 常规固定翼无人机

的空速，进而产生升力来平衡无人机的重力，如图1-7所示。因此固定翼无人机在滞空时必须保持一定的前飞速度，因而无法实现悬停和垂直起降，必须借助跑道滑行或弹射系统来实现起降。常规固定翼无人机的优点是飞行速度快、飞行距离长、能耗低，且结构相对简单。常规固定翼无人机适用在起飞场地平整，任务区域较大的环境，可执行长航时、大范围的灾害现场的侦察与测绘。

2. 复合翼无人机

复合翼（垂直起降固定翼）无人机综合了固定翼和旋翼类无人机的优点，既可以垂直起降，又拥有固定翼飞机的速度、载重和续航的优势，如图1-8所示。垂直起降固定翼无人机可分为推力定向类和推力换向类。常见的推力定向类垂直起降固定翼无人机为固定翼和旋翼复合式，是在固定翼无人机上附加一套多旋翼系统，垂直起降时由多旋翼提供

(a) 民用复合翼无人机

(b) 军用复合翼无人机

图1-8 复合翼无人机

升力，平飞时则由机翼提供升力。推力换向类垂直起降固定翼无人机包括倾转旋翼式、倾转涵道式、倾转机翼式和尾座式无人机等。这类无人机是通过倾转机构实现垂直和平飞时的推力转换，垂直起降时推力向上，通过推力系统的倾转使转入平飞后推力转向水平。

（二）旋翼无人机

旋翼无人机即旋翼航空器平台，其飞行动力主要源于旋翼结构，即在空中飞行的升力由一个或者多个旋翼与空气进行相对运动的作用力获得。

1. 多轴旋翼无人机

多轴旋翼无人机通常采用 3 个以上的旋翼轴（机臂）控制无人机机体，整个机体的重量全部由这些旋翼产生的拉力来克服，各个旋翼自身产生力矩，并且彼此间互相平衡，如图 1-9 所示。

(a)　　　　　　　　(b)　　　　　　　　(c)

图 1-9　多轴旋翼无人机

多轴旋翼无人机具有垂直起降的能力。其多个螺旋桨轴一般平行且均布在机身周围，每个机臂上可安装一个螺旋桨或安装上下共轴的螺旋桨，悬停时螺旋桨的合成拉力与重力平衡。根据机臂的数量及螺旋桨数量的不同，可分为四旋翼、六旋翼、八旋翼等。多旋翼无人机通过控制其每个螺旋桨的转速来实现升力的调节，以维持机身的姿态平衡和运动控制。由于多旋翼结构具有对称性，结构和控制原理上非常简单，因而多轴旋翼无人机具有响应速度快、控制精度高、鲁棒性强、维护成本低等优点，主要用于目标搜寻、空中巡逻、电力巡检、环境监测、森林防火、抗洪抢险及其他应急救援等应用场景。其结构简单，组装撤收方便，操作使用方便。

2. 无人直升机

无人直升机是一种由主旋翼直接提供升力的旋翼飞行器，通过控制周期变矩杆、总矩杆和油门等来控制其飞行，如图 1-10 所示。因具有较大的桨盘面积和较低的旋翼转速，无人直升机具有较高的推进效率，它的升力是靠主旋翼提供，所以可以垂直起降。但其操纵面有强非线性、强耦合的特点，因此无人直升机的姿态控制复杂、响应速度低，并且直升机的机械结构复杂增加了系统的不稳定性，所以其维护成本较高。

3. 双旋翼纵列式无人机

双旋翼纵列式无人机的主要优势在于其旋翼纵列安置，旋翼折叠后运输非常方便，空间占用小，任务载荷不受起落架干扰。它带来的直接好处是其装载能力相较于传统的单旋翼直升机有明显的提升，由于没有单旋翼直升机的尾桨消耗功率，载重能力也更大，且在较低桨盘载荷下可得到最佳性能，纵向重心范围大、悬停效率更高，具备同载荷下桨盘直径更小的先天优势。双旋翼纵列式无人机抗侧风能力强，在大风环境下仍有较大的控制余度，如图 1 - 11 所示。

图 1 - 10　无人直升机　　　　　　图 1 - 11　双旋翼纵列式无人机

4. 双旋翼共轴式无人机

双旋翼共轴式无人机的基本特征是两副完全相同的旋翼，一上一下安装在同一根旋翼轴上，两副旋翼间有一定距离，两副旋翼的旋转方向相反，它们的反扭矩可以互相抵消，这样就不需要再装尾桨，如图 1 - 12 所示。无人机的航向操作靠上下两旋翼总距的差动变化来完成。双旋翼共轴式无人机主要优点是结构紧凑、外形尺寸小、无尾桨，所以不需要长长的尾梁，机身长度也可以大大缩短。它同时有两副旋翼产生升力，与同级别单旋翼无人机相比，其机体部件紧凑地安排在无人机中心处，所以飞行稳定性好、便于操控。

图 1 - 12　双旋翼共轴式无人机

二、载荷

无人机本身只是一个任务平台，其使用功能主要靠无人机所搭载的任务载荷来完成。截至目前，根据民用无人机应用领域，其挂载的任务载荷主要有光学类载荷和辅助保障类载荷。其中光学摄影模块涵盖了普通可见光的相机、微光相机（星光级）、热红外成像设备，可用于航拍、测绘、应急救援、安防等领域，微波成像设备主要是应用于测绘、安防等，辅助保障类载荷主要应用于应急救援、安防等。

（一）光学类载荷

在光学成像领域，使用不同性质的电磁波照射目标物体并接收其反射波，通过反射波的计算就可以转换成人类可以识别的静止图像或者动态视频。在无人机应用中，通常会搭载各种专用设备来捕捉这种信号。捕捉自然光成像的设备有光学相机，如现在广泛使用的数码相机、单反相机等。此外，还有专门捕捉夜晚星空提供的微弱可见光的微光成像相机。而捕捉红外线的设备，主要接收目标体发射出的热红外信号，从而能够在夜晚对任务目标进行监控。

1. 普通光学相机

在民用无人机机载设备中，普通的光学数码相机应该是最为普遍应用的设备，追本溯源，这种机载设备很多时候都是源自民用摄影设备。

目前，在消费级和工业级无人机应用中，主要使用卡片相机和一种改进版本的单反相机。这种相机主要参数有传感器、ISO、像素、分辨率、工作模式、曝光模式、存储格式等，其中镜头如图 1−13 所示。

(a) Go Pro 镜头　　　　　　　　　　　(b) 禅思镜头

图 1−13　普通光学相机镜头

不过和地面使用相机进行拍摄不一样的是，无人机机载相机往往处于气流扰动等较为复杂的工作环境。因此，为了更好地发挥机载相机性能，一般都要配置与之配套的三轴稳定云台。这种三轴稳定云台一般安装在多旋翼无人机中央机身的下方位置，提供减震功能。此外还配置伺服电机，从而能够为载荷提供水平方向和垂直方向的自由运动。云台性能指标主要有角度抖动量、转动范围和最大转速等。角度抖动量指的是云台稳定性，以度（°）为单位，其数值越低就表明该云台稳定性越好。

2. 微光影像载荷

普通的光学相机，根据其工作原理只能在可见光比较强的白天工作，而在阴天或者能见度比较低的时候通常需要使用额外补充光源，比如闪光灯提供的瞬间补光，这样才能确保正常使用。但是在夜晚，已经没有任何阳光照射，四周一片漆黑，这样的环境就无法正常使用普通的可见光载荷进行有效监控拍摄。对于这种环境，应采用微光影像载荷。它的工作原理和普通光学摄像机不一样，微光影像载荷捕捉的是夜晚星空中月光、其他星球发出的光、大气层折射的光照射到物体所产生的反射光，这种反射光的强度和亮度都非常微弱。在微光影像设备中，当微弱的反射光由物镜聚集之后照射在像增强器的入口光纤面板时，在该面板后方就会释放出微弱的电子，该电子随后在放大通道中被反复反射，最后撞击出口处的光纤面板，在其后方会转换成较大强度的光子发出，经过目镜成像被人眼识别，从而实现在黑暗中对目标的观察。微光影像载荷如图 1-14 所示。

3. 热红外成像载荷

无论是普通光学相机还是微光夜视载荷，其得到的图像都是物体所发射可见光的成像，但是对于应急救援领域的使用要求，并不满足能够 24 h 提供可视化影像，而是需要能够提供更为深入的分析图像。在这种需求背景下，热红外成像载荷被引入无人机机载设备中，如图 1-15 所示。

图 1-14　微光影像载荷（星光级）　　　图 1-15　热红外成像载荷

目前在民用无人机应用中，热红外成像载荷使用主要集中在工业级无人机方面，而且多数采用和普通可见光组合方式进行配置，这样可以在获取普通影像的同时也能够获得用来对比的热红外成像影像，具有比较高的应用价值。热红外成像载荷的主要参数有像素、像元间距、波长范围、热灵敏度、探测距离和识别距离等。近年来，无人机搭载热红外载荷主要应用于警卫、森林防火、应急救援等领域。

4. 倾斜航测载荷

在目前民用无人机航测领域中除了普通的光学摄影技术以外，还有一种倾斜式航测载荷，如图 1-16 所示。这种航测设备本身也就是普通的光学相机，只不过采用倾斜式的工作方式，对地面目标进行多角度、全方位的光学摄影，关键在于与之配套的数据处理软件，不过这种技术还原得到的测量精度与拍摄距离、能见度、天气等有关。截至目前，搭载这类倾斜载荷的无人机在应急救援、地质勘探、野外测绘等领域应用较广。

（二）辅助保障类载荷

在无人机大面积普及之后，功能也发生了本质变化。在面对不同场景不同任务的时候，通过配置不同的机载载荷，以完成各种救援保障任务。其中气体侦检载荷、喊话照明载荷、广播喊话载荷、投送载荷等在无人机应急救援领域应用越来越广泛。

1. 气体侦检载荷

气体侦检载荷一般内置气体检测传感器及颗粒物检测传感器和 1 个温湿度检测传感器，可实现多种气体及颗粒物（如 SO_2、NO_2、CO、O_3、PM2.5、PM10）等的浓度检测，同时可以探测大气的温度和湿度值等数据信息，其结构如图 1-17 所示。气体探测器可以定制监测气体项目组合，广泛应用于大气环境监测、生化事故评估、厂区检测等场景。无人机搭载气体侦检载荷，可以高效获取大气污染分布趋势，快速在灾害现场进行污染溯源取证等。

图 1-16　倾斜航测载荷　　　　　图 1-17　气体侦检载荷

2. 照明载荷

照明载荷（图 1-18），采用大功率 LED 搭载在无人机上可在夜间提供应急照明，照明距离远，可进行低光、强光、爆闪 3 种模式调节。探照灯既能对现场提供照明，又能实时回传画面。

3. 广播喊话载荷

广播喊话载荷采用高音质高音喇叭，搭载在飞行器上可快速进入人群聚集区域，既能实时查看现场情况，又能对现场喊话，进行组织指挥、人员疏导等功能。广播喊话载荷配置有微型摄像机，图像分辨率较高；具备播放录音功能，可在灾害现场提供实时广播预警，如图 1-19 所示。

4. 投送载荷

投送载荷可携带各种负载，利用无人机快速反应能力，迅速前往目标投送区域。指挥人员可以通过高清相机实时查看现场情况，又能远程控制抛投载荷实现多次抛投，其结构如图 1-20 所示。在人员受困、辅助救援等情况下，可投送医疗物资、救援设备等，协助应急救援任务展开。投送载荷在森林防灭火中也发挥着重要作用。

5. 通信中继载荷

在一些偏远地区，如山区、森林，传统通信手段（如公网、专网、集群通信等）均无法完成有效覆盖，在该类地区的通信顺畅度无法得到有效保障，导致指挥人员对突发情况和潜在风险无法做到及时处置和有效预防，在决策时缺乏对态势的全面感知，指挥命令也难以有效下达。

图1-18　照明载荷　　　　　　图1-19　广播喊话载荷

通过无人机搭载的通信中继模块可以支持自动组网功能、自动配置功能、自愈功能，自动地组成高冗余性的无线 Mesh 网状网，帮助降低部署成本和运营维护成本。高度灵活的无线自组网拓扑不仅支持点对点、点对多点，更令多点对多点的无中心自组网成为可能，使其成为移动视频监控、指挥和控制或移动机器人等应用中理想的无线通信手段。宽带自组网机载模块如图1-21所示。

图1-20　投送载荷　　　　　　图1-21　宽带自组网机载模块

三、无人机地面站系统

无人机地面站系统是无人机系统中面向操作人员的重要控制系统，是地面操作人员直接与无人机交互的渠道。无人机地面站在无人机使用过程中承担着无人机的飞行控制、飞行数据监控、航迹规划和变更、任务设备控制以及对采集数据进行分析和任务执行情况进行分析评估等工作。无人机地面站系统通常包括通信链路、飞行控制站、任务控制站以及与之配套的软件系统等。

（一）通信链路

无人机平台和地面站之间的无线通信通道就是无人机的通信链路，这是无人机和地面控制站之间的主要通信方式。无人机平台和地面站各自都需要配置专门的天线装置进行两者之间电磁信号的接收和发射，部分大型无人机在这一通信链路中可能还引入卫星或者其他中继平台进行间接通信，从而实现超远距离实时通信。

无人机飞行过程中与地面站之间的无线通信过程，依据传输方向可以分为"上行"和"下行"两种：上行通信主要涉及地面向无人机的飞控系统下达操作指令、向导航系统下达航迹指令、向任务设备下达操作指令等，经过压缩打包加密之后发往无人机；下行通信主要涉及无人机向地面实时传输的飞行数据、任务设备获取的影像数据等，同样经过压缩加密后传向地面。目前，绝大多数微型无人机通信传输带宽为 2 ~ 5 Mb/s，延时在 200 ~ 300 ms 之间，通信距离在 5 km 以下，部分轻小型无人机通信带宽为 6 ~ 10 Mb/s，通信距离为 50 km 左右。

1. 无线电频段

无线电电磁波在绝对真空环境中的传输速度达到光速，在大气层内受到阻碍，传输速度会略低于光速，其物理特性包括波长、频率、功率等。波长较短的电磁波，由于频率比较高，因此传输的信息量比较多，可以进行高质量的语音、图像、数据等方面的无线传输，这也是目前很多无人机常用的电磁波类型。不过频率高、波长短的电磁波传输距离有限，而且由于信息载入量大，对周围环境的干扰比较敏感，容易造成数据丢失，影响传输品质。

电磁波在进行信号传输中，一个非常明显的特点就是如果遇到另外一个频率一样的电磁波信号，那么就会带来非常强烈的通信干扰，对于实际应用会产生较大的安全影响。一些无人机反制器就是采用这种原理对无人机的航电系统、GPS 导航系统、图传链路进行干扰，从而实现反制的目的。

2. 无线电天线

无线电天线承担发射和接收无线电信号的功能，其本身发射电磁波时有向某一个方向集中的特点，这就是电磁信号的"极化"现象，有水平方向的，也有垂直方向的，不同天线会表现得较为复杂。根据其电磁波发射特点大致分为全向天线、定向天线和卫通天线 3 种，其结构如图 1 - 22 所示。

（1）全向天线：能够向四周 360°范围内发射较强电磁波的天线，最为常见的就是鞭状天线。这种天线所发射的电磁波辐射表现形式非常像一个"大苹果"，天线两端垂直向上或向下得到信号比较弱，水平面比较强，可以向四周发射相同强度的电磁波，并且到一定距离之后就会衰弱。其天线辐射范围如图 1 - 23 所示。

（2）定向天线：集中向某一个方向进行电磁信号发射和接收，常见的形式有八目天线和抛物面天线，如图 1 - 24、图 1 - 25 所示。这种天线的电磁波辐射表现得如同一台大功率的手电筒，将灯光射向夜空。正是这种集中辐射的特点，使定向天线能够在同等功率情况下将信号发射得更远，当然缺点也是比较明显的，那就是任何时候只能和一个方向进行通信。为了解决这样的问题，一般会将定向天线按照在可以活动的支架平台上，可以提供水平方向360°和垂直方向180°运动能力，让其始终对准无人机。

图1-22　鞭状天线

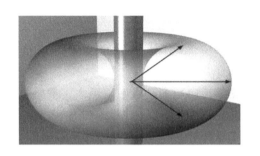

图1-23　鞭状天线辐射图

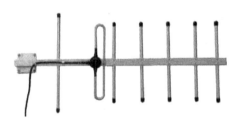

图1-24　八目天线

图1-25　抛物面天线

（3）卫通天线：一种较为特殊的天线，从功能特点来看其实也是一部抛物面定向天线，不过工作时并不是指向地面而是始终抬头向上对准太空中的某一颗卫星，从而能够接收超远距离之外通过卫星传递过来的指令，并再通过卫星传输数据。

在消防救援无人机中，鞭状天线是最为常见的通信天线，无人机平台和遥控器或者地面站都会配置这类型的天线。通常情况下无人机的机载全向天线垂直向下安装，有些固定翼无人机会采用机尾水平安装方式，而在遥控器上一般直接安装在其上端，使用时为了获得较好的通信质量，根据鞭状天线的极化特点，一般需要鞭状天线的侧面对准空中的无人机。这种通信方式受到自身信号发射功率和地球曲率的影响，以及地表障碍物屏蔽干扰，有效通信距离比较有限，多数在5 km以内，但目前由于执行任务情况不同，部分无人机经过升级改良可以达到10 km以上。

3. 通信模块

在无人机领域中，鞭状通信天线已经较为成熟，形成了一系列功能各异的模块化设备，其中最为常见的就是数字信号通信天线模块（简称数传模块）和图像信号通信天线模块（简称图传模块）两种。

（1）数传模块（图 1 - 26）。其实本身就是两根成对出现的短小鞭状天线，长度为 10 ~ 12 cm，其中一个作为机载天线，另一个作为地面站天线。数传天线常见工作频率有 433 MHz 和 915 MHz 两种规格。

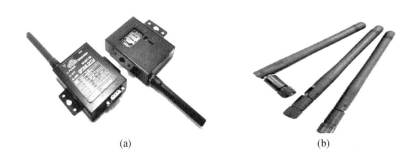

(a)　　　　　　　　　　　　　　(b)

图 1 - 26　数传模块

（2）图传模块。从外观上来看和数传模块很相似，图传模块也是一种鞭状天线，不同的是图像传输数据量较大和算法方面需要特殊解码，如图 1 - 27 所示。大多数图传模块的工作距离也是在 5 km 以内，少数可以达到 8 km 以上，这跟周围环境和无人机飞行高度有关。

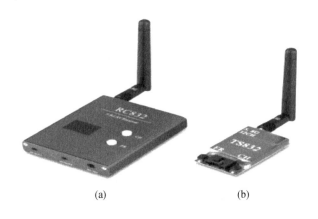

(a)　　　　　　　　(b)

图 1 - 27　图传模块

（二）地面控制站

地面控制站主要负责操作无人机机载设备，这是无人机操作系统的核心，因为整个无人机飞行执行任务全靠地面控制站来实现。

在无人机应用领域中，由于受到地形限制和任务需求，有时会选择简易手持地面控制站（图 1 - 28a）。其中最为简单的地面站形式就是双十字杆遥控器 + 液晶显示器方式，一般会提供一个完整的机械支架，大部分可能是采用智能手机作为液晶显示器来实现无人机机载相机传输的图像画面。通信链路多数以 2.4 G 或 5.8 G 为主。

一体式地面控制站（图 1-28b）主要是人工操作和实时接收航拍图像，在航迹规划、临时调整、复杂机载设备操作、人机交互控制等方面的功能较为薄弱。因此，针对这种问题，部分无人机会以常用电脑笔记本作为载体，配合数图模块，构成一个交互式控制平台。

集成式手持地面控制站（图 1-28c）主要采用小型加固平板作为载体，不仅配置了独立显示器、计算机，还配置了便携式电源系统、通信链路，操作过程更加方便灵活。在地面站控制系统中，一般采用 220 V 供电系统，通常可维持 8~24 h 供电时间。

(a) 简易手持地面控制站　　　(b) 一体式地面控制站　　　(c) 集成式手持地面控制站

图 1-28　地面控制站

（三）地面站软件

1. 地面站的类型

地面站软件是地面站实现各类功能的核心基础，目前无人机领域的地面站主要有 3 类：

（1）采用开源式地面站软件，这种在无人机领域中较为常见。

（2）在开源式地面站软件基础上进行针对性地改良设计，并进行配套硬件设计，从而形成新的工业级地面站软件，这一类多见于较为专业的无人机。

（3）全部独立开放，拥有全部产权的软件代码，多见于为数不多的拥有较强技术研发能力的无人机公司。这种地面站软件性能稳定且匹配性高，和地面站硬件以及无人机平台的适应性比较好。

2. 地面站软件的功能

地面站软件具备以下几个典型功能：

（1）飞行监控功能。无人机通过无线数据传输链路，下传飞机当前各状态信息。地面站将所有的飞行数据保存，并将主要的信息用虚拟仪表或其他控件显示，供地面操纵人员参考。同时根据飞机的状态，实时地发送控制命令，操纵无人机飞行。

（2）地图导航功能。根据无人机下传的经纬度信息，将无人机的飞行轨迹标注在电子地图上。同时可以规划航点航线，观察无人机任务执行情况。

（3）任务回放功能。根据保存在数据库中的飞行数据，在任务结束后，使用回放功能可以详细地观察飞行过程的每一个细节，检查任务执行效果。其地面站软件界面如图1-29所示。

图1-29　地面站软件界面

四、通信装备

通信装备主要用于指挥调度、现场信息数据采集回传、指挥端联通等，主要包括超短波电台、4G单兵图传背包、Ka卫星便携站3种。

（一）超短波电台

超短波电台又称超短波对讲机，是集群通信的终端设备，用于现场指挥调度。它不但可以作为集群通信的终端设备，还可以作为移动通信中的一种专业无线通信工具。

超短波对讲机不受网络限制，在网络未覆盖到的地方，对讲机可以让队员进行沟通；可为对讲机提供一对一、一对多的通话方式，操作简单、沟通自由，尤其是紧急调度和集体协作工作的情况下这些特点更加重要。超短波电台如图1-30所示。

（二）4G单兵图传背包

4G单兵图传背包（图1-31）系统由流媒体服务器、视频调度平台软件和前端采集背包组成。采用H.265（HEVC）超低码率，码流300k-10M可调，2M轻松传输高清晰度的1080I/50视频图像多信道捆绑技术，支持不同运营商4G通道，平均延时小于3s，设备支持多种专用高清输入接口（如SDI、HDMI），支持多种视频输入格式1080p、1080i、720p、D1等，支持SDI和HDMI输入采用嵌入式方案，功耗低、可靠性强、体积小、集成度高、抗摔抗震性能高。4G单兵图传背包可通过4G/5G无线网络，实现将无人机航拍的现场图像实时传送到指挥中心，并借助双向语音进行指挥调度等功能。

图 1-30 超短波电台   图 1-31 单兵图传背包

（三）Ka 卫星便携站

图 1-32 Ka 卫星便携站

Ka 卫星便携站主要由反射面边瓣、仰卧支撑杆、馈源臂、支架等组成。可以在无公网区域回传航拍视频的主要链路装备，同时还可搭配无线路由器和图传设备，实现在救援任务现场的互联网覆盖和图像传输。但在一些特殊区域，车辆不能到达的地方 Ka 卫星便携站无法使用，其结构如图 1-32 所示。Ka 卫星便携站具备重量轻、携带方便、快速展开等优点，同时自带电池，不需要电源供电。

五、地面保障装备

保障装备是实战化任务环境中重要的组成部分。不论是在任务执行阶段周边环境警戒，还是在装备维护保养过程中，都具有非常大的应用意义。其中，主要包含手持仪表设备、地面应急照明设备、保障工具、供电设备等。

（一）手持仪表设备

1. 手持 GPS 设备

手持 GPS 设备具备防水防震，320 万像素摄像头随时拍摄现场照片，可以为无人机机组提供准确位置，对地点进行标定，以及卫星导航等功能。手持 GPS 设备可以在移动通信设备无信号的山区使用，如图 1-33 所示。

2. 风速仪

风速仪主要用于测量风速大小的手持设备。由于应急救援现场的风速往往会随时变化，所以操作员需要通过风速仪实时监测风速大小，判断当前天气环境能否起飞，以此保障飞行安全。风速仪如图 1 - 34 所示。

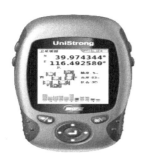

图 1 - 33　手持 GPS 设备　　　　　　　图 1 - 34　风速仪

（二）地面应急照明设备

1. 佩戴式照明灯

佩戴式照明灯又称头戴式照明灯，如图 1 - 35 所示。佩戴式照明灯由头戴稳固装备和发光设备组成，是无人机机组执行夜间任务时常用照明工具之一，照明范围在 5 m 左右，可以帮助机组人员在光线昏暗的环境下开展工作。佩戴式照明灯，有微型、中型、防爆型（适用于各种易燃易爆场所）、灯泡光源型和 LED 光源型等。

2. 强光手电筒

在夜间野外实施任务时，机组需要观察现场周围是否有影响航线的障碍物，因为环境光线不足，这时可使用强光手电筒向四周照射以确定环境情况。强光手电筒照射范围广、亮度高、灵活机动，如图 1 - 36 所示。

图 1 - 35　佩戴式照明灯　　　　　　　图 1 - 36　强光手电筒

3. 便携式聚光灯

便携式聚光灯是一种可以提供超强照度的光源。它的光束可以照射至更远的距离，这种照明设备体积小、重量轻、可折叠放置，所以它机动性较强。因为这种光源的照度更高，并配备了大型的电池或者油料供电，意味着它的运行时间会更长，便携式聚光灯常用于任务执行现场或者指挥部外围保障等任务。便携式聚光灯如图 1 - 37 所示。

（三）保障工具

1. 拆装维修工具箱

在执行任务过程中，为方便无人机随时进行检查维修保养，机组会配置装备工具箱。其中包含尖嘴钳、活动扳手、钢锉、六棱扳手、螺丝刀、老虎钳、钢锯、焊枪、焊锡膏、焊丝、卷尺、扎带等。

图 1 - 37　便携式聚光灯

2. 粘贴工具

胶水、胶带、辅助凝胶剂可以固定无人机设备连接处位置及线材，不易产生胶痕，保持连接处和线路美观。

（四）供电设备

1. 发电机

发电机可产生交流电，具有体积小、重量轻、方便携带的优点。如果在应急救援现场没有电源时，发电机能够为设备安全稳定地供电，在油量满载的情况下可以持续为无人机地面站等设备提供稳定电压输出。

2. UPS 逆变电源

逆变电源具有方便携带、噪声小等优点，具备防水、防尘等功能。在野外执行紧急任务时，它可以快速展开、快速投入使用，同时提供稳定电压输出，提供现场电脑端、移动端等设备稳定电源。

第三节　人 员 编 组

为建立指挥专业、要素齐全、高效运转的无人机编组，提高编组规范化、专业化、标准化水平，提高任务执行能力，无人机消防救援应用中一般可分为视频侦察、航测勘察、辅助救援、灭火救援四个编组。同时，为加强机组人员之间密切配合，机组人员分为机长（兼地面站）、驾驶员、地面勤务员。

机长（兼地面站）职责：①领导本机组总体工作，实行机长负责制；②组织指挥机组成员完成飞行作业，含组装、检查、调试、起降、飞行等；③制定飞行计划，做好飞行路线规划；④辅助驾驶员做好飞行控制，实时监控地面站信息，与驾驶员共同完成飞行作业；⑤对装备受领、检查、维护、撤收过程中，做好管理监督工作；⑥完整准确地做好飞行日志填报工作。

驾驶员职责：①驾驶员是无人机飞行安全的第一责任人，负责无人机飞行操控；②配合地面勤务员做好本机组的装备组装、调试、点验保养工作；③飞行前，确认无人机状态良好，无人机结构完整、信号联通等工作；④与机长共同规划飞行路线。

地面勤务员职责：①做好飞行场地安全警戒工作；②负责无人机组装检查工作；③做好无人机装备管理工作；④负责本机组装备组装、调试、维护点验工作。

一、机组编组

（一）视频侦察组

视频侦察组利用无人机空中优势，给指挥员提供全面、直观的现场实时侦察画面，便于及时掌握灾害现场的环境布局、人员分布、发展蔓延趋势等各方面信息，合理调配队伍部署，迅速反应处置。

视频侦察组标准配置人员 3 人，分别为机长（兼地面站）、驾驶员、地面勤务员。最低配置为 2 人，机长、驾驶员各 1 人，地勤工作由二人共同完成。

视频侦察组机长（兼地面站）职责：领导指挥机组整体工作，制定飞行路线规划，指挥驾驶员飞行路线、视频侦察角度及范围等；同时监控地面站信息，实时掌握无人机状态，同时做好飞行日志填报工作等。

视频侦察组飞行驾驶员职责：负责无人机组装、拆卸，操控无人机飞行、降落及应急处置等；配合机长完成视频侦察，根据机长传达地面站信息做好无人机控制飞行。

视频侦察组地面勤务员职责：无人机全系统维护点验工作，做好观测瞭望、现场警戒等工作，做好无人机装备管理工作。

（二）航测勘察组

航测勘察组主要提供灾害现场二维及三维影像图，便于上级及时获取现场受灾情况。航测勘察组可以在复杂环境下，快速绘制正射及三维影像数据，极大加快救援队伍部署及灾害现场评估，获得重点受灾区域地理信息图，为各级指挥机构的决策调度提供了空地影像支撑。

航测勘察组标准配置人员 3 人，分别为机长（兼地面站）、驾驶员、地面勤务员。最低配置为 2 人，机长、地勤各 1 人，地勤工作由二人分担完成。

航测勘察组机长职责：根据任务情况制定飞行计划，进行飞行前准备；按照飞行计划确认航测任务，规划航线；做好飞行日志填报工作。

航测勘察组飞行驾驶员职责：检查无人系统及挂载设备，检查机载相机数据卡及备用数据卡是否正常、数据是否清空，确定航测勘察区域、无人机起降位置及备用起降点，规划飞行航线，计算飞行时间及数据采集量；任务结束后，与机长进行数据拷贝并快速出图。

航测勘察组地面勤务员职责：负责飞行场地安全警戒，与驾驶员做好组装无人机工作，做好无人机飞行前检查工作。

（三）辅助救援组

辅助救援组通过利用特种无人机装备展开速度快、起飞场地要求低等特点，已达到快速救援、辅助地面队伍行动的目的。辅助救援组可以搭载照明、喊话设备，保障夜间人员搜索、队伍指挥调度等任务，同时也可以搭载广播设备实现区域警戒；在危化品事故救援中，搭载气体探测设备，可提前探测有毒气体种类，保障地面救援人员生命安全；在地形复杂环境下，搭载投送设备，对被困人员进行救援物资投送等任务。

辅助救援组标准配置人员3人，分别为机长（兼地面站）、驾驶员、地面勤务员。

辅助救援组机长（兼地面站）职责：到达现场后受领任务，制定任务执行方案，进行飞行前准备；规划飞行路线，确定任务机型，选择任务挂载设备；熟悉任务飞行路线，指挥驾驶员操控无人机执行辅助救援任务，并做好飞行日志填报工作。

辅助救援组驾驶员职责：严格遵守飞行路线，熟练掌握飞行技能，能在复杂环境下操控无人机快速到达任务区域；能够有效把控飞行条件、环境以及飞行状态，一切操控均需要在保证安全的情况下进行。同时熟悉飞行设备、控制系统、地面站系统、任务挂载设备等，能及时应对突发事件。

辅助救援组地面勤务员职责：负责飞行场地警戒，与驾驶员配合组装无人机，检查无人机状态，同时做好装备维护点验工作。

（四）灭火救援组

灭火救援组利用无人机搭载灭火弹或灭火水剂等，可以有效清除人力难以完成的悬崖火。同时对烟点进行重复打击，防止烟点复燃蔓延。作为大型灭火直升机的补充力量，在关键节点上"打七寸""扼咽喉"，可以发挥事半功倍的作用，节省大量人力、物力、财力，降低人员伤亡风险。

灭火救援组标准配置人员5人，分别为机长（兼地面站）、驾驶员、地面勤务员、弹剂装配人员2名。

灭火救援组机长（兼地面站）职责：到达现场后，制定任务执行方案，规划飞行路线，进行飞行前准备；根据火灾类型，确定挂载弹剂类型，同时需掌握火点所处位置、周围植被概况等。

灭火救援组驾驶员职责：严格遵守飞行路线，熟练掌握飞行技能，能在复杂环境下操控无人机快速到达任务区域，同时有效把控弹剂投送时机；熟悉飞行设备、控制系统、地面站系统、任务挂载设备等，能及时应对突发事件。

灭火救援组地面勤务员职责：负责飞行场地警戒，组装检查无人机状态，做好装备管理及维护点验工作。

灭火救援组弹剂装配人员职责：确保弹剂状态正常、挂载设备正常，及时做好补充弹剂等准备工作。

二、分队：侦察＋灭火协同作战

无人机分队在森林灭火过程中，需要执行视频侦察与无人机灭火救援协同作战。无人机分队按照现场指挥员1名，飞行指挥员1名，视频侦察组成员3名，灭火救援组5名配备。

现场指挥员职责：组织无人机分队开赴任务现场，同时与前方指挥部进行对接，完成任务上传下达工作；对飞行任务进行部署，人员分配，装备配备，并参与无人机分队全面任务开展工作。

飞行指挥员职责：接收任务执行类别，组织各机编组研判现场情况，选择合适机型；与机组研究飞行路线及起飞次序，掌握任务现场周边空域情况，与空管站建立联通工作；完成上级赋予的各项任务。

视频侦察组职责：视频侦察组通过超视距侦察飞行查找烟点位置后，前往该地点获取地理坐标，并测算火场面积及周长，利用可见光载荷分析周边植被及地理位置信息；保持安全高度，指引灭火救援机组展开行动；通过视频监控，指引合适投弹位置，并分析灭火效果。

灭火救援组职责：灭火救援机组收到火场信息后，立刻组织组内人员完成飞行路线规划，做好与视频侦察机组联通；搭载灭火弹或灭火剂前往任务区域开展灭火救援行动。

第四节 基本应用流程

基本应用流程是指无人机分队遂行救援任务的过程节点及执行方式有序组成的过程，一般分为准备阶段、响应阶段、行动阶段和撤离阶段，如图 1-38 所示。

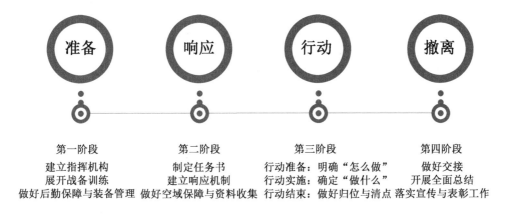

图 1-38 基本应用流程

一、准备阶段

准备阶段是运用无人机开展消防救援行动中一个极其重要的过程，本阶段是针对可能发生的灾害事故，迅速有效地开展应急行动预先所做的各种准备，包括无人机分队力量体系建设，机组和人员职责的落实，预案的编制，无人机救援分队的战备建设，无人机装备、物资的准备和维护，预案的拉动与其他救援力量的配合等。

（一）指挥机构

1. 人员编成

无人机分队成立指挥组。视情派出前进指挥组，指挥组与前指保持指挥信息通联，负责无人机救援整体行动的组织指挥、协调控制；着眼多方向同时指挥重大救援任务的需要，无人机救援行动展开应设置相应组别、落实人员职责。一般情况下由无人机分队队长牵头负责，设置人员架构组成，即现场指挥员、无人机机组组长。

2. 指挥组职责

无人机分队队长牵头负责，其主要职责：

（1）负责"预案"的制定、修改。

（2）检查督促各机组做好救援的各项准备工作。

（3）批准"预案"的启动与终止。

（4）组织指挥无人机救援队伍实施救援行动。

（5）向上级汇报和向友邻单位通报救援情况。

（6）组织预案的演练。

（7）总结救援工作经验。

（二）战备训练

战备训练是无人机分队根据战备要求和救援任务进行的有原则的训练，其目的是提高无人机分队的战备水平和队员的实践素质，以适应未来救援需要打下坚实基础。例如，结合战备方案进行的各灾种救援战术演练和机组编组作业、灾区适应性训练和野营拉练等。

1. 指挥员训练

（1）熟悉相关法规基本内容，把握基本原则，掌握基本精神，能综合运用所学政策法规分析、研究、解决实际问题。

（2）把握各类自然灾害和事故救援行动的特点规律和基本原则，掌握组织指挥无人机分队遂行任务的基本程序和方法。

（3）熟悉训练的基本内容，理解基本思想，掌握基本原则，能运用知识指导分队训练。

（4）了解航空气象、灾情常识，以及信息化、安全知识。

（5）熟记指挥口令与信息号。

2. 机组训练

（1）全景侦察与重点区域监控。运用无人机装备完成全景侦察与重点区域监控的应用场景、全景侦察及重点区域监控。

（2）指挥疏导与危化品探测。它涵盖相关任务载荷的应用、指挥疏导与高空照明及危化品探测。

（3）无人机抛投与多机协同抛投。它包括无人机抛投载荷操作与使用、目标探测与定位、伞降与索降抛投，此外还包括无人机双机协同抛投以及无人机多机协同抛投。

（4）中继侦察和物资投送。其主要指中继无人机系统的应用、超视距中继侦察、中继物资投送。

3. 协同训练

多机组协同训练是无人机救援行动有序开展的基础，运用无人机遂行任务需要机组人员协同配合，共同完成任务。协同配合的默契度、流程熟练程度、技能水平需在训练中逐步提高。此外，救援策略协同训练可引入灾害区域信息或虚拟灾场态势等信息，针对操作技能进行训练和评估考核，尤其可以设置针对救援行动进行推演演练。

（三）后勤保障与装备管理

1. 装备保障

根据任务需求和无人机分队装备保障能力，优化资源配置，整合现有技术力量，发挥自主保障最大效能，提高系统保障能力，实现"调配及时、快速到位、保障有力"的目标。

无人机分队指挥员指挥各组长对照"机组人员装备编成表"检查机组装备，并按照"保障器材清单"检查保障器材。

2. 通信保障

通信保障是救援指挥、协调和信息输出的重要保障，在现场应与指挥部以及其他航空救援单位之间建立完善的应急通信网络，在应急救援过程中应始终保持通信网络畅通，并设立备用通信系统。建立超短波、公网和卫星网络，构建互为备份、此断彼通的信息通信网络。

3. 交通运输保障

交通运输保障是无人机分队进行装备、人员抵达与移动的重要方式。通常利用公路、铁路、民航等方式运输。利用公路运输方式时，分队驾驶员应熟练人员运输车辆、装备运输车辆、特种车辆的操作要领，并加强车辆的保养和维修，提前做好装备运输安全保障；利用民航运输方式时，分队装备管理人员应提前做好民航锂电池运输范围（超过 $100\ \mathrm{W\cdot h}$ 但不超过 $160\ \mathrm{W\cdot h}$ 锂电池）内的无人机电池准备工作。

救援行动中接到救援行动指令后，无人机分队队员应规范、安全、快速登车，并遵守交通规范，安全行驶抵达灾害现场；抵达灾害区域后应规范、统一地停放、集结、调度。

二、响应阶段

响应阶段是由无人机分队针对各种突发的自然灾害、公共安全事件等设立的各种应急方案和程序，通过该方案和程序使灾害损失减到最小。

（一）任务书

任务书是指无人机分队为达到其应急救援的目的而制订的计划。任务书的制订包括情况判断、行动决心、力量编成与机动方式、救援行动、政治工作及救援保障等内容的方案。

1. 任务书的制定

1）情况判断

情况判断是对灾情、我情、地形、气象等情况进行全面分析、综合评估，并得出结论。它是无人机分队指挥员定下决心、实施正确主观指导的基础。指挥员实施正确的情况判断，必须将侦察得来的各种材料，进行去粗取精、去伪存真、由此及彼、由表及里地分析，然后将各项情况进行研究，联系救援环境，权衡利害关系，实事求是地做出情况判断的结论。

2）行动决心

行动决心是无人机分队指挥员根据掌握的灾情、我情、地形、天候、任务等各方面的情况进行分析判断，对救援行动和要达到的目的（目标）以及所要完成的任务而做出的决定。其主要包括了解任务、判断情况、听取决心建议、做出决断、形成决心。

3）力量编成与机动方式

力量编成主要包括人员编成与装备编成，其中装备编成主要由车辆装备、无人机装备和通信装备构成。机动方式主要包括不同方向、不同交通工具的形式总和。

4）救援行动

救援行动主要包括以下几个方面：

（1）掌握情况。即灾害事故发生的时间、地点，破坏程度和人员伤亡，房屋道桥损毁，通信电力受损等情况。

（2）启动应急响应。根据战备分级标准，启动相应等级应急响应。发生灾害后无人机分队指挥员应迅速根据灾情，判明破坏程度和影响范围，及时提出行动建议。根据上级命令指示，按照有关规定办理出动手续，依据方案向无人机分队下达预先号令。

（3）任务规划。明确安排有关航空器、操作人员、航路、航线、空域、起降场地、飞行时间安排等内容的飞行活动方案。

5）政治工作

无人机分队的政治工作方案应灵活运用任务中政治工作"八个到一线"，以扎实搞好思想发动、宣传鼓动和心理疏导等途径为基础，设置一线入党入团、立功创模等活动，以克服复杂环境下无人机飞行心理障碍，激励队员始终保持高昂士气和旺盛斗志。

6）救援保障

（1）通信保障。针对救援任务特点，系统整合既设资源，综合集成通信装备，制定有线、无线、卫星、华为云和其他通信手段使用计划，明确通信信息号规定。

（2）后勤保障。分队应贯彻后勤变前勤要求，按照现行保障体制，采取建制保障与属地单位、地方支援保障相结合的方式制定实施。加大通用、特需物资储备，通用物资以就地筹措为主，前送保障为辅；特需物资以动用内部储备为主、申请支援保障为辅。

（3）装备保障。根据救援任务需求和装备保障能力，优化无人机配置，整合技术力量，制定无人机装备保障方案，实现"调配及时、快速到位、保障有力"的目标。

2. 常用任务书格式

行动任务书是无人机分队救援任务组织结构和政策方针的综述，涵盖救援行动的总体思路和法律依据，指定和确认各救援模块在应急预案中的责任与行动内容。其主要内容包括任务情况、行动决心、主要分工职责、任务与目标、基本应急程序等。无人机分队要根据任务书制定行动救援方案。

（二）响应机制

应急响应是出现紧急情况时的行动机制。无人机分队应急响应机制体现的核心功能和任务包括接警与通知、指挥与控制、灾害监测与评估、通信、警戒、分队人员安全等。

1. 响应等级

无人机分队响应等级同国家综合性消防救援队伍，按《国家自然灾害救助应急预案》规定，按照突发事件发生的紧急程度、发展态势和可能造成的危害程度分为一级、二级、三级和四级，即Ⅰ级（特别重大）、Ⅱ级（重大）、Ⅲ级（较大）和Ⅳ级（一般），分别用红色、橙色、黄色和蓝色标示。一级为最高级别。

1）Ⅰ级响应

出现下列情况之一，启动Ⅰ级响应：

（1）造成30人以上死亡（含失踪），或危及30人以上生命安全，或者100人以上中毒（重伤），或者直接经济损失1亿元以上的特别重大事故灾难。

（2）需要紧急转移安置10万人以上的事故灾难。

（3）超出省（区、市）人民政府应急处置能力的事故灾难。

（4）跨省级行政区、跨领域（行业和部门）的事故灾难。

（5）国务院领导同志认为需要国务院安委会响应的事故灾难。

2）Ⅱ级响应

出现下列情况之一，启动Ⅱ级响应：

（1）造成10人以上、30人以下死亡（含失踪），或危及10人以上、30人以下生命安全，或者50人以上、100人以下中毒（重伤），或者直接经济损失5000万元以上、1亿元以下的事故灾难。

（2）超出市（地、州）人民政府应急处置能力的事故灾难。

（3）跨市、地级行政区的事故灾难。

（4）省（区、市）人民政府认为有必要响应的事故灾难。

3）Ⅲ级响应

出现下列情况之一，启动Ⅲ级响应：

（1）造成3人以上、10人以下死亡（含失踪），或危及10人以上、30人以下生产安全，或者30人以上、50人以下中毒（重伤），或者直接经济损失较大的事故灾难。

（2）超出县级人民政府应急处置能力的事故灾难。

（3）发生跨县级行政区安全生产事故灾难。

（4）市（地、州）人民政府认为有必要响应的事故灾难。

4）Ⅳ级响应

发生或者可能发生一般事故时，启动Ⅳ级响应。

2. 响应内容

无人机分队响应程序按过程可分为接警、响应级别确定、预先号令、应急启动、救援行动、扩大应急和应急撤离等几个过程。

事故灾难发生后，指挥中心将报警信息迅速发送到无人机分队战备值班人员，战备值班人员接警时应做好事故的详细情况记录等。战备值班人员报送无人机分队队长，得到初步认定后应立即按规定程序向战备值班分队及时发布警情。

无人机分队指挥员接到报警后，应立即向上级与友邻单位联系，根据事故灾害报告的即时信息，对灾情做出判断后初步确定相应的响应级别。

应急响应级别确定后，无人机分队应按确定的响应级别启动应急程序，如通知战备值班有关人员到位、开通信息与通信网络、准备救援所需的应急资源（包括分队物资、装备等）、指派现场指挥人员和救援专家等。

救援行动完成后，进入临时应急恢复阶段，包括现场清理、数据整理、人员与装备清点、警戒解除、撤离等。应急响应结束后，应由无人机分队指挥员按照规定程序宣布应急响应结束。

在上述应急响应程序每一项活动中，具体负责人都应按照事先制定的标准操作程序来执行实施。

（三）保障及注意事项

1. 空域保障

1）明确驾驶无人机所使用空域类型

运用无人机开展消防救援行动需严格遵守《民用无人驾驶航空器系统空中交通管理办法》《民用无人驾驶航空器系统空中交通管理办法》《无人驾驶航空器飞行管理暂行条例（征求意见稿）》等无人机相关法律法规，规范无人驾驶航空器飞行及相关活动。

2）严密制定飞行计划并按时间节点申请

从事无人机飞行活动的单位或者个人实施飞行前，应当向当地飞行管制部门提出飞行计划申请，经批准后方可实施。飞行计划申请应当于飞行前一日15时前，向所在机场或者起降场地所在飞行管制部门提出；飞行管制部门应当于飞行前一日21时前批复。

国家无人机在飞行安全高度以下遂行作战战备、反恐维稳、抢险救灾等飞行任务，可适当简化飞行计划审批流程。

其中，无人机飞行计划内容应涵盖：

（1）组织该次飞行活动的单位或个人。

（2）飞行任务性质。

（3）无人机类型、架数。

（4）通信联络方法。

（5）起飞、降落和备降机场（场地）。

（6）预计飞行开始、结束时刻。

（7）飞行航线、高度、速度和范围，进出空域方法。

（8）指挥和控制频率。

（9）导航方式，自主能力。

（10）安装二次雷达应答机的，应注明二次雷达应答机代码申请。

（11）应急处置程序。

（12）其他特殊保障需求。

有特殊要求的，应当提交有效任务批准文件和必要资质证明。

3）灾害发生后的应急救援任务空域申报

按照《无人驾驶航空器飞行管理暂行条例（征求意见稿）》第四十条规定，使用无人机执行反恐维稳、抢险救灾、医疗救护或者其他紧急任务的，可以提出临时飞行计划申请。临时飞行计划申请最迟应当于起飞 30 分钟前提出，飞行管制部门应当在起飞 15 分钟前批复。

抢险救灾等紧急任务空域申报，应由使用单位提出申请，现场指挥部向相关部门申报。

2. 情况收集

掌握大量一手正确的相关信息是确保高效实施无人机救援行动的重要支撑，充分的灾情信息就是应急救援行动的重要支撑，而且是无人机安全及效能的倍增器。信息渠道畅通，各种信息掌握准确，对救援行动起到事半功倍的效果。

无人机救援队指挥员在平时就必须掌握本队队员的训练情况、装备使用情况等信息，接到救援命令后要通过各种渠道了解灾情的规模、危害程度及发展趋势，掌握灾区地形、交通、气象、水文、植被等对救灾行动的影响，熟悉本队和其他航空救援力量的装备和能力情况，做到心中有数、指挥有据。

抵达救援现场开始行动前，还需要通过向其他救援队、当地政府、志愿者、当地居民等各个途径搜集获取现场危险信息或是潜在危险源的信息，力求掌握尽可能多的信息，为后续救援行动提供可靠依据。

3. 注意事项

（1）树立科学的救援理念。作为专业救援力量的无人机救援队在灾害救援行动中，应首先树立科学救援理念就是要遵循规律、安全高效地实施救援，开展救援保障任务。

（2）熟悉正确的救援知识和技能。在瞬息万变的灾害环境中迅速抵达任务区域，针对作业任务有序开展救援任务，运用专业的操作技能与救援保障策略熟练开展救援任务。

（3）灵活管用的救援策略与方法。运用多样无人航空器平台与任务载荷，针对灾害区域开展全景侦察与重点区域监控、指挥疏导与危化品探测、无人机抛投与多机协同抛投、中继侦察和物资投送等多样化救援任务。

（4）严格实施救援现场的安全管控。灾害救援现场的安全受多种因素的制约，只有确保了自身的绝对安全，才能圆满顺利地完成消防救援任务。无人机救援队指挥员应随时关注和提供所属人员的安全与保护措施，并做好队伍安全管理。

三、行动阶段

行动阶段是运用无人机开展消防救援行动中一个最重要的过程，本阶段是针对灾害事故迅速有效地开展救援行动，包括行动准备、行动实施和行动结束。整个行动阶段都要明确"做什么""怎么做"和"谁来做"3个问题。具体行动阶段的救援往往涉及多个人员和机组，因此对救援行动的统一指挥和协调是有效开展应急救援的关键。建立统一的应急指挥、协调和决策程序，便于对事故进行初始评估和状态确认，从而迅速有效地进行决策，高效地调配和使用装备、资源等。

（一）行动准备

1. 下达任务

无人机救援任务下达是各组（机）长按指挥员下达的任务书执行任务的指令。通常含有情况判断、行动决心、力量编成、行动方案等信息。

2. 现场勘察

作业人员需对无人机航拍区和其周边区域进行现场勘察，收集地形貌、地表植被以及周边的机场、重要设施、道路交通等信息，为无人机起降场地的选取、航线规划、应急预案制定等提供材料。现场勘察的内容包括地形地貌勘察、气象环境勘察和起降场地选择等。

1）地形地貌勘察

主要勘察起降场、应急降落区域、交通设施、人群聚集区及供电、通信设施和军事区等重点区域的情况，见表1-1。

2）气象环境勘察

（1）阵风和乱流。乱流主要是在无人机的起降阶段对无人机姿态造成影响，瞬时阵风可能会超过无人机的最大抗风等级，使无人机发生大倾角侧飘甚至坠机。

（2）降雨和降雪。多数无人机已经具备一定的抗雨（雪）能力，但雨（雪）量的变化会实时改变，作业时要对无人机的防雨等级及现场的雨（雪）量有准确的评估才能进行飞行。

（3）雷电天气。多数的无人机系统外壳使用碳纤维材料导电，因此无人机在雷电天气下作业很容易受到雷击而造成坠机。

表1-1　地形地貌勘察记录表

项　　目		说　　明
起降场		选择干扰少、地势平缓、视野开阔的起降场地
应急降落区域		选择飞行影响最小的区域作为发生紧急情况的应急降落区域
交通设施	交通枢纽	受飞行威胁较大的区域，飞行风险可能引发严重事故或造成较大影响
	公路	
	铁路、轻轨	
	水运航道	
人群聚集区	广场/公园	
	居民区/村庄	
	景点	
	学校	
	医院	
	商业中心	
风险物质企业/仓库/堆存场所		
供能/供水设施		
军事敏感区		信息敏感区域，容易造成信息泄露
政府机关		
保密单位		
供电设施		影响飞行，也容易被飞行影响的设施
通信设施		
其他高大或敏感设施		其他可能影响飞行的设施，如高大的树木、塔吊、建筑等

3）电磁环境

测定作业环境周围是否有干扰频率（433 MHz、615 MHz、900 MHz、2.4 GHz、5.8 GHz）存在，是否对控制端和信号端造成干扰。

以目视的方式来观察附近是否有信号塔、基站及大型的高压输电线路。

明确友邻单位是否有无人机系统出现同频段干扰的情况。

4）起飞区选择的原则

（1）起飞区域要选择相对平坦，且地面最好没有沙石、植被、积水、尘土的区域，尽量选择硬化地面作为起飞场地。

（2）起飞区尽量远离人口密集区，并保持安全距离，在作业区设立安全员，并设置警戒线。

（3）作业区配置可使用的电源，可及时供电。

3. 定下决心

定下决心是无人机分队指挥员根据掌握的灾情、我情、地形、天候、任务等各方面的情况进行分析判断，对作战行动和要达到的目的（目标）以及所要完成的任务而做出的决定。其主要包括了解任务、判断情况、听取决心建议、做出决断、形成决心。定下决心是指挥员的基本职责，也是指挥活动的中心环节。指挥员决心是组织指挥救援行动的依据，决心正确与否直接关系到救援的成败。

（二）行动实施

1. 安全评估

安全评估是为保障无人机装备的安全、高效、有序地开展救援行动，任务实施前应开展评估和再勘察工作。无人机救援过程中必须对事故灾害的发展势态及影响及时进行动态监测，建立对事故灾害现场及场外的监测和评估程序。事态灾害监测在救援中起着非常重要的决策支持作用，是制定救援措施的重要决策依据。

2. 飞行计划

无人机的飞行计划要根据不同任务而制订，飞行任务划分为两大类，即航线任务与区域任务。飞行计划的基本元素包括：机组人员信息（包括姓名、所属单位等）、无人机信息（包括无人机型号、编号、识别码等）和飞行任务基本元素（包括飞行任务类型、飞降落点坐标、执飞日期、运行时间和飞行气象条件等）。飞行计划的执行有两种方式，一种为机组人员申请执行自主飞行任务，另一种为上级下达指定飞行任务。机组人员提交飞行计划，完成飞行计划的申报，无人机分队指挥员接收到任务申请后，根据无人机的飞行任务及内容，结合无人机性能、飞行环境、气象约束进行飞行任务审核，审核通过则下达可以执行的命令，地勤人员根据指令进行飞行任务的执飞准备工作。日常巡逻飞行任务及临时飞行任务由无人机分队指挥组统一下达，机组人员接获飞行任务到达现场后按程序执行任务，无人机应按照预设飞行任务自动执行。

3. 一般条件下任务实施

一般条件下任务实施是指各机组人员携所需设备抵达任务现场后，开始执行救援任务。按照执行任务的时间顺序，可以将任务执行分为装备架设、设置参数、环境勘察、任务实施和装备撤收 5 个阶段。

1）装备架设

抵达任务区域后，根据指挥员要求，机组在指定区域进行装备展开、组装和基本调试。

（1）根据任务要求和所选机型需求，搭建作业平台。一般情况下作业平台朝向遂行任务方向，各机组作业平台位置间距应在 15 m 以上。如遇到室外环境光照强烈或可能发生降雨情况时，应先搭建遮阳伞。

（2）无人机展开组装。无人机飞行平台及载荷组装，位置应在作业平台前方 5～10 m 的空旷平坦位置。安装完成后，将机箱等收纳设施整齐摆放至操作平台后方。

（3）设备联通调试。操作手与地面勤务应根据操作要求完成磁罗盘校准，机长将地面站视频输出端口与视频输出设备相连，确认图传画面能正确传输至指挥端。

2）设置参数

参数设置是指在无人机起飞之前，对无人机的操作飞行参数及视频载荷参数进行设置。正确的参数配置是安全飞行的保障。

（1）无人机参数设置：主要是对无人机的返航点、飞行模式、飞行高度和距离限制、失联返航措施、数传图传信道等信息进行配置。

返航点是指无人机的起落位置。在无人机接通电源后，系统自动搜索 GPS 卫星信号，当接收卫星信号数量达到 8 颗以上时，能够为无人机提供精准定位，并在地面站显示确认位置是否正确，GPS 信号不佳时需手动设置返航点。

无人机的飞行模式在任务中通常使用 GPS 模式，如遇乱流等复杂天候可切换姿态模式。

无人机的最大飞行高度和距离设置主要是根据任务要求和无人机的通信距离进行设置。

无人机在执行任务中可能会遇到障碍物遮挡通信信号，此时无人机处于失联状态，将按照预定的失联策略自动执行操作。失联状态下的自动控制策略有返航、降落和悬停。

信道设置是指设置无人机和遥控器之间的接收和发送频率。智能无人机系统能够根据电磁环境，自动在 2.4 GHz 或 5.8 GHz 频段调整信道。无人机在执行视距内任务时，可手动将收发频率设置为 5.8 GHz 频段，提升信息传输效率。

（2）载荷参数设置：主要是对载荷相机的曝光、焦距、视频输出格式和存储方式等特征参数进行妥善设置，以达到侦察观测画面的最佳效果。

3）环境勘察

环境勘察是指对任务区域现场的实地环境进行勘察，结合任务理解中对任务的细致分析。勘察主要包括温度、能见度、风速、电磁环境、起降点周围障碍物与参照物、观测主体对于起降点的方位和距离等内容，为起飞做好最后准备。

4）任务实施

按照指挥员的命令与任务书内容遂行多样化的无人机救援任务。

5）装备撤收

任务结束后，机长在收到指挥员的撤收指令后，组织地勤人员进行装备的整理和撤收。拆卸无人机时，先检查无人机的易损部件是否正常，之后按照由外及内、由上至下的原则，将各部件放置于收纳箱指定位置。

4. 特殊条件下任务实施

1）高温与低温环境下的任务实施

温度影响无人机的机电部件能否正常工作。现场设备展开后，应由地面勤务人员进行现场温度测量。当温度高于 30 ℃时，应注意电池、地面站、显示设备的降温，避免阳光直射导致设备持续升温，机载设备应注意保持稳定功率输出。当温度低于5 ℃时，应注意用电设备保温，可将存储设备置于15 ℃恒温箱内保温储存或预热，低温时电池放电效率受到影响，极端时会出现掉电情况，除进行预热操作外，还应该适当减少飞行时间以保证飞行安全。

2）大风环境下的任务实施

风速影响无人机的动态性能和稳定状态。现场地面勤务员通过风速仪测量风向及风速，并记录在飞行记录本上。多旋翼无人机的抗风等级均在5级以上，即风速小于10 m/s时，无人机可以正常起飞执行任务。需要注意的是，有风情况下无人机需要消耗更多的能量抵消风的影响，因此应酌情减少单次飞行时长。如突然出现风速过大的情况时，电机将增大输出功率处于满负荷状态，此时应立即执行返航操作。

3）大雾环境下的任务实施

大雾环境下能见度低，会影响无人机视频侦查的画面效果。当任务现场地面勤务员观察区域能见度受到大雾影响时，可以适当减少飞行距离以保证飞行安全，为完成侦查任务，也可将无人机任务载荷由可见光载荷更换为红外载荷或多光载荷。

4）夜间环境下的任务实施

夜间环境下使用无人机遂行救援任务是无人机飞行的重难点。夜间作业时，应利用照明器材保障作业区域内的照明，常用器材有场地照明灯和系留照明无人机，无人机作业时应使用红外载荷或多光载荷。

5. 协同指挥

在执行救援任务时，无人机作为空中信息采集平台，可挂载多种任务载荷，为现场指挥提供依据。在重大救援任务中，协同指挥是无人机救援行动的重要组成部分，指挥人员可以根据无人机采集的现场实况，指挥地面人员、无人机等采取相应的行动。指挥人员、无人机操作人员及现场行动人员必须沟通顺畅、密切配合，才能顺利地完成救援任务。协同指挥一般可分为空空协同与空地协同两种形式，但无论哪种形式，都必须实行统一指挥的模式，都必须在指挥员的统一组织协调下行动，有令则行，有禁则止，统一号令，步调一致。为了各方人员能够高效沟通，需制定统一规范的指挥指令。

1）指令

现场进行沟通时，沟通用语要简洁，要保证队伍内部人员指令一致。指令分为水平方向指令、立轴方向指令和速度指令。下达的指令既包括出发指令也包括停止指令，如前进、加速、保持速度。

水平指令：前移、后移、左移、右移。

立轴指令：上升、下降、左转、右转。

速度指令：加速、定速、减速。

航向角指令：左转（逆时针）、右转（顺时针）。

单向动作：前移、后移、左移、右移、上升、下降、左转、右转。

多向动作：前上升、前下降、后上升、后下降等。

2）机组协同

（1）机组协同的职责分工：无人机机组一般由三人构成，其中一人担任操作手，负责操控无人机飞行，重点保障无人机安全；一人担任地勤人员，负责机组装备组装、调试、管理和维护点验工作，重点做好飞行场地安全警戒工作；一人担任机长，负责与指挥中心及地面执行人员保持沟通。机长是后台指挥中心与前线地面执行人员沟通的枢纽，是最清楚整体行动方案的人，机长负责指挥飞行，操作手根据指令安全飞行。

（2）沟通标准用语与重点：沟通以指令为主，机长的指令是基于操作手的角度给出的。例如，机长给出"前进"指令，代表操作手需要推前进摇杆。如果云台视角和无人机机头不一致时，机长下达指令要以操作手的云台视角为准。

3）注意事项

（1）操作手与机长需要根据实际情况选择合适的航向及航线。注意躲避航线内的障碍物（电线、路灯、信号基站、大楼等），避免因障碍物阻挡导致撞击坠落或遥控器信号被阻隔导致图传中断或无人机失控。

（2）操作手和机长都必须清楚机头朝向。机长指挥航向（去哪里），操作手决定如何操作（怎么去）。

（3）无人机负责将地面无法获取的信息传达至指挥中心，指挥中心指挥员汇总天空与地面的信息做出行动决策，指挥员向机长下达任务，而不是具体动作指令。

（三）行动结束

1. 成果整理与评估报告

救援任务结束后，无人机救援队要按照任务性质、机组类别、储存形式逐级整理成果素材。无人机救援队指挥机构领导小组编写灾情评估报告应至少包括以下内容：

（1）灾情情况，包括灾害发生时间、地点、波及范围、损失等情况。

（2）灾情特点，即针对灾害类型分析主要明显特征，为救援行动方案起到指引的作用。

（3）救援行动过程，即处置过程中动用的人员、无人机及通信装备、车辆装备及消防器材设施等资源。

（4）救援行动成果梳理与分析。针对灾害的行动处置，采用多机组作业，多样化完成救援及保障任务，对应成果的数理与分析为灾害行动案例处理提供参考样例，积累灾害处置经验，为优化行动过程与提升救援效率提供参考意见。

（5）处置过程遇到的问题、取得的经验和吸取的教训；对预案的修改意见。

2. 清点人员与装备

应急救援任务结束后，机长在接收到指挥人员的撤收指令后，组织地勤人员进行装备整理和撤收。

无人机救援队指挥机构指挥各机长清点各组人员；对照"机组人员装备编成表"检

查机组装备，并按照"保障器材清单"回收各类保障器材。

撤收流程与行动流程基本相反，先将无人机断电，再将地面站断电。拆卸无人机时，先检查无人机的易损部件是否正常；再按照由外及内、由上至下的原则，依次拆卸无人机的桨叶、机臂、载荷、机身和脚架，并将各部件放置于收纳机箱指定位置。地面站撤收时先断开电源线、数图传线和显示设备连接线，并将各部件放置于收纳箱指定位置。整理完成后，机长与保障人员沟通，将各机组设备装入装备车。

四、撤离阶段

撤离阶段，即应急任务结束后无人机分队指挥员向现场指挥部提出申请，经批准同意后交接救援现场，检查群众纪律，严密组织撤离归建、总结经验、表彰奖励等工作。按照战备规定和有关要求，及时请领、回补和维修装备物资器材，尽快恢复正常战备状态。

（一）交接

分队指挥员应总结讲评本次行动情况，并强调撤收过程中的注意事项。各机组按照与展开作业相反的顺序进行现场撤收，防止装备及零部件的丢失、损坏和遗漏，各组（机）长要仔细核对装备数量。

装备装载完毕人员登车后，现场指挥员应进行人员装备清点，而后向分队指挥员汇报，最后按照既定运输方式组织分队人员和装备物资有序撤离。夜间撤收时，有关人员做好灯光保障，最后登车。

（二）总结

总结是无人机分队把救援全过程当作救援行动案例研讨的必备内容。总结应在每次任务完成后立即进行，鼓励每名人员密切结合自身的感受、经验等来提供救援感想与总结。总结一般包括以下3点。

1. 基本情况

基本情况主要包括任务的时间、地点、概况，参与救援力量，救援过程综述，救援流程和数据成果等。

2. 主要做法

主要做法包括任务背景分析、指挥决策分析、战备情况分析、战术战法分析和保障能力分析等。

3. 参战体会和建议

其主要包括遂行任务队员的心得感想、需改进的内容与下步措施等。

（三）宣传与表彰

无人机分队应扎实搞好思想发动、宣传鼓动和心理疏导，深入开展一线入党入团、立功创模等活动，引导队员牢固树立以人民为中心的发展思想，始终把人民放在心中最高位置，坚持与人民同呼吸、共命运、心连心，主动承担急难险重任务，积极做好宣传报道工作，广泛运用电视、报纸、微博、抖音、微信公众号等载体，大力宣扬救援任务一线涌现出的先进典型，扩大分队影响力，展示队伍良好形象，及时搞好总结讲评和表彰奖励等工作。

习题

1. 无人机如按任务活动半径分类有哪几种？其活动半径分别为多少？

2. 无线电天线根据电磁波发射特点可分为哪几种？其辐射表现分别如何体现？

3. 在执行任务过程中，无人机灭火救援组人员职责分别为哪些内容？

4. 人员机组编组包括哪些组别？

第二章　无人机应用技术

无人机利用空中作业优势，通过搭载不同类型的载荷，已广泛应用在侦察监测、航测勘察、环境侦检、通信中继、物资运输、喊话照明等领域，为消防救援提供极大助力。随着无人机各方面性能的提升、应用任务载荷的发展，更多维度的无人机应用技术将会在消防救援中发挥越来越重要的作用。

第一节　侦察监测

侦察监测任务是指对任务关注的重点目标区域进行多维度数据采集，获取全方位的目标信息，对消防救援的方案制定和指挥决策起到至关重要的作用。

一、任务装备

在遂行无人机消防救援侦察监测任务时，无人机利用空中优势，能够为现场指挥人员提供全面、直观的现场实时监控画面，便于及时掌握整个目标区域的地形、地貌、地物及人员分布等各方面信息，合理调配救援力量部署；在突发任务中便于掌控全局，迅速组织应对。

（一）适用机型

根据执行侦察监测任务的特点不同，选择不同类型的无人机。当任务区域广、面积大时，通常选用固定翼或垂直起降固定（复合）翼无人机，其续航能力强、飞行高度高、飞行稳定性好、覆盖范围广，但固定翼无人机通常体积较大，对起降场地要求高，且展开、组装和运输较为困难。当目标区域较小、情况变化迅速时，且任务对时效性要求高时，通常选用多旋翼无人机完成侦察监测任务，多旋翼无人机具备稳定悬停、机动灵活性好、能够实现展开迅速并抵近侦察等特点。在消防救援侦察监测中常用的典型机型有如下 3 种。

1. V300 固定翼无人机

V300 固定翼无人机机动灵活，能够实现快速响应和数据获取，为消防救援提供数据支撑，如图 2 - 1 所示。V300 固定翼无人机采用倾转旋翼机构，具备垂直起降能力，可根据场地情况设置垂直爬上高度（50～500 m 范围），兼顾定点起降及大范

图 2 - 1　V300 固定翼无人机

围数据获取能力。V300 固定翼无人机搭载航测模块、倾斜摄影模块、可见光视频模块、热红外视频模块等载荷，可快速进行任务区视频影像、正摄影像、三维模型数据、激光点云以及热红外数据的获取任务。能够为侦察监测提供 1080p 视频分辨率、最低照度 0.01 lx（星光级），具有三轴增稳云台及 20 km 图传传输距离，满足视频侦察应用需求，V300 固定翼无人机主要性能参数见表 2-1。

表 2-1　V300 固定翼无人机主要性能参数

项　目	参　数	项　目	参　数
翼展	2220 mm	最大抗风能力	14 m/s
机身长度	1650 mm	最大飞行速度	18 m/s
最大起飞重量	8.5 kg	最大工作海拔	6000 m
最大载重量	1.5 kg	相对飞行高度	1000 m（平原）
续航时间	90 min	测控半径	20 km

2. 御 2 多旋翼无人机

御 2 多旋翼无人机配备全方位视觉系统及红外传感器系统，可在室内外稳定悬停、飞行，具备自动返航及障碍物感知功能，能够实现快速组装起飞，迅捷地完成侦察监测任务，将目标区域的视频信息清晰准确地回传至地面，进而传输至指挥中心，为方案制定和指挥决策提供第一时间的可视化信息，如图 2-2 所示。御 2 多旋翼无人机额外可挂载喊话器、探照灯和夜航灯等载荷，适用于多种消防救援任务。御 2 多旋翼无人机主要性能参数见表 2-2。

图 2-2　御 2 多旋翼无人机

表 2-2　御 2 多旋翼无人机主要性能参数

项　目	参　数	项　目	参　数
折叠尺寸	241 mm×91 mm×84 mm	最大飞行速度	20 m/s
展开尺寸	322 mm×242 mm×84 mm	相对飞行高度	500 m
起飞重量	907 g	最大起飞海拔	6000 m
续航时间	31 min	测控半径	10 km
最大抗风能力	10 m/s		

3. MX-6150B 六旋翼无人机

MX-6150B 六旋翼无人机采用可折叠式机臂设计，可实现快速拆卸及安装，如图 2-3

图 2-3 MX-6150B 六旋翼无人机

所示。其动力由高能量密度动力电池提供，保障续航时间大于 70 min，整体材料选用一体化碳纤维机体，刚度高、重量轻；在飞行安全方面，采用多传感器冗余系统设计，保证能够应对各种突发情况，在低电量和控制信号丢失的情况下，可以自动返回到返航点。MX-6150B 六旋翼无人机可载双光云台、喊话器、抛投器、探照灯、双光谱相机、倾斜摄影相机、激光云台等，利用视频分辨率高等特点可实现灾害现场实时监控等多种救援任务，主要性能参数见表 2-3。

表 2-3　MX-6150B 六旋翼无人机主要性能参数

项　　目	参　　数	项　　目	参　　数
电机轴距	1500 mm	最大速度	15 m/s
起飞重量	7 kg	相对飞行高度	1000 m
最大载荷重量	3 kg	最大起飞海拔	3000 m
续航时间	45 min	测控半径	10 km
最大抗风能力	14 m/s		

（二）侦察监测载荷

侦察监测任务通常使用光电载荷作为信息采集工具。无人机光电载荷的组成包括光学系统、电子系统、机械结构、伺服控制等部分。光学系统是光电载荷的核心部件，相当于人的"眼睛"，它由一系列光学元件组成，实现光束的转折、汇聚、成像、像差校正等。

根据光学谱段不同，无人机光电载荷分为可见光、红外、可见光和红外双波段、多光谱以及高光谱载荷等。执行侦察监测任务的光电载荷通常为可见光与红外载荷，它们工作的基本原理是利用光的电磁波特性，不同波长的光呈现出的特性也不同。成像的过程实际上是对物体辐射或反射的不同波长的光的收集和转换过程，从系统所设计的复杂信号传递过程来看，现代光电成像系统通常是采样成像系统，其成像的本质可以理解为连续场景光场描述函数在空间维、时间维、辐射维、光谱维和偏振维的采样、量化、分解，形成不同维度的采样数字图像信号。

1. 可见光载荷

可见光成像载荷是利用太阳照射时，地面景物反射的可见光来成像的光学成像设备，是目前种类最丰富、应用最广泛、技术最成熟的无人机成像设备，可见光谱段一般为 380 ~ 760 nm。广义上说，凡是利用可见光谱段成像的光学成像载荷均可称为可见光成像载荷。其技术特点有：直观性强；采用被动成像方式；使用时间受限，只能在白天使用；设备使用时受天气影响大。针对可见光成像载荷的上述技术特点和应急救援的实际应用需求，通常将可见光成像载荷与其他成像载荷配合使用，扬长避短、互为补充。

2. 系统组成

可见光成像载荷系统按功能单元划分，主要包括光学系统、成像介质、调光系统、调焦系统、姿态稳定系统、图像处理系统、温控系统等，不同类别的可见光成像载荷，系统组成有所不同。随着技术的发展，特别是 CCD 探测器和 CMOS 等数字式探测器的出现，逐步代替了胶片作为成像介质，使相机结构变得更为简化，省去复杂的输片系统，甚至曝光系统中的快门机构，从而使相机的可靠性显著提高。

CCD 是电荷耦合器件（Charge Couple Device）的简称，能够将摄入光线转变为电荷并将其储存、转移，把成像的光信号转变为电信号输出完成光电转移功能，因此是理想的摄像元件。CCD 摄像机就是以其构成的一种微型图像传感器。CCD 就像传统相机的底片一样的感光系统，是感应光线的电路装置，可以将它想象成一颗颗微小的感应粒子，铺满在光学镜头后方，当光线与图像从镜头透过、投射到 CCD 表面产生电流，将感应到的内容转换成数码资料储存起来。CCD 像素数目越多，单一像素尺寸越大，收集到的图像就会越清晰。

常见的 CCD 摄像机靶面大小分为：1 英寸——靶面尺寸为宽 12.7 mm × 高 9.6 mm，对角线 16 mm；2/3 英寸——靶面尺寸为宽 8.8 mm × 高 6.6 mm，对角线 11 mm；1/2 英寸——靶面尺寸为宽 6.4 mm × 高 4.8 mm，对角线 8 mm；1/3 英寸——靶面尺寸为宽 4.8 mm × 高 3.6 mm，对角线 6 mm；1/4 英寸——靶面尺寸为宽 3.2 mm × 高 2.4 mm，对角线 4 mm。

CMOS 是互补金属氧化物半导体（Complementary Metal Oxide Semiconductor）的简称，是利用硅和锗这两种元素做成的半导体，它和 CCD 一样同为在数码相机中可记录光线变化的半导体。

CCD 和 CMOS 在工作原理中没有本质的区别。其制造上的主要区别：CCD 是集成在半导体单晶材料上；CMOS 是集成在被称作金属氧化物的半导体材料上，但 CMOS 的制造成本和功耗都要低于 CCD。其成像方面的区别：在相同像素下，CCD 的成像通透性、明锐度都很好，色彩还原、曝光可以保证基本准确；CMOS 的产品往往通透性一般，对实物的色彩还原能力偏弱，曝光也都不太好，由于自身物理特性的原因，CMOS 的成像质量和 CCD 还是有一定距离，但由于低廉的价格以及高度的整合性，因此在摄像头领域还是得到广泛应用。

3. 工作原理

无论哪种可见光成像载荷，其工作原理都有相似之处，如图 2-4 所示。地面景物反射的可见光经过大气传输，通过光学系统聚集在探测器的焦面上，通过探测器转换为图像电信号，图像电信号通过图像处理系统存储、去雾增强，目标识别、提取，定位信息运算、标识等处理后，形成图像产品提供给用户使用。可见光成像载荷通过调焦分系统调整由温度、压力及照相距离改变引起的离焦，通过调光分系统调整探测器曝光时间和增益的方式进行调光，使图像曝光适度，通过姿态稳定系统补偿成像时飞机飞行过程中的姿态变化和前向像移。

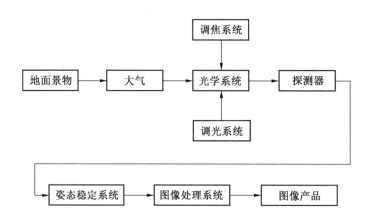

图 2-4　可见光载荷工作原理示意图

4. 主要性能指标

不同的可见光成像载荷用途不同，针对特定的使用需求，设备具体的性能指标存在一定差异。航空相机光学特性一般用焦距、视场角、分辨力、杂光系数、畸变等表示，成像探测器主要是指 CCD/CMOS 图像传感器等成像介质。航空相机和使用紧密相关的技术指标还包括收容宽度、重叠率、作用距离、定位误差等。

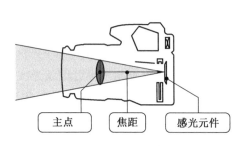

图 2-5　焦距示意图

1）光学性能指标

（1）焦距：相机镜头的光学中心到感光元件的距离（图 2-5），是镜头的一项非常重要的参数。通常镜头上会标注"数字 + mm"，代表这是支持焦距多少的镜头。定焦镜头只有一个数值，变焦镜头有一个范围数值。

焦距的大小决定了焦面上的像和被拍摄物体之间的比例尺。在物距一定的情况下，要想得到大比例尺的图像，必须增大镜头的焦距。机载航空成像载荷拍摄的目标距离一般为数千米甚至上万米，为了获得大比例尺目标图像，必须采用长焦距镜头，其焦距一般为数百毫米甚至数米。

（2）视场角：对于光学系统而言，摄取物方景象的空间范围称为视场。物方距离不同，摄取的物方景象的空间范围也不同。物方距离远，摄取的空间范围大；物方距离近，摄取的空间范围小。因此，视场不能准确地表征光学系统摄取空间范围的性能。在这里，用轴外光束的视场角来表征光学系统摄取空间范围的性能。轴外光束的中心线称为主光线，主光线与光轴的夹角称为视场角。

当接收器幅面尺寸一定时，物镜的焦距越短，其视场角越大；焦距越长，视场角越小。视场角、焦距与可视距离的关系如图 2 - 6 所示。

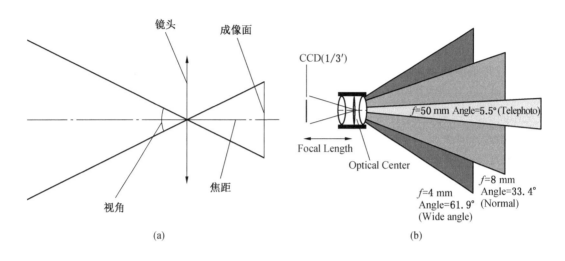

图 2 - 6　视场角、焦距与可视距离的关系

（3）杂散光：经过非正常光路路径到达探测器表面的视场外光线。系统的杂散光可以是视场外光线经过部分光学元件或不经过光学元件便直接进入像面形成；也可以是视场外杂光源经过镜筒等结构件表面、光学元件表面的反射和散射后，被探测器所接收的非成像光线。第一类杂散光能量强、危害大，必须避免；第二类杂散光可使用消杂光光阑、消光螺纹、消光漆等方法，提高杂散光抑制水平。

（4）畸变：是一种光学像差，用于描述光学系统实际像高相对于理想像高的偏离程度。畸变使映像相对于物发生变形而失去与物的相似性，但不会导致像斑模糊，也不会影响相机的分辨力。由于畸变导致像变形的特性，对有特殊测绘需求的相机和需要使用 TDI 型 CCD 及面阵探测器进行推扫成像的相机，需要对光学系统的畸变进行严格控制。

2）探测器性能指标

（1）像元尺寸：探测器阵列上每个像元的实际物理尺寸。一般情况下，像元尺寸越大，能够接收到的光子数量越多，在同样的光照条件和曝光时间内产生的电荷数量越多。

（2）像元数：是探测器最基本的参数，是指芯片靶面排列的像元数量。面阵探测器的像元规模用水平和垂直两个方向的数字表示，如 8856(H)×5280(V)，前面的数字表示每行的像元数量，即共有 8856 个像元，后面的数字表示像元的行数，即 5280 行。线阵探测器的像元规模通常用 K 表示，如 1K（1024 个像元）、2K（2048 个像元）等。成像时，探测器的像元规模对图像质量有很大的影响。在对同样大的视场（景物范围）成像时，通常像元规模越大，对细节的展示越明显，分辨力越高。

（3）帧频、行频：探测器采集图像的频率，通常面阵探测器用帧频表示，单位为帧/s，如30帧/s表示探测器在1 s内最多能采集30帧图像；线阵探测器通常用行频表示，单位为kHz，如12 kHz表示探测器在1 s内最多能采集12000行图像数据。帧频、行频参数是探测器的重要参数。可见光成像载荷需要在载机飞行过程中尽可能扩大横向视场，必须保证探测器的帧频、行频满足要求。探测器的帧频、行频首先受到芯片的帧频和行频的影响，芯片的设计最高速度主要由芯片所能承受的最高时钟决定。

（4）最低照度：使探测器输出的信号幅值低到某一规定值时的目标光亮度值，单位为W或lx。最低照度表征了探测器所能传感的最低对地辐射功率（或照度），与探测率的意义相同。由于最低照度在一定的增益和曝光时间下进行测定，而有关最低照度的国际标准尚未建立，因此各厂家所标识的最低照度的测试条件并不统一。随着各探测器生产厂家制作工艺和技术性能改进，探测器的灵敏度不断提高，其最低照度值大幅度下降。

（5）动态范围：感应单元的势阱中可存储的最大电荷量和噪声决定的最小电荷量之比，可用来表示探测器探测光信号的范围。对于某一型探测器，其动态范围是一个定值，不随外界条件的变化而变化。一般来说，探测器输出图像位数越高，动态范围越大。动态范围较宽的图像，从亮到暗有较明确的灰度表现；相反，动态范围较窄时，则容易出现曝光过度或曝光不足的情况。

动态范围可以用倍数、dB或bit等方式来表示。动态范围越大，探测器对不同的光照强度的适应能力越强。

3）系统性能指标

（1）分辨力：可见光成像载荷的分辨力主要是指空间分辨力（也称空间分辨率），用来表示相机分辨地面目标细节的能力，是衡量相机成像质量的重要指标之一。

摄影系统的分辨力取决于物镜分辨力和成像探测器分辨力。对于摄影影像，通常用单位长度内包含可分辨的黑白"线对"数表示（线对/mm）；对于扫描影像，通常用瞬时视场角（IFOV）的大小来表示。由于光学系统存在光学像差及衍射效应，物镜的实际分辨力通常低于理论分辨力。此外，成像探测器分辨力一般远低于物镜的理论分辨力，因此系统分辨力由探测器分辨力决定。

（2）地面收容宽度：一张或几张图像所拍摄的地面区域垂直于飞行航线方向的宽度，如图2-7所示。在大区域航空成像中，相机对地面景物航拍成像时，常需要单航线飞行获取较大的地面收容宽度以提高成像效率。地面收容宽度与相机横向视场角有关，横向视场角越大，地面收容宽度越大，由于相机镜头视场角有限，相机常采用横向摆扫或横向多幅成像的方式提高地面收容宽度。

（3）信噪比：最基本的定义为信号与噪声之比，其中的关键在于信号与噪声如何选取。目前大部分研究以目标的平均灰度值作为信号即分子，而以噪声的均方根值作为分母。信噪比是决定目标能否被探测的重要因素之一，也是衡量光电载荷成像质量与辐射性能的重要指标。图像信噪比越高，图像质量越好。

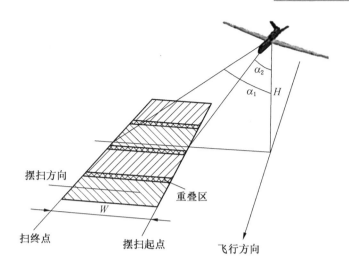

图 2-7　地面收容宽度

（4）作用距离：在一定的成像条件下，成像载荷能够获取满足指标要求图像的最大成像距离。它是表征成像系统能力的重要参数之一，反映了系统的综合性能。影响作用距离的因素主要有目标辐射特性、大气传播特性以及载荷响应特性。目标辐射特性是指目标景物的亮度和对比度。辐射特性是指景物图像通过大气传播到载荷前端，与大气分子组成、大气状态、气象条件等密切相关。载荷响应特性描述成像能力的综合性能水平，与载荷光学系统指标、成像探测器像元尺寸、像移补偿精度、调焦调光水平和环境适应能力等多种因素有关。

（5）定位误差：地面目标位置估计值与真实位置之间的偏差程度。对活动目标进行快速识别、定位，从而为军事上精确制导武器或其他成像设备实时提供目标信息是航空成像的一项重要特征。可见，光成像载荷的定位能力可用定位误差来衡量。一般来说，影响目标定位的误差因素主要有位置与姿态测量设备测量误差、传感器视轴指向误差、传感器模型误差、地表高程模型误差和大气折转引起的误差。在进行目标定位时，应尽可能避免操作误差等偶然误差。对于安装偏移、初始误差等系统误差应进行修正，提高传感器等测量误差，以便降低定位误差。

（6）体积与重量：无人机光电载荷的装机尺寸、重量都严格受限。体积与重量是衡量航空光电载荷优劣的一项重要指标。在相同性能指标下，体积更小、重量更轻的光电载荷是设计人员始终追求的目标。然而，载荷的成像性能通常与其焦距、口径等参数成正比。长焦距、大口径一般又会增加成像载荷的体积和重量。因此，如何使光学成像载荷小型化、轻量化是无人机载光电成像技术的一项重要研究内容。

（7）工作与存储温度：工作温度是指光电载荷能够正常工作时的温度；存储温度是指载荷在一定温度下经过长时间放置后，仍能正常工作的保存温度。无人机从地面到高空飞行的整个过程中外界温度是不断变化的，因此要求航空光电载荷在变化的温度环境下能够正常工作。适应的温度范围越宽，表明载荷的温度环境适应性越强。

5. 侦察载荷主要参数

无人机光电载荷现阶段主要由数字相机实现成像，相对于传统的胶片，最大的区别是具备直接拍摄数字素材的能力。数字素材在后期处理、存储、收发上，都有着传统胶片无可比拟的优势。了解数字相机成像的基本知识后，便能够知道在不同场景下应选择的拍摄格式。在这一节中，将学习在拍摄过程中如何合理地设置曝光参数、白平衡、视角换算等内容。

1）影响曝光的要素

决定曝光度的因素很多，主要包括光圈、曝光时间和感光度，这称为曝光的三要素。通过将不同的参数组合，获得更多的曝光效果，才能满足无人机侦察监测的任务要求。通常在执行任务时，选择自动曝光模式，能够根据任务环境情况自动调整曝光，完成视频侦察监视。

（1）快门速度：数字相机通过快门速度来控制曝光时间。快门速度越快，曝光时间越短，所拍摄的画面效果越暗；快门速度越慢，曝光时间越长，画面会越明亮。具体的快门速度计算与叶子板和帧速率有关。

$$快门速度 = \frac{叶子板开角角度}{360° \times \dfrac{1}{帧速率}}$$

快门速度设定时，不能小于帧率的倒数。当设定帧率为 60 fps 后，航拍就必须使用 1/60 s 或更快的快门速度。如果使用 1/30 的快门速度，1 s 只能启动 30 次快门，也就是只能拍摄 30 帧影像画面。

快门速度越快，飞行器振动对相机的影响就越明显，拍摄的画面就会产生左右晃动的现象。为防止这种现象，通常不会让快门速度超过 1/200。在执行视频侦察监测时，通常快门速度设置为 1/50 s、1/100 s、1/200 s 或自动调节模式。

（2）光圈：数字相机内置的一个可控制直径的多边形装置，控制镜头的进光量。通常使用 F 值光圈系数来描述孔径的大小。F 值为镜头焦距与镜头通光直径的比值，通常会以 $\sqrt{2}$ 为比值的等比数列排列：F2、F2.8、F4、F5.6、F8、F11、F16、F22 等。F 值越大，光圈越小，实际光孔直径和进光量就会越小，画面随之变暗；F 值越小，光圈越大，实际光孔直径和进光量就会越大，画面变亮。

在实际拍摄中，光圈数值大小不能完全决定拍摄画面的好坏。光圈越大，景深越浅，拍摄相对距离近的景物时，画面就越有可能出现虚焦的情况；而光圈越小，画面成像质量就越容易因为光线衍射等问题变差。不同品牌的无人机光电载荷镜头都有着不同的最佳成像光圈。因此，在视频侦察检测时通常使用 AUTO 模式进行拍摄。

（3）感光度：描述胶片底片对光线灵敏程度的特征值，用 IOS 表示。传统胶片感光度可分为 ISO100、ISO200、ISO400 等。ISO 数值越大，胶片的感光能力越强，感光速度也越快。数字相机比传统相机具备更广泛的 ISO 调节区间，设备可以在传感器输出影像时放大相应的信号，或是将传感器上的多个像素点作为一个像素点来传输像素信号，达到增强曝光的目的。

感光度数值增加，经常会导致画面噪点增多，影响画面质量。感光度数值偏小时，也会使画面变暗。因此在使用不通的载荷时，应当根据说明书中的基准感光度进行调节，通常使用自动模式可以满足侦察监测的任务需要。

2）白平衡

白平衡的作用是描述显示设备中红绿蓝三原色混合生成白色的精度指标，一般以18% 中级灰的白色为标准。在无人机执行任务时，由于画面的变化及拍摄角度位置变化明显，会使设备自动白平衡的色温数值随着测光主体不同而发生变化，导致画面色调忽冷忽热。因此，在执行任务时应尽量选择手动设置白平衡参数。

在白天日照充足时，可将白平衡参数设置为 5600 K，能够满足通常日间任务的拍摄。如果拍摄主题为积雪覆盖或出现大面积白色时，可以将适当减小白平衡数值，使画面整体更为干净。在日出或日落时，可以适当将白平衡数值调大，使画面偏暖。

3）等效焦距

传统 135 胶片相机使用的感光材料是胶片，而数码相机使用的感光元件是图像传感器（CCD/CMOS）。无人机常用的数码相机载荷的图像传感器面积小于 135 相机的胶片面积，因而配用同样焦距的镜头时，数码相机的视角比 135 胶片照相机的视角要小。所以等效焦距的进行比较和评估焦距。等效焦距是指以 35 mm 相机作为标准，将不同尺寸的感光元件上成像的视角转化为 35 mm 相机上同样成像视角所对应的镜头焦距，这个转化后的焦距就是等效焦距。

4）焦点

焦点可以理解为相机画面中的最清晰点，如图 2-8 所示。在画面中，焦点所处的空

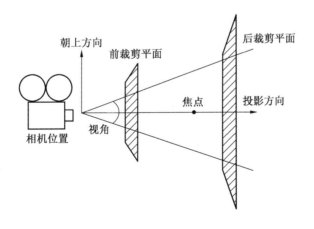

图 2-8　焦点示意图

间平面为焦平面，在整个画面中焦平面都是清晰的。侦察时如果没有将焦点集中在主体上，就会导致主体画面模糊。相机的对焦方式有手动对焦（MF）和自动对焦（AF）两种。自动对焦对于光线及主体与背景的反差要求较高，在条件不足时容易出现虚焦情况。在遂行应急救援任务时，无人机画面通常为远景和全景，为保证全部画面信息清晰，可以选在手动对焦中的无穷远点对焦，这样能保证远处的被侦察主体成像非常清新，在距离主体一定范围内的周围环境也能达到观测清晰度的要求。

6. 典型可见光载荷

可见光成像载荷技术是利用太阳照射时，地面景物反射的可见光来成像的光学成像设备，是目前种类最丰富的、应用最广泛、技术最成熟的无人机成像设备。可见光谱段一般为 380 ~ 760 nm，广义上说，凡是利用可见光谱段成像的光学成像载荷均可称为可见光成像载荷。消防救援应用中常用的可见光成像载荷有御 2 变焦载荷（图 2 - 9）、禅思 X7 载荷（图 2 - 10）等，其主要性能参数见表 2 - 4、表 2 - 5。

图 2 - 9　御 2 变焦载荷

图 2 - 10　禅思 X7 载荷

表 2 - 4　御 2 变焦载荷的主要性能参数

项　　目	参　　数	项　　目	参　　数
静态像素	1200 万	数码变焦	3 倍
动态视频	4 K/30 p	视角	83°（24 mm）
传感器	1/2. 3″CMOS		48°（48 mm）
光学变焦	2 倍		

表 2 - 5　禅思 X7 载荷的主要性能参数

项　　目	参　　数	项　　目	参　　数
传感器	传感器尺寸（照片）：23. 5 × 15. 7 传感器尺寸（视频）：23. 5 × 12. 5	图像尺寸	3 : 2（6016 × 4008） 16 : 9（6016 × 3376） 4 : 3（5216 × 3912）
有效像素	2400 万		

表2-5 (续)

项 目	参 数	项 目	参 数
快门速度	电子快门: 1/8000 - 8 s 机械快门: 1/1000 - 8 s	云台转动范围	平移: ±300° 横滚: ±20°
数码变焦	3 倍	云台最大转速	俯仰: 180°/s 横滚: 180°/s 平移: 360°/s
云台转动范围	俯仰: -125°~40°		

7. 典型红外载荷

红外成像系统可将物体自然发射的红外转变为人眼可判读的光电图像，从而使人眼视觉扩展到近红外、短波、中波、长波红外波段。这种热图像再现了景物各部分的辐射情况，能显示出景物的特征。与可见光成像相比，红外辐射的波长更长，能够绕过空气中的微粒，具有明显的穿云透雾的作用，可实现在可见光能见度较低的情况下对远处景物的探测和识别。消防救援中常用的红外载荷有御2红外载荷（图2-11）、HK红外热成像载荷（图2-12），其主要性能参数见表2-6、表2-7。

图2-11 御2双光载荷

图2-12 HK双光载荷

表2-6 御2红外载荷的主要性能参数

项 目	参 数	项 目	参 数
传感器	非制冷氧化钒微测辐射热计	测温精度	高增益: 最大5% （典型值） 低增益: 最大10% （典型值）
视角	57°		
传感器分辨率	160×120		
波长范围	8~14 μm	场景动态范围	高增益: -10°~140° 低增益: -10°~400°
照片尺寸	640×480 （4:3） 640×360 （16:9）		

表2-7　HK红外热成像载荷的主要性能参数

项　目	参　数	项　目	参　数
传感器	氧化钒非制冷焦平面探测器	等效焦距	17 mm
视角	35.5°×28.7°	数字变焦	8 倍
传感器分辨率	640×512	测温方式	全局测温
波长范围	8~14 μm	测温范围	-20~150 ℃（±2 ℃或±2%）

二、视频侦察

无人机执行视频侦察任务是无人机在消防救援应用中的重要用途之一。视频侦察是在救援任务现场完成各种变化信息的实时观察，为救援任务指挥提供决策支持。根据任务要求，视频侦察要能迅速准确地展示出观测主体的全部信息，这就需要设置合理的航摄参数、侦察构图和任务规划。视频侦察通常选择的多旋翼无人机有御2系列、悟2系列、HK系列、KWT系列等。执行视频侦察任务的基本流程包含任务分析、装备确认、任务执行、数据处理和总结整理5个部分组成。

（一）任务分析

无人机视频侦察任务主要来源于消防救援任务的需要和指挥员下达的指令和方案，其中通常含有任务背景、任务时间、任务地点、组织人员构成等全局信息，也包括视频侦察任务的主要目标和被侦察主体的概略描述。

1. 任务背景

任务背景是指接收到任务的时间、地点、科目和人员等背景信息。任务书中对这些信息的描述简要精炼，在执行视频侦察任务时需要将这些信息再进行研究细化，完成视频侦察任务前的准备工作。下面以"丫髻山救援实训"为例，进行任务背景分析和筹备。

"根据任务要求，××月××日上午，赴北京市平谷区丫髻山，开展应急救援实训。时间为上午10:00至11:00；地点为平谷丫髻山；演习以森林火灾为背景，展开4个科目的演练：①火情侦察、②火场航测、③物资投送、④喊话指挥。"任务中对于视频侦察任务提出了具体的要求：对火场进行视频侦察，并将侦察画面传输至指挥中心，飞行高度150 m。

根据任务要求，确定任务时间和任务要求滞空时长；根据气象条件，确定飞行天气条件；根据目标地区地形地貌，确定无人机视频侦查的起降区域与飞行高度。视频侦察的主要目标为该区域的地形地貌地物，周边道路、水源及植被情况，灾情发展情况、救援力量分布情况等，确定视频侦查图像所需的主要内容。侦察任务要能展示目标区域的全部核心要素信息。视频图像的展示精度应满足侦察目标清晰可识别，视频信息能够实时输出至指挥中心，输出分辨率要达到1080 p以上。

任务信息的充分理解和细化，是进行后续设备选型和人员确定的前提。只有将任务信息理解准确，环境信息和飞行约束条件考虑充分，才能选择最准确的任务机机型、载荷和操作人员。

2. 设备选型

设备选型是指根据任务的目标要求，选择适合的任务装备。第一，选择能够在目标区域正常工作的机型，即设备能够在目标区域的天气条件、地理条件正常工作。第二，所选装备性能要满足任务指标的要求，包括续航时间、飞行高度、通信距离、侦察画面质量等。第三，在保证能完成任务的前提下，选择尽量低功耗、小体积、组装迅速、运输便捷的设备。

首先，经对"丫髻山救援实训"任务背景进行了充分论证，综合对天气条件和地理条件的筛选，多旋翼无人机均能在任务区域正常工作。其次，再看任务和性能要求，因为任务要求续航时间 20 min 以上，且能够提供 1080 p 的视频输出，满足指标要求的机型有御系列、悟系列、HK 系列、KWT 系列等机型。最后，考虑易用性和便捷性，选择御 2 无人机搭载变焦载荷。御 2 无人机正常一块电池能够飞行约 27 min，满足基本任务要求，考虑到需要进行准备环节，所以选择配备 4 块电池，其中 3 块供正常使用、1 块备用。同时，视频侦察环节需要进行视频记录和图片记录，需要配备 64 G 以上高速内存卡。

视频侦察任务的无人机机型和载荷确认后，要整理形成视频侦察设备清单。设备清单中应包含无人机飞行平台、载荷装备、显示设备、充电设备、存储设备和备用器件等内容。根据任务清单完成出库申请。

3. 人员构成

执行无人机视频侦察任务的人员及其职责都需要在执行任务前明确，这样才能实现任务的精准分配、职责明晰、信息传达顺畅。执行视频侦察任务的具体操作主要由视频侦察机组人员完成，其中包括机长和地面勤务员，同时为了协调完成整体的任务，还要和指挥人员、通信人员以及保障人员保持沟通。

视频侦察机组人员完成视频侦察任务的装备确认、侦察任务执行、数据处理和任务总结工作。机组成员主要由机长和地面勤务构成，机长负责任务各个环节的申请、确认、执行、总结工作，同时还要熟悉侦察任务的全部流程要素，完成和相关人员的沟通；地面勤务负责配合机长完成具体准备工作，包括装备的准备及展开、飞行状态的确认、现场环境的勘察、数据的整理等工作，同时在现场完成飞行安全检查和记录。

指挥人员主要负责向视频侦察机组安排侦察任务和发布现场侦察指令。在任务的准备阶段，指挥人员向机长传达任务信息，包括整体任务计划书和具体侦察要求；机长根据任务要求，将视频侦察任务细化并完成侦察任务计划，提交指挥人员审核。指挥人员在任务执行前将空域申请等起飞条件告知机长。在任务执行阶段，指挥人员发布出发指令、展开指令、起飞指令（飞行时间窗口和飞行高度范围）、侦察目标调整指令、降落指令和撤收指令；机长收到指令后要及时确认执行并反馈实时状态信息。

通信人员主要负责接收视频侦察机组传输的侦察画面。机长与通信人员沟通视频传输和展示情况，确保侦察画面正常显示。

保障人员主要负责视频侦察装备的运输、现场工作台、设备供电等内容。机长与保障人员沟通物资的需求和使用状态。

（二）装备确认

装备确认是任务执行前的重要保障。在无人机视频侦察任务确认后，完成装备和人员的确定并制定视频侦察任务装备清单。由视频侦察机组人员申请装备领用，检查装备是否完备，并将所有装备调整至最佳状态。装备确认主要包括飞行平台确认、载荷状态确认、区域目标确认等内容。

1. 飞行平台确认

飞行平台确认是指确认选定的视频侦察无人机状态正常，各组件及备用配件完整。

（1）确认无人机外观结构洁净完整，检查无人机脚架、机臂、机身、连接部件、螺旋桨结构是否完整、有无裂痕等。

（2）确认无人机应用软件正常，将软件更新到最新状态，并进行系统自检，确定惯性元件、定位系统、避障系统、状态指示灯是否正常工作。

（3）确认无人机动力系统正常工作，通电后将无人机处于低空悬停状态（高度 1 m 位置），检查电池供电、电调、电机、螺旋桨是否能提供稳定动力。

（4）检查所有设备是否装入收纳箱，收纳箱能否满足运输要求。

2. 电量状态确认

电量状态确认是指确认无人机电池、遥控器电池及显示设备电池的数量和电量。根据任务要求，申请适用数量电池，并将电池电量充满。智能电池中有控制系统时，要保证每个电池系统更新至最新版本。另外，具备自动放电的智能电池，将自动放电时间调整至适合时限，确保任务时电量充足。

3. 载荷状态确认

载荷状态确认是指对视频侦察任务的相机载荷及云台的工作状态进行检查确认。将相机载荷及云台与无人机正确安装，设备通电后操作云台进行俯仰、平移和滚转运动，缓慢地将各控制通道由中位调整至最大值，检查控制是否正常。之后操作载荷进行拍照和摄像，确定其功能正常，再进行回放并检查存储设备是否正常。需要注意的是，在任务要求记录的照片和视频素材较大时，选择大容量、读写速度快的存储介质，任务执行前将存储设备和系统缓存中的资料导出保存后，格式化缓存和存储设备，保证任务前存储设备处于最佳状态。

4. 区域目标确认

区域目标确认主要是保证在区域目标内所选择无人机能够满足起飞要求。以大疆无人机为例，通过应用软件判断目标区域是否处于禁飞区，如果在禁飞区内，应先申请区域解禁，并将解禁证书导入无人机系统。另外，在网络条件不佳的区域执行飞行任务时，应提前下载离线地图，并导入无人机。

5. 装备清单确认

装备清单确认是指在所有视频侦察设备准备完善后，根据装备清单对装备数量和状态进行逐一核查，确认视频侦察任务所需装备都已备齐并保持状态良好。

（三）任务执行

无人机视频侦察任务的执行是指机组人员携所需设备抵达任务现场后，开始执行视频侦察任务。按照执行任务的时间顺序，可以将视频侦察任务执行分为设备组装、参数设置、环境勘察、侦察作业和整理撤收 5 个典型阶段。

1. 设备组装

抵达任务目标现场后，根据指挥人员要求，视频侦察机组在指定区域进行装备展开、组装和基本调试。

（1）根据任务要求和所选机型需求，搭建任务操作平台。将桌椅按要求摆放整齐，桌椅位置是机组位置的主要参考指标，应摆放在空旷平坦地面，为避免与其他机组的相互干扰，各机组位置间距应在 15 m 以上。如遇到室外环境光照强烈或可能发生降雨情况时，应先搭建遮阳伞。

（2）无人机展开组装。无人机飞行平台及载荷组装，位置应在操作平台前方 5 ~ 10 m 的空旷平坦位置。将机箱全部装备摆放到指定位置并打开机箱，按照机型组装要求，由下至上、由里及外，依次安装起落架、机体、载荷、机臂，并检查安装牢固、结构锁死。安装完成后，将机箱等收纳设施整齐摆放至操作平台后方。

（3）地面站遥控器组装。在工作台上，展开地面站或遥控器，妥善安装显示设备，展开通信天线并将数传和图传一次接入地面站遥控台，如需独立供电则接通电源。注意根据天线的类型，调整天线朝向，使通信效果达到最佳状态。

（4）设备联通调试。先打开遥控器电源，再打开无人机电源，进行设备自检，确认各项指标是否正常。部分无人机为确保定位精准，需要在起飞前校准地磁，根据操作要求完成校准。无人机和遥控器建立数传和图传连接后，将地面站视频输出端口与视频输出设备相连，确认图传画面能正确传输至显示设备。注意画面传输测试时，尽量选择拍摄动态目标，保证画面质量与传输时效。在出现传输问题时，及时与通信人员沟通解决，确保视频侦察画面能够正确传输。

2. 参数设置

参数设置是指在无人机起飞之前，对无人机的操作飞行参数及视频载荷参数进行设置。正确的参数配置是安全飞行的保障，同时也能将视频侦察效果调整至最佳状态。

1）无人机参数设置

无人机参数设置主要是对无人机的返航点、飞行模式、飞行高度和距离限制、失联返航措施、数传图传信道等信息进行配置。

返航点是指无人机的起落位置。通常执行应急救援任务时返航点位置不会发生变化，在无人机接通电源后，系统自动搜索 GPS 卫星信号，当接收卫星信号数量达到 8 颗以上时能够为无人机提供精准定位，并在遥控器显示设备中确认位置是否正确，将当前位置设置为返航点。

无人机的飞行模式包含 GPS 模式（位置增稳）、姿态模式（姿态增稳）、运动模式（高性能）和三脚架模式（高稳定）等。通常任务中使用 GPS 模式（简称 P 档），即无人机机身保持平稳，无人机位置精准按照遥控操作运行，当松开摇杆时无人机可以实现精准悬停。姿态模式（简称 A 档），无人机不能实现自主悬停，仅保持机身姿态平稳。当任务中需要穿越狭窄区域侦察监测时，GPS 模式中的避障传感器检测到障碍物并阻止无人机继续行进，此时需切换至姿态模式并关闭传感器。需要注意的是姿态模式下无人机会随气流变换位置，需要手动不断修正。运动模式（简称 S 档），任务中很少使用，该模式下无人机仍具备定位功能，但飞行操控变得非常灵敏、动作幅度大、速度很快，如悟 2 的最快飞行速度能够达到 94 km/h。运动模式下无人机侦察监测画面变化剧烈，稳定性降低。三脚架模式（简称 T 档），与运动模式刚好相反，无人机稳定性得到提升，侦察画面更加稳定，但操作舵量的灵敏度明显下降，在观察目标处于静止状态时可以使用此模式。

无人机的最大飞行高度和距离设置主要是根据任务要求和无人机的通信距离约束进行设置。通常执行的视频侦察任务都是在视距内进行，一般最大飞行高度可设置为 120 m，最大飞行距离设置为 500 m。

无人机在执行任务中可能会遇到障碍物遮挡通信信号，此时无人机处于失联状态，将按照预定的失联策略自动地执行操作。失联状态下的自动控制策略有返航、降落和悬停。在视频侦察任务中，通常将此设置为悬停。

信道设置是指设置无人机和遥控器之间的接收和发送频率。智能无人机系统能够根据电磁环境，自动地在 2.4 GHz 或 5.8 GHz 频段调整信道。在执行视距内无人机视频侦察时，可手动将收发频率设置为 5.8 GHz 频段，提升信息传输效率。

2）载荷参数设置

无人机载荷参数设置主要是对载荷相机的曝光、焦距、视频输出格式和存储方式等特征参数进行妥善设置，以达到侦察观测画面的最佳效果。载荷相机的曝光主要决定侦察画面的明暗程度。曝光效果主要由光圈大小、快门速度和感光度 3 个参数共同决定。在执行侦察任务时，通常将曝光值设置为 AUTO 档，即相机根据拍摄主题的光照特点自动调节曝光，当整体拍摄画面偏亮时，可以通过减小曝光补偿（EV 值）进行微调。拍摄画面的曝光程度可以通过直方图来显示，将通过调节将直方图两端数值减小，即画面中过曝和欠曝的元素减少，提升直方图中间部分的占比，有利于提升侦察画面质量。

载荷相机的焦距主要决定侦察画面主体的清晰程度；无人机救援应用中的视频侦察主体通常为林火区域等范围目标，观察距离较远，因此通常将焦点至于无限远位置。这样拍摄主体的细节特点、轮廓形状等信息都能清晰呈现。在侦察拍摄时可以打开峰值对焦阈值进行辅助判断，画面中红色颗粒代表着对比度明显的区域，红色颗粒越多，代表着焦点越实，成像目标越清晰。

载荷相机的视频输出格式决定拍摄视频画面的像素精密度，拍摄格式要与匹配接收的视频显示设备一致。通常视频侦察任务中选择 1080 p25 的视频输出格式，其中数字 1080 为垂直方向有 1080 条水平扫描线，采用的分辨率为 1920×1080；字母"p"表示 progressive scan，即逐行扫描；后面的数字 25 代表帧数（刷新率），表示每秒拍摄的照片数量，帧数越大视频画面越流畅，视频文件的体量也就越大。

无人机侦察拍摄的素材存储主要有机载内存和内存卡两种方式。机载内存不受读写效率影响，在拍摄高帧率视频时性能稳定，不会出现丢帧现象，但储存空间有限，如御 2 无人机只有 8 G 机载内存。内存卡存储空间更大，但受到读写速率的影响，在拍摄高帧率视频时可能出现卡顿或丢帧现象。执行视频侦察任务时，拍摄帧率要求不高，但要求存储空间大，所以优先选择内存卡存储的模式。

3. 环境勘察

环境勘察是指对任务区域现场的实地环境进行勘察，结合任务理解中对任务的细致分析，对视频侦察任务做细微调节。勘察的主要科目包括温度、能见度、风速、电磁环境、起降点周围障碍物与参照物、观测主体对于起降点的方位和距离等。

温度影响无人机的机电部件能否正常工作。执行任务时要尽量保证无人机，特别是无人机能源系统，处于 5～30 ℃的常温环境，确保无人机机电部件的正常工作。

能见度影响无人机视频侦察的画面效果。任务现场由地面勤务员观察区域能见度，当受到烟雾影响能见度时，可以适当减少飞行距离以保证飞行安全。为完成侦察任务，也可将无人机任务载荷由可见光载荷更换为红外载荷或双光载荷。

风速影响无人机的动态性能和稳定状态。现场地面勤务员通过风速仪测量风向及风速，并记录在飞行记录本上。视频侦察多旋翼无人机的抗风等级均在 5 级以上，即风速小于 10 m/s 时，无人机可以正常起飞执行任务。需要注意的是，有风情况下无人机需要消耗更多的能量抵消风的影响，因此应酌情减少单次飞行时长。如突然出现风速过大的情况时，电机将增大输出功率处于满负荷状态，此时应立即执行返航操作。

电磁环境影响无人机的定位精度和通信效率。当操作现场有强磁体干扰时，可由机长向指挥人员申请更换机组位置。当电磁干扰影响通信质量时，也可通过调整天线朝向、通信信道等方式减少干扰。当相邻机组内有大功率收发设备时，可适当增加组间距离减小相互影响。

起降点周围环境影响飞行安全。起飞前机长应观察起降点上空是否有树木或电线等障碍物，应将视频侦察无人机起飞至距地面 30～50 m 处，将镜头调至水平位置，环顾 360°，观察可能影响正常飞行的障碍物，适当调整飞行航线以保证安全。同时注意观察起降点周围特征参照物，为手动返航时做好准备。

观测被侦察主体目标的方位和距离，调整视频侦察策略。根据目标主体的特点，选择适合的空中观测区域和观测角度。首先根据观测目标的测光情况，选择顺光观测方位，即无人机位置处于观测目标和太阳之间。观测朝向应始终朝向目标区域，根据无人机镜头的视角，调整无人机的飞行高度和目标的距离，将主题目标区域在视频画面中的占比调整至60%～80%，位于画面中心位置。

4. 侦察作业

无人机进行视频侦察任务，为保证侦察目标的信息完整和画面呈现效果良好，需要采取规范的无人机侦察战术动作。

侦察作业基础包括侦察镜头的基本构图、拍摄景别和基础战术动作3个方面。

侦察的画面要体现出协调的画面语言，构图是无人机侦察画面呈现的基础，能够向观察者传达出更全面直观的目标信息。运用构图是为了在一个平面上处理三维空间，表现出高、宽、深、透视、纵深之间的关系，以达到突出侦察主体的目的。处理得当、简洁清晰的构图，能够将画面中的各类元素合理规划，使侦察画面主题明确、主体突出、主次分明，画面整体不单调，在信息量丰富的同时做到主体与周边环境的协调统一。

1）基本构图

无人机在执行侦察任务时可以突破地形与拍摄角度的限制，实现相对快速地变换角度和构图。通常视频侦察任务中所使用的构图方法有点构图、线构图和几何形状构图。

（1）点构图。侦察主体在取景范围中所占区域较小时，可将其视为"点"，当侦察画面中有一个明确的"点"时，就能够引起观察者的注意，成为视觉焦点。为了突出主体，点构图时需要镜头画面的背景干净整洁，没有其他杂乱的元素，并且"点"所处的位置也很重要，可以将它放在画面中央的中心点或是九宫格构图内的交叉点上，如图2-13所示。

图2-13 中心点构图

（2）线构图。利用线条构图也是视频侦察中比较常见的构图方法，包括水平线构图、引导线构图、曲线构图和对角线构图。

水平线构图与人眼观察画面一致，给人视觉上的舒适感，常用于表现宏大、广阔的场景，水平线可以放在画面的 1/2 或 1/3 处，使画面比例更加均衡，通常可以将地平线、山岳轮廓、水体边界作为水平参考线。例如图 2-14 所示，利用天际线、道路和影子组成的构图，增加了画面的延伸感。

图 2-14 1/3 天际线构图

　　引导线构图利用场景中的线条引导观察者视线，将画面的主体和背景元素串联起来。引导线构图可以增加空间立体感，引导观察者目光随线条延伸，表现出侦察场景的空间和纵深，满足"近大远小"的视觉透视规律和心理预期。

　　曲线构图时更加灵活多变，观察者的目光跟随曲线转移，能够产生较强代入感，同时依托于无人机侦察的高度优势，曲线能够将画面远处和近处的信息关联在一起，使画面更加饱满立体。曲线构图适用于侦察主体为河流、溪水、路径等场景。

　　对角线构图可以丰富画面内容，增强侦察画面的延伸感和立体感，利用航拍侦察设备的高度优势，很容易发现并利用对角线来辅助构图，如图 2-15 所示。

图 2-15 对角线构图

（3）几何形状构图。高角度视频侦察时，可以将点构图与直线构图进行融合，形成特殊的几何图形，增加侦察画面的逻辑关系和韵律感觉。当拍摄主体组成三角形轮廓时，会给观察者平衡、稳定的感觉；当侦察主体为正圆或椭圆建筑时，能够为观察者带来完整圆满的视觉感受；侦察任务中还存在多边形线条和特殊图形的主体，利用后可以使侦察画面更具感染力，如图 2-16 所示。

图 2-16　几何形状构图

2）拍摄景别

景别是描述被观察主体在画面中所占比例的大小。不同景别包含的元素和信息量是不同的，突显主体的程度也不相同，选择景别要判断侦察环境中的有效信息，优劣取舍。视频侦察中的景别包括远景、全景、中景、近景和特写。远景中主体在画面中所占比例很小，主要描述侦察对象所处的大环境、地理位置或地貌特征；全景中主体的占比更大，能够展现出完整的主体信息以及主体的全貌特征；中、近景画面更加细致，能够表达出被侦察主体的部分特征信息；特写用来侦察主体的局部细节，突出强调细节上的信息。在视频侦察任务中，不同景别之间的变化主要是依靠无人机与被侦察主体之间的距离和镜头焦段变化完成的。在其他参数保持不变的情况下，通过调整镜头焦段或变化无人机位置，改变侦察画面中主体的占比大小，从而改变侦察画面的景别。

3）基础战术动作

运动镜头是描述不同的构图和不同景别之间的变化过程，简称运镜。一项视频侦察任务所需的复杂运动镜头都是由基本的运动镜头组合而成的。一个完整的运动镜头需要结合飞行航线和云台角度来设计，根据航线变化可将运镜分为直飞、上升、下降和环绕，结合云台视角可分为平视、俯视和仰视。下面通过机头方向规划航线，从航线运动和云台角度两方面进行解析。

（1）直飞。无人机保持水平直线飞行，配合升降的操作可以分成直飞上升、直飞下降，在飞行过程中根据拍摄需求可以改变云台视角。

水平直飞、云台平视是指保持在一定的高度上，沿水平方向直飞，云台保持平视，逐渐改变与被侦察主体之间的距离，主体在镜头画面中的占比也逐渐变化。

水平直飞、云台俯视是指飞行器在保持水平直飞的过程中，云台保持俯视。不同的俯视角度得到的画面纵深效果也不同，垂直90°情况下的俯视也被称为正扣视角，这个运镜手法拍摄运动主体时需要精确控制无人机的速度，保持主体在画面中的构图位置不变。

直飞上升、云台运动是指无人机在直飞前进的同时提升高度，侦察画面信息量随高度上升而增加，以云台0°到－90°区间（向下摇）或－90°到0°区间（向上摇）运动，这种镜头可以表达出发现感、开启感等镜头语言。

直飞下降、云台运动是指无人机在直飞过程中降低飞行高度，能够使侦察画面从周围的大环境过渡到画面主体，无人机与侦察主体的距离越近，画面信息量越少，主体更加突出，辅以上摇或下摇动作，用于展示主体与周围环境的关系。

（2）上升。无人机在运动过程中增加飞行高度，在上升侦察时，无人机与主体的距离通常是由近及远、由低到高，使画面信息量发生变化，同时云台也可以进行不同角度的转变。

垂直上升、云台平视镜头能够获得不同的起幅画面信息，通过适当的前景、后景设计，体现出信息更迭，使画面内容更为丰富。

垂直上升、云台俯视是指无人机在垂直上升过程中保持云台俯视，侦察画面由局部逐步扩展到整体，展示侦察主体的整体环境，增加镜头层次感。

垂直上升、云台运动是指在无人机上升过程中，云台始终跟随被侦察主体（通常为下摇运动），如主体逐渐进入镜头画面，这个运镜技巧能使观察者发现并持续关注侦察主体。

垂直上升、正扣旋转是指飞行器位于侦察目标正上方垂直上升的过程中，云台正扣旋转，使主体处于画面中心点位置，通常用于展现主体在画面中的冲击力。

（3）下降。无人机飞行过程中降低高度，拍摄主体的距离通常由远及近、由高到低，主体在画面中的占比随之变化。

垂直下降、云台平视常用于拍摄正在下降的主体，侦察主体与无人机保持相对静止，突出主体的运动轨迹。

垂直下降、云台俯视指无人机下降过程中云台保持俯视，飞行高度降低，镜头聚焦于主体局部或增加主体的占比，突出环境中被侦察主体的重要性。

后退下降、云台运动是指无人机在后退下降过程中配合云台跟随主体运动（通常为上摇运动），展示主体不同侦察视角的信息。

（4）环绕。无人机围绕主体环绕拍摄的运动镜头，能够展示主体的全方位信息，以及主体和环境的关系，视觉效果更为丰富。

等距环绕是以主体作为圆心，保持等距半径，云台镜头锁定主体，保持相对飞行高度环绕飞行，常用于交代主体位置信息和环境关系。再加入上升变化，从空间维度上展示主体的不同角度，常用于突出主体的高大威严等特点。

环绕渐进是指以主体为圆心环绕时，无人机逐渐拉近距离，画面中主体所占比例由小变大，适用于从全景过渡到局部，突出强调侦察主体，展示多方位的主体细节信息。再加入下降变化，云台跟随主体，用于同时调整景别和拍摄视角。

环绕拉远是无人机以主体为圆心向圆外航线的运动。主体在画面中所占比例由大到小，无人机与主体距离由近及远，在拉远的过程中，画面信息量逐渐增加，景别由小变大，拍摄主体所处的环境或空间关系更加突出。

4）实战运用操作

执行视频侦察任务是无人机在消防救援应用中的一项核心任务，通过任务现场实时画面显示，指挥人员能够及时了解任务现场的各类态势信息，并依此指定决策信息和战力部署，所以视频侦察任务的完成质量直接关系着任务的成败。视频侦察任务按照无人机飞行状态可以分为3个阶段：起飞行进阶段、任务巡航阶段和返航降落阶段。

（1）起飞行进阶段。机长在接收到指挥人员视频侦察机组起飞指令后，操作无人机从起降点起飞，直线上升至30~50 m高度，将无人机视频载荷的视轴角度调整为0°，即无人机载荷处于水平位置，无人机机头朝向任务目标区域。缓推升降舵至杆量2/3处（如任务紧急，可将杆量打满），使无人机匀速接近目标，直至达到计划观察区域。其间，地面勤务员注意观察无人机的飞行状态数据和空中的障碍物等信息，及时向机长汇报。在起降点距离目标较远时，地面人员还应记录无人机的在此阶段的飞行时间和电量消耗。在起飞阶段，根据焦距与视场角确定无人机侦察观测点距目标区域位置，其计算公式为

$$L = \frac{W}{\dfrac{a}{2 \times \tan \dfrac{\alpha}{2}}}$$

式中　L——无人机观测点距目标区域距离；

a——主体占画面比例（根据全景及抵近观察目的，一般为0.3~1）；

α——镜头视场角。

无人机飞行高度取决于目标的高度、视线内阻碍物的高度。

（2）任务巡航阶段。机长根据任务目标区域情况，调整无人机水平方位和载荷的俯仰角度，将目标中心点处于画面中心（可打开构图辅助线），将目标主体在画面中的占比调整到60%~70%，根据目标此时的光照情况对相机参数进行微调，将目标所包含的特征要素清晰地在画面中呈现，并将无人机稳定在此位置，根据任务要求进行采集图片信息或视频信息。为确保目标信息的完整性和准确性，通常需要多角度观察目标主题，此时机长应控制无人机保持飞行高度不变，缓慢操纵方向舵和副翼，使无人机以目标为中心，做匀速圆周运动。此期间应尽量保证目标主体始终处于画面中心，画面占比保持不变，镜头变化保持平稳，如视频侦察无人机具备智能模式时，可以选择使用智能跟随模式和智能环绕模式辅助完成上述操作。当目标区域的周围环境也是侦察任务关注对象时，例如林火侦

察任务，可将目标中心置于九宫格辅助线中间的交点位置，将目标在画面中的占比调整为30%～40%，将目标周围环境要素观察清晰。地面勤务员实时观察无人机的空间位置，遇到障碍物时及时提醒机长改变航线，并实时关注无人机飞行状态数据，特别是电池电量，当电量低于30%时提醒机长返航。

当被侦察目标变化快速或某一区域存在多个任务目标时，通常需要改变视频侦察目标。机长根据指挥人员指令对无人机状态进行调整，可根据目标变化与否分为两种类型：同一侦察目标的镜头变化主要是由目标全景信息转为目标的近景特写细节信息；不同侦察目标的变化则需要进行镜头切换。

由全景视频侦察转为近景特写有两种变化方式：当任务紧急时，可以在操作无人机抵近目标的同时，调整相机镜头焦距，快速呈现出细节信息。当任务要求镜头平缓变化时，可以选择环绕侦察的同时，缓推升降舵，使无人机环绕渐近侦察目标，将细节逐层呈现；由细节信息侦察转为全景侦察时，则执行反向操作。

当视频侦察任务中需要切换不同观察目标时，也可以根据任务的紧急程度将操作分为直接快速变换镜头和缓慢过渡变换镜头。当任务紧急时，可以同时调整无人机空间位置和相机镜头朝向，快速抵达新目标的侦察位置；当任务时限要求低时，可以选择相机镜头朝向不变，将无人机缓慢平移至新目标的侦察位置。

（3）返航降落阶段。它与起飞行进阶段的操作相同，方向相反。如无人机处于严重低电量时，可以在保证安全飞行的同时，采取俯冲返航的操作，提升效率。

5. 整理撤收

视频侦察任务结束后，机长在接收到指挥人员的撤收指令后，组织地勤人员进行装备的整理和撤收。撤收流程与组装流程基本相反，先将无人机断电，再将地面站断电。拆卸无人机时，先检查无人机的易损部件是否正常。之后按照由外及内、由上至下的原则，依次拆卸无人机的桨叶、机臂、载荷、机身和脚架，并将各部件放置于收纳机箱指定位置。地面站撤收时先断开电源线、数图传线和显示设备连接线，并将各部件放置于收纳箱指定位置。整理完成后，机长与保障人员沟通，将视频侦察机组设备装入装备车。

（四）数据处理

数据处理是视频侦察任务过程中所产生的有价值数据进行收集、整理、加工，最终形成富含各侦察要素的成果视频或图片，用于成果展示和经验材料积累。数据处理一般需要各类软件作为支撑，耗时较长，所以通常安排在任务完成之后进行。

1. 视频处理

消防救援应用中的视频处理主要是指在所拍摄的视频基础场，增加各维度的数据，使侦察视频含有更多参考信息和价值，例如标注目标区域轮廓、面积，视频画面中的方向，拍摄时的无人机状态信息等内容。另外，对无人机的视频剪辑也是视频处理的重要部分，通过视频剪辑可以将视频侦察素材进行有机重组，使视频的呈现更加完整。视频处理的基本步骤是先将拍摄素材进行选择、分解，再按照任务要求及内容逻辑进行组接和编辑，最终构成一部完整的影片。

视频处理是通过操作电脑软件实现各类素材的调用和组合。常用的专业软件有 Adobe Premiere、Avid media composer、EDIUS、Final Cut Pro、Magix Vegas 等。

2. 飞行记录

飞行记录是指记录无人机每次起降飞行的各类状态数据。分析飞行记录能够发现现场操作时的隐性问题，对提升任务执行能力提升有很大价值，同时飞行记录中含有无人机执行任务时的状态信息，这对于侦察任务的总结复盘也有很大帮助。

智能无人机通常带有自动记录飞行的功能，以大疆御 2 为例，飞行记录中含有飞行器名称、飞行地图、飞行时间及时长、飞行里程、飞行模式、GPS 卫星数量、飞机电量、起降点位置、飞行高度、直线距离、水平速度、垂直速度、无人机经纬度、遥控杆量、拍摄位置和安全提示信息等，如图 2-17 所示。最终飞行记录以视频的形式呈现，并提供导出功能。

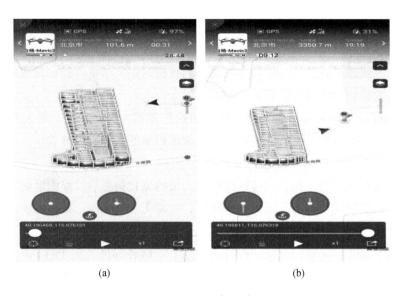

(a)   (b)

图 2-17　飞行记录

将无人机的飞行记录视频导出后，按起飞时间命名，并与侦察视频素材统一归档保存。

3. 资料存储

视频侦察任务完成后，要及时对拍摄素材进行分类整理，将产生的侦察结果文档进行归档储存，以便于后期进行检索和查阅。一般情况下，可以将视频侦察原始素材按照日期、机型、任务主体进行逐层分类整理，对于拍摄的具体文件可按照生成时间进行重命名存储。将重点文件筛选复制，单独存入特征视频照片文件夹内。后期视频制作的产出物和飞行记录导出文件，单独建立文件夹并一同存入视频素材文件内，视频制作中的过程文件可由视频处理人员独立保存，不必存入整体素材内容中。

侦察素材存储归档后，应注意对存储素材进行定期维护。一般存储素材都存入机械硬盘，机械硬盘如长时间放置，要再对硬盘进行干燥处理，防止由于湿度和氧化的影响造成硬盘的硬件损伤，并根据硬盘使用寿命及时对素材进行迁移存储，并更换存储设备。

（五）总结整理

在侦察任务完成后，要及时对任务进行总结和反思，提出任务执行过程中出现的疏忽和错误，并提出改进措施，提升任务团队的综合能力。任务总结应从任务完成情况和执行效率分析两个维度对视频侦察任务进行深入剖析，重点检视侦察任务是否包含全部核心要素内容、无人机飞行时是否有危险操作和安全隐患、设备是否有损伤、任务流程是否合理、各环节执行是否流畅等内容，完成《视频侦察任务总结报告》，并持续跟进改进措施的执行，切实提升视频侦察能力。总结报告一般包括任务概况、实施过程、形成成果、存在问题、改进措施等方面。

三、全景侦察

无人机全景侦察技术的产生和应用是近年来虚拟现实、计算机视觉技术、无人机技术领域中的一个新的研究方向和应用。利用多旋翼无人机进行空中拍摄，获取任务区域内各关键点的多角度航拍影响，后期利用专业拼接软件进行全景拼接处理，可以实现在拍摄地点特定时间内的720°全方位空中全景效果，实现对于城市、水域、山区等不同地形条件下的小空间区域的全景建模，为指挥决策人员掌控全局信息、快速区域转换提供空地影像支撑。

（一）任务分析

1. 任务背景

任务背景是指接收到任务的时间、地点、科目和人员等背景信息。任务书中对这些信息的描述简要精炼，在执行全景侦察任务时需要将这些信息再进行研究细化，完成全景侦察任务前的准备工作。全景侦察的任务区域环境条件分析与视频侦察基本相同。

在执行全景侦察前，应重点关注任务的主要目标区域，基本全景侦察图片能够包含目标及环境的主要信息元素。若目标区域范围很大，应根据任务要求，选取多个特征全景点进行拍摄。

任务信息的充分理解和细化，是进行后续设备选型和人员确定的前提。只有将任务信息理解准确、环境信息和飞行约束条件考虑充分，才能选择最准确的任务机机型、载荷和操作人员。

2. 设备选型

设备选型是指根据任务的目标要求，选择适合的任务装备。第一，选择能够在目标区域的天气条件、地理条件下正常工作的机型。第二，所选装备性能要满足任务指标的要求，包括续航时间、飞行高度、通信距离、全景拍摄功能等。第三，在保证能完成任务的前提下，选择尽量低功耗、小体积、组装迅速、运输便捷的设备。

任务机型和载荷确认后，要整理形成全景侦察设备清单。设备清单中应包含无人机飞行平台、载荷装备、显示设备、充电设备、存储设备和备用器件等内容。根据任务清单完成出库申请。

3. 人员构成

执行无人机全景侦察任务的人员以及人员职责都需要在执行任务前明确，这样才能实现任务的精准分配、职责明晰、信息传达顺畅。执行全景侦察任务的具体操作主要由全景侦察机组人员完成，其中包括机长和地面勤务员，同时为了协调完成整体的任务，还要和指挥人员、通信人员以及保障人员保持沟通。

全景侦察时，720°全景侦察需要无人机在空中保持精准悬停拍摄完成24~36张静态照片，二维全景图需提前完成航线规划并设置拍摄任务，三维全景需要采集至少3个角度的目标全方位信息才能完成建模，这就需要机长对任务要有充分准备并执行侦察；地面勤务员注意汇报无人机状态信息并关注任务航线的空域安全。

（二）装备确认

装备确认是任务执行前的重要保障。在无人机全景侦察任务确认后，完成装备和人员的确定并制定全景侦察任务装备清单。由全景侦察机组人员申请装备领用，检查装备是否完备，并将所有装备调整至最佳状态。装备确认主要包括飞行平台确认、电量状态确认、载荷状态确认、区域目标确认等内容。

1. 飞行平台确认

飞行平台确认是指确认选定的全景侦察无人机状态正常，各组件及备用配件完整。

（1）确认无人机外观结构洁净完整，检查无人机脚架、机臂、机身、连接部件、螺旋桨结构是否完整、有无裂痕等。

（2）确认无人机应用软件正常，将软件更新到最新状态，并进行系统自检，确定惯性元件、定位系统、避障系统、状态指示灯是否正常工作。

（3）确认无人机动力系统正常工作，通电后将无人机处于低空悬停状态（高度3 m位置），检查电池供电、电调、电机、螺旋桨是否能提供稳定动力。

（4）检查所有设备是否装入收纳箱，收纳箱能否满足运输要求。

2. 电量状态确认

电量状态确认是指确认无人机电池、遥控器电池及显示设备电池的数量和电量。根据任务要求，申请适用数量电池，并将电池电量充满。智能电池中有控制系统时，要保证每个电池系统更新至最新版本。另外，具备自动放电的智能电池，将自动放电时间调整至适合时限，确保任务时电量充足。

3. 载荷状态确认

载荷状态确认是指对视频侦察任务的相机载荷及云台的工作状态进行检查确认。将相机载荷及云台与无人机正确安装，设备通电后操作云台进行俯仰、平移和滚转运动，缓慢地将各控制通道由中位调整至最大值，检查控制是否正常。之后操作载荷进行拍照和摄像，确定其功能正常，再进行回放并检查存储设备是否正常。需要注意的是，在全景任务要求记录的素材较大，要选择大容量、读写速度快的存储介质，任务执行前将存储设备和系统缓存中的资料导出保存后，格式化缓存和存储设备，保证任务前存储设备处于最佳状态。

4. 区域目标确认

区域目标确认主要是保证在区域目标内所选择无人机能够满足起飞要求。以大疆无人机为例，通过应用软件判断目标区域是否处于禁飞区，如果在禁飞区内，应先申请区域解禁，并将解禁证书导入无人机系统。另外，在网络条件不佳的区域执行飞行任务时，应提前下载离线地图，并导入无人机。

5. 装备清单确认

装备清单确认是指在所有视频侦察设备准备完善后，根据装备清单对装备数量和状态进行逐一核查，确认视频侦察任务所需装备都已备齐并保持状态良好。

（三）任务执行

1. 设备组装

抵达任务目标现场后，根据指挥人员要求，全景侦察机组在指定区域进行装备展开、组装和基本调试。

（1）根据任务要求和所选机型需求，搭建任务操作平台。将桌椅按要求摆放整齐，桌椅位置是机组位置的主要参考指标，应摆放在空旷平坦地面，为避免与其他机组的相互干扰，各机组位置间距应在 15 m 以上。如遇到室外环境光照强烈或可能发生降雨情况时，应先搭建遮阳伞。

（2）无人机展开组装。无人机飞行平台及载荷组装，位置应在操作平台前方 5 ~ 10 m 的空旷平坦位置。将机箱全部装备摆放到指定位置并打开机箱，按照机型组装要求，由下至上、由里及外，依次安装起落架、机体、载荷、机臂，并检查安装牢固、结构锁死。安装完成后，将机箱等收纳设施整齐摆放至操作平台后方。

（3）地面站遥控器组装。在工作台上，展开地面站或遥控器，妥善安装显示设备，展开通信天线并将数传和图传一次接入地面站遥控台，如需独立供电则接通电源。注意根据天线的类型，调整天线朝向，使通信效果达到最佳状态。

（4）设备联通调试。先打开遥控器电源，再打开无人机电源，进行设备自检，确认各项指标是否正常。部分无人机为确保定位精准，需要在起飞前校准地磁，根据操作要求完成校准。

2. 参数设置

参数设置是指在无人机起飞之前，对无人机的操作飞行参数、飞行航线及视频载荷进行设置。正确的参数配置是安全飞行的保障，同时也是高效完成全景侦察任务的前提。

1）无人机参数设置

无人机参数设置主要是对无人机的返航点、飞行模式、飞行高度和距离限制、失联返航措施、数传图传信道等信息进行配置。

返航点是指无人机的起落位置。通常执行应急救援任务时返航点位置不会发生变化，在无人机接通电源后，系统自动搜索 GPS 卫星信号，当接收卫星信号数量达到 8 颗以上时能够为无人机提供精准定位，并在遥控器显示设备中确认位置是否正确，将当前位置设置为返航点。

全景侦察无人机一般执行任务时选择 GPS 模式进行作业，在能够保证飞行位置的精准和稳定性的前提下，具备良好的机动灵活性，能够快速完成全景侦察任务。

无人机的最大飞行高度和距离设置主要是根据任务要求和无人机的通信距离约束进行设置。通常执行的视频侦察任务都是在视距内进行，一般最大飞行高度可设置为 120 m，最大飞行距离设置为 2000 m。

无人机在执行任务中可能会遇到障碍物遮挡通信信号，此时无人机处于失联状态，将按照预定的失联策略自动地执行操作。失联状态下的自动控制策略有返航、降落和悬停。在视频侦察任务中，通常将此设置为悬停。

信道设置是指设置无人机和遥控器之间的接收和发送频率。智能无人机系统能够根据电磁环境，自动地在 2.4 GHz 或 5.8 GHz 频段调整信道。在执行视距内无人机视频侦察时，可手动将收发频率设置为 5.8 GHz 频段，提升信息传输效率。

2）载荷参数设置

无人机载荷参数设置主要是对载荷相机的曝光、焦距、视频输出格式和存储方式等特征参数进行妥善设置，以达到侦察观测画面的最佳效果。载荷相机的曝光主要决定侦察画面的明暗程度。载荷相机的焦距主要决定侦察画面主体的清晰程度，通常视频侦察任务中选择 1080 p25 的视频输出格式。

3. 环境勘察

环境勘察是指对任务区域现场的实地环境进行勘察，结合任务理解中对任务的细致分析，对全景侦察任务做细微调节。勘察的主要科目包括温度、能见度、风速、电磁环境、起降点周围障碍物与参照物等。

温度影响无人机的机电部件能否正常工作。现场设备展开后，应由地面勤务员进行现场温度测量。当温度高于 30 ℃时，应注意电池、地面站、显示设备的降温，避免阳光直射导致设备持续升温，机载设备应注意保持稳定功率输出。当温度低于 5 ℃时，应注意用电设备保温，可将存储设备置于 15 ℃恒温箱内保温储存或预热，低温时电池放电效率受到影响，极端时会出现掉电情况，除进行预热操作外，还应该适当减少飞行时间以保证飞行安全。

能见度影响无人机视频侦察的画面效果。任务现场，由地面勤务员观察区域能见度，当受到烟雾影响能见度时，可以适当减少飞行距离以保证飞行安全。为完成侦察任务，也可将无人机任务载荷由可见光载荷更换为红外载荷或双光载荷。

风速影响无人机的动态性能和稳定状态。现场地面勤务员通过风速仪测量风向及风速，并记录在飞行记录本上。视频侦察多旋翼无人机的抗风等级均在 5 级以上，即风速小于 10 m/s 时，无人机可以正常起飞执行任务。

电磁环境影响无人机的定位精度和通信效率。当操作现场有强磁体干扰时，可由机长向指挥人员申请更换机组位置。当电磁干扰影响通信质量时，也可通过调整天线朝向、通信信道等方式减少干扰。当相邻机组内有大功率收发设备时，可适当增加组间距离减小相互影响。

起降点周围环境影响飞行安全。起飞前机长应观察起降点上空是否有树木或电线等障碍物，应将视频侦察无人机起飞至距地面 30 ~ 50 m 处，将镜头调至水平位置，环顾 360°，观察可能影响正常飞行的障碍物，适当调整飞行航线以保证安全。同时注意观察起降点周围特征参照物，为应急情况处理做好准备。

4. 执行全景侦察操作

无人机进行全景侦察任务，为保证侦察全景的信息完整和画面呈现良好效果，需要采取规范的方法进行拍摄。以 360°全景侦察为例，对重点区域拍摄多张照片，降落后导出照片数据，后期制作 360°全景拼图，实现多角度全方位的呈现重点侦察区域。在区域范围较大时，可以多点拍摄，制作多点联动全景图，可快速切换观察位置，实现任务区域内的快速转场。

空中全景图可以通过手动和程序两种方法进行拍摄，在拍摄过程中，要保持无人机稳定悬停，并保证每张图片之间有 30% 的重叠，否则素材在后期拼接中会出现模糊或无法拼接的情况。而且每次拍摄时，需要保证无人机电量和内存充足，能一次性完成一套 360°全景拍摄任务，拍摄耗时 3 ~ 10 min。拍摄空中全景照片，即 0°—30°—60°—90°进行拍摄，水平 0°至少拍摄 8 张照片，镜头俯视 30°至少拍摄 8 张照片，镜头俯视 60°至少拍摄 6 张照片，正扣 90°至少拍摄 2 张照片。

1）手动拍摄

（1）无人机飞到拍摄高度，高于目标 30 m 以上。

（2）设置相机拍摄策略，选择定时拍摄或手动拍摄，微调曝光等参数。

（3）无人机悬停开始拍摄。

（4）360°转向，每转向 30° ~ 45°拍摄一张照片，每圈拍摄 8 ~ 12 张照片。

（5）云台每拍完一圈，将镜头下摇 30° ~ 45°，再拍一圈。

（6）最后对地面拍摄 1 张照片，再转向 90°拍摄 1 张照片。

无人机拍摄后要进行现场图像数据检查，避免拍摄的影像数据达不到 30% 重叠度的拼接要求。360°环绕拍摄时，要记录起始画面中的特征参照物，拍完一圈再次拍摄到参照物后，再调整镜头俯仰角度，避免漏拍的情况。当拍摄全景画面中有大面积玻璃或水体反光介质时，应适当提升重叠率至 60%，以达到全景合成的重叠度要求。

2）自动拍摄

（1）在应用软件的拍照模式中选择球形全景。

（2）起飞达到预定高度后，点击拍摄即可自动完成全景拍摄任务。

（3）点击右侧拍摄键，等待自动拍摄完成。

（4）拍摄完成后，点击回放，选择刚拍摄的全景照片后软件会自动进行合成。

需要注意的是，由软件自动合成的全景图像素不高，如任务需要高像素的全景图像，仍需后期通过 PTGUI 或 Lightroom 等软件对拍摄照片进行合成。

5. 整理撤收

全景侦察任务结束后，机长在接收到指挥人员的撤收指令后，组织地勤人员进行装备的整理和撤收。撤收流程与组装流程基本相反，先将无人机断电，再将地面站断电。拆卸人机时，先检查无人机的易损部件是否正常。之后按照由外及内、由上至下的原则，依次拆卸无人机的桨叶、机臂、载荷、机身和脚架，并将各部件放置于收纳机箱指定位置。地面站撤收时先断开电源线、数图传线和显示设备连接线，并将各部件放置于收纳箱指定位置。整理完成后，机长与保障人员沟通，将全景侦察机组设备装入装备车。

（四）数据处理

全景侦察的数据处理根据执行时间不同，可以分为实时数据分析处理和后期数据分析处理。

1. 实时数据分析处理

在飞行任务中，需要实时分析采集数据，确认数据采集准确有效；保证拍摄的照片曝光准确、对焦清晰，保证照片间有效重叠，确保拍摄数据的完整。

2. 后期数据分析处理

飞行任务结束后，将采集数据导入图形工作站，将照片数据按点位分包，使用 PTGUI 软件进行全景数据拼接，再使用 Photoshop 软件进行天空修补。后期拼接成图的主要步骤为：软件准备、图像拼接、影像处理及全景生成等计算机图像加工处理过程。

1）软件准备

开始手工拼接原始航拍图片前，先要准备好相关的计算软件，如 PTGUI、Photoshop 和全景制作软件（如 720 云）等。

2）图像拼接

（1）打开 PTGUI 全景影像拼接软件，按照任务要求属性加载全景项目点的空中航拍数据。

（2）点击对准图像，软件合成全景图。如出现相邻影像控制点无法自动匹配的情况，需要人工手动寻找同名控制点，再进行自动匹配。

（3）点击创建全景图，设置文件格式和品质，建议使用默认设置，点击创建全景图选项自动生成全景拼接图。

3）影像处理

生成的全景拼接图，天空部分空缺，需要使用 Photoshop 软件的扭曲工具，将平面的影像转换为极坐标模式，结合天空影像素材进行修补、过渡，将天空补全。然后将补好的天空影像从极坐标模式转换为平面坐标模式。最后将全景图旋转 180°，利用极坐标与平面坐标的转换实现对全景图最左和最右的接边检查。

4）全景生成

将完成修补处理的空中全景图导入全景生成软件，即可获得任务所需的全景侦察项目。

完成空中全景效果图制作后，还需要根据任务要求对全景图进行数据标注。以720云全景管理软件为例，选择热点功能，将人员配置、救援设施、无人机部署、目标区域数据等在全景项目中进行标注，同时还可以将平面图、文本、视频等多维度应急救援信息与空中全景图进行融合，将任务区域态势信息通过全景图可视化显示。任务指挥人员可以通过图上标注的全景点或沙盘功能进行不同场景间的快速切换。

最后，全景侦察任务过程中所产生的有价值数据，以及最终形成富含各侦察要素的成果全景图，要进行妥善存储和维护，形成长期的经验材料积累。

（五）总结整理

在全景任务完成后，要及时对任务进行总结和反思，提出任务执行过程中出现的疏忽和错误，并提出改进措施，提升任务团队的综合能力。任务总结应从任务完成情况和执行效率分析两个维度对全景侦察任务进行深入剖析，重点检视侦察任务是否包含全部核心要素内容、无人机飞行时是否有危险操作和安全隐患，设备是否有损伤，任务流程是否合理、各环节执行是否流畅等内容，完成"全景侦察任务总结报告"，并持续跟进改进措施的执行，切实提升全景侦察能力。

第二节　航测勘察

航测勘察是无人机在消防救援中的典型应用，能为指挥决策提供可靠信息的技术支撑，也能为救援实施人员提供精细的参考数据。利用无人机和载荷，从天空中采集目标的图片、视频，通过软件进行加工处理，将航测勘察结果以图解或数字形式输出，如图2－18所示为西峰山训练场正射图。因为无人机在进行航测勘察时，无须接触目标本身，所以较少受到周围环境与条件的限制，同时兼具成本低廉、灵活机动、遥感影像质量高等特点，所以被广泛应用在消防救援领域。

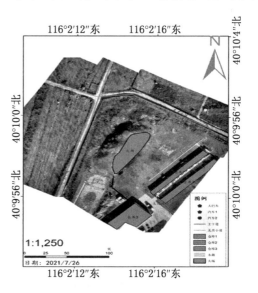

图2－18　西峰山训练场正射图

一、任务装备

（一）无人机航测特点

无人机可以超低空飞行，在云下飞行航摄，弥补了卫星光学遥感和普通航空摄影经常受到云层遮挡而获取不到影像的缺陷；无人机能实现适应地形和地物的导航与影像控制，从而得到多角度、多建筑面的地面景物影像，可以用于支持构建三维景观模型；无人机使用成本低、体型小、耗费低，对操作员的培养周期相对短，设备维护保养简便，场地限制小，环境适应性强；与传统野外实测相比，无人机航测具有周期短、效率高、执行简便等特点；无人机可以根据任务目标选择全色波段、单波段、多波段等不同相机载荷，可实现多角度拍摄。同时载荷的应用软件还具备数据处理和分析功能，能够实现快速融合航测勘察。

但无人机应用于航测勘察时，也存在一定缺陷性：抗风能力差，容易偏离飞行航线；抗干扰能力弱，容易因遮挡物或强电磁干扰导致无人机失联失控；连续飞行时长有限，进行大范围测绘时需要多架次飞行等。

针对以上无人机航测勘察的优势和缺陷，在选择无人机及任务载荷执行任务时，需要将任务的需求和无人机及载荷的性能进行匹配分析，选择适合的机型及载荷。

（二）应用领域

结合以往无人机航测勘察分析和无人机技术发展，适合无人机执行航测勘察的应用领域主要集中在 3 个方面：森林火警监控及重大灾难抢险、航空摄影测量、倾斜影像建立三维模型。

1. 森林火警监控及重大灾难抢险

在四川汶川地震和青海玉树地震的灾难中，中国科学院遥感与数字地球研究所和地理科学与资源研究所首批科研人员携带的无人机，在交通道路设施毁坏严重、天气条件恶劣的情况下，带回了大量的灾区现场数据资料，为抢救人民生命、保障财产安全起到了重要作用。无人机系统还可以用来探测、确认、定位和监视森林火灾，在没有火灾的时候可以用无人机来监测植被情况、估算火灾风险指数，在火灾过后也可以来评价灾后的影响。无人机在灾害天气或者受污染的环境中执行高危险性的任务时，具有无可比拟的优势。

2. 航空摄影测量

无人驾驶飞行器摄影测量系统属于特殊的航空测绘平台，其技术含量高，涉及多个领域，组成比较复杂，加工材料、动力装置、执行机构、姿态传感器、航向和高度传感器、导航定位设备、通信装置以及遥感传感器均需要精心选型和研制开发。无人机摄影测量系统以获取高分辨率空间数据为应用目标，通过 3S 技术在系统中的集成应用，达到实时对地观测和空间数据快速处理的目标，并且无人机航空摄影测量系统具有运行成本低、执行任务灵活性高等优点，正逐渐成为航空摄影测量系统的有益补充，是空间数据获得的重要工具之一。

3. 倾斜影像建立三维模型

利用多角度航拍带有倾斜角度的影像，通过专业的建模处理软件，全自动生成模型。利用三维数据处理软件高效加载海量倾斜模型数据，流畅的三维体验满足了旅游、景区等行业应用；轻松实现单体化操作与表达，为房产、国土、城管、智慧城市等行业应用提供了基础平台；实用的压平操作，模拟建筑物拆除，满足规划行业应用；还可以进行高度、长度、面积、角度、坡度等的量测，应用于水利、能源开采等管理系统；基于 GPS 的三维空间分析功能，结合倾斜摄影模型的高精度，分析出供决策者参考的准确数值指标；在三维场景中能看到房屋侧面的紧急出口，倾斜模型上任意点之间可以进行准确量算，如计算通视距离、设计制高点等。这些事发地周围的详细信息，在应急行动中关乎人员及财产的安全，有时甚至能起到决定性作用。

（三）适用机型

1. D300 四旋翼无人机

飞马 D300 是一款针对视频应用的四旋翼无人机（图 2 - 19），具有高机动性、高可靠性、高分辨率视频、远距离实时图传等特点。D300L 配备的"无人机管家"地面站软件具有丰富的可见光/热红外视频实时监视功能，具备全天候视频侦查能力，支持从精准三维航线规划、三维实时飞行监视与控制、目标智能跟踪及持续监视、实时测算目标位置坐标、飞行数据存储及可视化视频回放等功能；该系统广泛应用于道路施工检测、河道巡检、铁路巡检、电力巡检、护林防火

图 2 - 19　D300 四旋翼无人机

侦查、应急救灾等领域。D300 四旋翼无人机可搭载视频、可见光、Lidar、热红外遥感相机等任务载荷，可快速进行任务区视频影像、正摄影像、三维模型数据、激光点云以及热红外数据的获取等任务，主要性能参数见表 2 - 8。

表 2 - 8　D300 四旋翼无人机的主要性能参数

项　目	参　数	项　目	参　数
电机轴距	998 mm	最大抗风能力	14 m/s
起飞重量	6500 g	最大飞行速度	13.5 m/s
最大起飞重量	7500 g	最大起飞海拔	4500 m
续航时间	48 min	测控半径	5 km

2. 悟 2 四旋翼无人机

悟 2 四旋翼无人机（图 2 - 20）可搭载禅思 X5s、X7 等三轴稳定云台相机，能够实现 2080 万像素的静态图像采集，以及高达 30 帧 5.2K 或 60 帧 4K 的无损视频录制；经典的变形机身集成先进的飞控系统、下视及前视视觉系统、红外感知系统，可在室内外稳定地悬停、飞行。其双频高清图传可提供高效稳定的图像传输。悟 2 四旋翼无人机利用飞行管

理平台软件，可快速进行任务区视频影像、正摄影像、三维模型数据等航测勘查任务，主要性能参数见表 2 - 9。

图 2 - 20 悟 2 四旋翼无人机

表 2 - 9 悟 2 四旋翼无人机的主要性能参数

项　　目	参　　数	项　　目	参　　数
电机轴距	605 mm	最大飞行速度	26 m/s
最大起飞重量	4.25 kg	最大工作海拔	2500 m
续航时间	27 min	相对飞行高度	1000 m（平原）
最大抗风能力	14 m/s	测控半径	5 km

（四）航测任务载荷

无人机执行航测勘察任务，主要是指利用无人机载荷完成数字正射影像图和倾斜影像图的制作。

数字正射影像图（digital orthophoto map，DOM）利用 DEM 对扫描处理的数字化航空相片、遥感影像，经逐像元进行纠正，再按影像镶嵌，根据图幅范围剪裁生成的影像数据，一般是带有公里网格、图廓内外整饰和注记的平面图。DOM 同时具有地图几何精度和影像特征，其精度高、信息丰富、直观真实、制作周期短。

倾斜摄影技术突破了正射影像只能从垂直角度拍摄的局限，可以通过同一飞行平台搭载多台传感器，同时从一个垂直、4 个倾斜，从 5 个不同的角度采集影像，将用户引入了符合人眼视觉的直观真实世界。倾斜摄影测量技术以大范围、高精度、高清晰的方面全面感知复杂场景，通过高效的数据采集设备及专业的数据处理流程生成的数据成果直观地反映了地物的外观、位置、高度等属性，为真实效果和测绘精度提供保证。

图 2 - 21 D - CAM210 正射载荷

1. D - CAM210 正射载荷（图 2 - 21）

D－CAM210 正射载荷的主要性能参数见表 2－10。

表 2－10 D－CAM210 正射载荷的主要性能参数

项　目	参　数	项　目	参　数
有效像素	2400 万	光谱波段	蓝、绿、红、红边、近红外
传感器	APS－C	地面分辨率	8 cm/像素（120 m 离地高度）
镜头焦距	20 mm		

2. D－CAM310 正射载荷（图 2－22）

D－CAM310 正射载荷的主要性能参数见表 2－11。

表 2－11 D－CAM310 正射载荷的主要性能参数

项　目	参　数
有效像素	2400 万
传感器	APS－C
镜头焦距	20 mm
拍摄精度	高精度 IMU

图 2－22 D－CAM310 正射载荷

3. 五镜头倾斜载荷（图 2－23）

五镜头倾斜载荷支持 5 个相机独立打标，解算软件可直接输出 5 个独立的高精度 POS，具体参数见表 2－12。

表 2－12 五镜头倾斜载荷

项　目	参　数
镜头数量	5
有效像素	2400 万 ×5
传感器	APS－C
镜头焦距	25 mm（中）、35 mm（侧）
拍摄精度	RTK 模块，5 个独立 POS

图 2－23 五镜头倾斜载荷

二、任务规划

执行航测勘察任务前，要对任务充分理解，制定详尽的任务规划，这是能够顺利完成航测勘察任务的必要条件。根据任务的指示信息，细致分析任务的季节时间、区域地点、任务目标特点、飞行约束条件、人员组织结构等背景信息，并以此为依据，选择适合的航测勘察无人机及配套载荷。具体选型依据与前文视频侦察任务相似，选型完成后，根据无人机机组配套设施和任务要求制定出详细的任务清单。

不同类型的无人机执行航测勘察任务规划和任务流程在操作层面略有不同，但是执行任务的逻辑和考量都是统一的，下文将以御2行业版机型为例进行分析。

（一）航测勘察的主要参数

航测勘察在任务执行中通常会采用航线自主飞行的控制方法，能在满足精度指标的前提下，尽可能地提升任务的执行效率。航线设计时的主要任务就是配置飞行参数和相机参数。

1. 相机朝向

相机朝向是指选择在航线上飞行时相机的横竖方向。无人机的相机朝向根据与主航线的位置可分为平行于主航线和垂直于主航线。主航线是指在区域模式中，飞行时需要进行拍照的航线。平行于主航线是指相机与主航线平行，即相机平移轴与主航线一致；垂直于主航线是指相机与主航线垂直，即相机平移轴与主航线垂直。

2. 拍照模式

1）航点悬停拍照

航点悬停拍照是指程序按照设置的参数计算出航线及航点数，执行任务时，将在每个航点处悬停并拍照。该模式下，拍摄比较稳定，但拍摄时间长，且航点通常较多，会增加任务执行时间。

2）等时间隔拍照

等时间隔拍照是指在主航线上飞行的同时，按照一定的时间间隔进行拍照。拍照时，飞行器并不悬停，时间间隔根据所设置的重复率等参数自动设置，飞行速度将根据飞行器和相机特性以及所设飞行高度、分辨率自动设置。该模式下，任务执行速率较快，但要求相机快门速度和拍照时间较短。

3）等距间隔拍照

等距间隔拍照是指在主航线上飞行的同时，按照一定的飞行间距进行拍照。拍摄时，飞行器并不悬停，距离间隔根据所设重复率等参数自动设置，飞行速度将根据飞行器和相机特性以及所设飞行高度、分辨率自动设置。该模式下，任务执行速度较快，但要求相机快门曝光时间较短。

3. 航线生成模式

1）扫描模式

扫描模式是指以逐行扫描的方式生成航线。对于凹多边形区域，航线有可能超出区域边界线。

2）区域模式

区域模式是指保持在设定区域内部而生成的航线。对于凸多边形区域，生成的航线与扫描模式相同；对于凹多边形，生成航线时将进行线路优化，确保以最优航线完成所有拍摄任务，因此航线可能存在交叉。

3）环绕模式

环绕模式是指在进行三维测绘时，通航会选择不同高度上的环形路线，每个高度上的环形路线为主航线。飞行器会以由高至低的顺序，在每个高度的主航线上拍摄一周。

4. 飞行速度

设置飞行器匀速飞行时的速度，仅在航点悬停拍照模式下有效，默认 5 m/s。在等时或等距间隔拍照模式下，飞行速度会根据其他参数值自动设置，无法手动更改。

5. 拍照间隔

当拍照模式设置为等时或等距间隔拍照时，可以设置拍照的时间间隔。

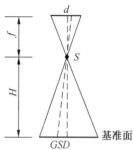

图 2 - 24 飞行高度示意图

6. 飞行高度

设置飞行高度，同时显示与之对应的地面分辨率。多旋翼无人机的飞行高度通常默认 50 m，可设置范围为 5 ~ 500 m。飞行高度示意图如图 2 - 24 所示，其表达式为

$$H = \frac{f \cdot GSD}{d}$$

式中　　 f ——相机焦距；

d ——像元大小；

GSD ——地面分辨率（一个像元对应的地面大小）。

当相机已经选定时，飞行高度与地面分辨率取决于地面分辨率的要求。地面分辨率越大，飞行高度也越高。

7. 相片重叠度

相片重叠度分为航向重叠度和旁向重叠度。航向重叠度是指在同一条航线上，相邻两相片的影像重叠度；旁向重叠度是指相邻航线之间，两相片的重叠程度。通常进行航测勘察时，航向重叠度为 55% ~ 65%，旁向重叠度为 30% ~ 35%。

（二）设备状态确认

根据任务清单检查并清点执行航测勘察的任务机组设备，做好相关设备使用记录备案，如实填写飞行日志。检查无人机设备状态，先将飞机上电，确认设备工作状态、软件系统版本等。

1. 固件升级确认

由于技术设备的更新迭代和限飞政策的变化等原因，无人机的控制系统固件经常需要进行升级操作。固件升级时，先将遥控器连接互联网，启动飞机。在维护界面查看飞机是否需要固件升级。若提示升级（红色），现将遥控器升级至最新版本，再将无人机升级。

升级结束，重启飞机，检查确认最新版本。

固件升级注意事项，升级时要确保遥控器电量和无人机电量均高于50%，并将无人机桨叶拆除。

2. 设备电量确认

航测无人机多为电力驱动，执行任务前要进行设备电量确认。确认无人机电池电量、载荷电池电量状态，确保任务时电量充足。

电量查看的方法：在电源关闭状态下，短按"电池总开关"键，电池电量指示灯点亮并显示当前电池电量，2 s后自动熄灭。执行任务前，检查确认电池电量充足，状态正常。

3. 航线参数确认

无人机航线参数设定是航测勘察任务的重点内容，直接关系着任务完成的质量。御2行业版为例，可以利用无人机管家软件，根据给定的测区范围，在智航线中初步确认飞行使用载荷、重叠度、地面分辨率GSD，牛成飞行区域航线，结合测区特点制定初步飞行方案。规划航高时，由于软件无法获取地表上建筑物高程信息，因此飞行前须进行飞行轨迹所覆盖范围现场环境确认，确认航测区域内最高处楼高、村镇建筑外高压线及信号塔等高度。

（三）任务实施

1. 现场勘察

操作人员在进入航测勘查区域后，要对任务核心区域及周边环境进行现场勘察，收集地形地貌、地表植被以及周边的机场、重要设施、道路交通等信息，为无人机起降场地的选取、航线规划、应急预案制定等提供材料。根据掌握的环境数据和无人机系统设备的性能指标，判断飞行环境是否适合无人机飞行。

（1）海拔高度：无人机的升限高度应大于当地的海拔高度加上航线高度。

（2）地形地貌条件：在沙漠、戈壁、森林、草地、盐碱地等地面反光强烈的地区拍摄时，应注意光线问题。在陡峭山区和高层建筑密集的大城市拍摄时，要避免阴影。

（3）风力和风向：地面的风向决定了无人机的起飞和降落的方向，空中的风向会影响无人机飞行作业和拍摄的稳定性，进而影响航测数据的准确性。

（4）温度和湿度：勘查区域的环境温度应在无人机设备正常的工作温度区间内，同时，当地的环境湿度应不影响无人机设备的正常工作。

（5）能见度：起降场地地面的尘土情况不应影响无人机的起飞和降落，可提前部署起降垫以提升起降环境。在执行航测勘查任务时，要保证环境的能见度，确保航摄影像能够真实地展现地面细节。

（6）电磁环境和雷电：保证无人机导航及数据链路系统正常工作不受干扰。

（7）云量和云高：既要保证具有充足的光照，又要避免过大的阴影。当云层较高时，可实施云下航空摄影作业。

不同类型无人机的起降方式不同，对飞行起降场地的要求不同，综合地形环境、气象环境、电磁环境等因素，无人机飞行起降场地应满足通用性要求。起降场地相对平坦、通视良好；起降场地周围不能有高大建筑物、高压线、重要军事设施等；起降场地地面应足够平整，无水塘、沟渠等危险区域；起降场地附近应没有正在使用的雷达、微波中继、无线通信等干扰源。

2. 航线规划

无人机航测勘察任务的航线规划需根据任务情况、地形环境情况、无人机飞行性能、天气条件的因素设置航线参数，完成航线规划。

（1）打开御 2 遥控器，进入 DJI Pilot 应用界面，选择航线飞行，如图 2-25 所示。

图 2-25　DJI Pilot 应用界面

（2）进入航线库，如果已有航线规划可以直接读取或导入，新建航线选择创建航线，如图 2-26 所示。

图 2-26　创建航线

（3）通过拖拽航线便捷点，选择航测勘察区域。选择起始点 S 时，注意将起始点选为距离起降点的最远位置，航测区域尽量选择为矩形区域，系统自动生成航线和航测相关数据，例如航测区域边长和面积、航线长度、预计时间、航点数量、照片数量等信息，如图 2 - 27 所示。

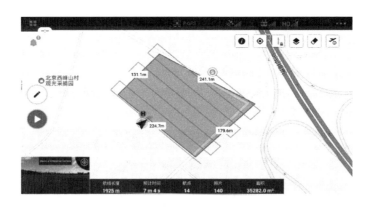

图 2 - 27　生成航线

（4）设置航线参数，通过航线编辑可以设置拍摄像机、拍照模式飞行高度、飞行速度、完成动作、重叠率、航向角度、航线间距等信息，如图 2 - 28 所示。

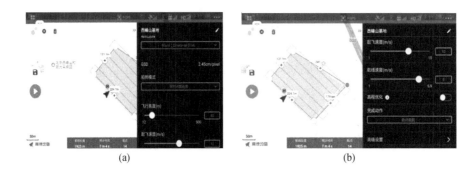

(a)　　　　　　　　　　　　　　　(b)

图 2 - 28　设置航线参数

（5）上传航线，将航线保存并上传至无人机。注意检查无人机状态和航线信息，确保飞行安全，如图 2 - 29 所示。

3. 启动飞行

航线准备就绪后，即可进行任务飞行，界面如图 2 - 30 所示。再次检查设置信息无误后，点击开始执行，无人机将自动起飞至指定高度并自动调整镜头角度，沿直线飞向航线起始点。飞行过程中要时刻关注无人机状态信息，如遇特殊情况，及时打断飞行采取应急措施。

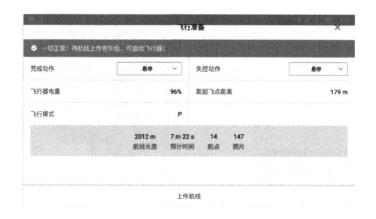

图 2 - 29 上传航线

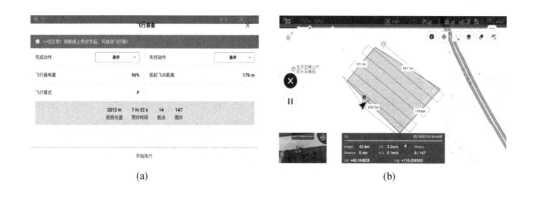

(a)   (b)

图 2 - 30 启动飞行

在无人机自动执行航测侦察任务过程中，操作人员要注意飞机执行任务的进度信息、属性信息等。由于空中气流变换频繁，飞行速度会在设定值附近小幅度变化，航线设置重复率中已经将冗余考虑其中，所以飞行速度在小范围内变换不会影响航测勘察任务。另外，通过 AirSense System 功能，可以侦测到附近空域执行任务的其他飞行器，注意保持足够的安全距离。通过界面操作，可以在遥控器上切换显示侦察拍摄画面，确定采集图像的清晰度，如图 2 - 31 所示。

无人机完成航线飞行和图像采集任务后，可以按照预设的程序执行悬停或返航操作。基于安全性考虑，一般设置为在程序结束时原地悬停，再由操作人员进行降落操作。

4. 数据下载与检查

飞行完毕，飞机不要断电，用 Type - C 线将飞机与电脑相连接，直接导出航测勘察照片并检查照片属性信息，含有照片名称、纬度、经度、高度、俯仰角、偏航角、滚转角、

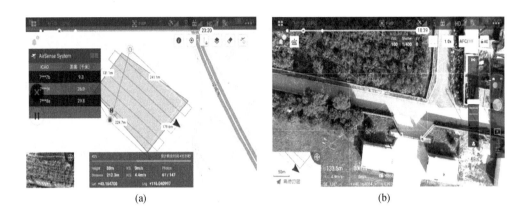

(a)   (b)

图 2 – 31　图像数据采集

水平精度和垂直精度等信息。检查航测勘察数据是否完整，照片清晰度及重叠率是否满足完成任务的基本要求等。

（四）数据处理

航测勘察的任务数据处理是将任务实施过程中采集的数据进行批量处理，生成满足要求的目标模型，再进行测量标注，最终生成正射、三维影像图。数据处理中的主要流程包括创建任务、添加影像、影像 POS 设置、类型设置、制图处理、标注与测量。

进行数据处理一般选用无人机所适配的数据处理工具。大疆系列无人机可以选用大疆智图工具，飞马系列无人机可以选用飞马无人机管家软件等。

1. 创建任务

打开大疆智图软件，新建二维重建任务。点击左下"新建任务"按钮，选择所需任务类型，输入任务名称，然后点击"确定"进入任务编辑模式，如图 2 – 32 所示。

图 2 – 32　创建数据处理任务

2. 添加影像

（1）添加影像目录：可选择按影像文件夹添加影像。

（2）加载影像：可以按单张选择或多张选择添加影像。

（3）添加完成后，点击地图界面右上角相机图标，待其变为蓝色后可打开拍照显示，照片对应的地理位置将以圆点形式显示在地图上。双击照片可以查看照片细节。

（4）删除选择影像：点击"管理"按钮，然后选中需要删除的照片，再点击"删除"即可删除照片。

3. 影像 POS 设置

（1）导入 POS 数据：导入影像相应的 POS 坐标。

（2）EXIF：点击"EXIF"按钮，可以直接导入影像中写入的 PSO 坐标信息。

（3）坐标系设置：不同椭球坐标直接设置投影坐标。经纬度坐标导入的 POS，默认为 WGS－84－UTM 平面坐标，已做过平面坐标转换，坐标系设置无须更改，导入后坐标系默认为"本地坐标系"，最终输出时会按转换平面投影的坐标系进行转换。

（4）相机参数设置：选择飞行时使用的相机。

4. 类型设置

（1）在重建类型中选择"二维地图"。

（2）选择合适的建图场景：当航测勘察的重点任务区域较为空旷且目标主体的高度差较小时，可以选择农田场景；当目标为建筑物时可以选择城市场景；当目标为森林树木时，可以选择果树场景。大疆智图会对建图结果进行识别，标记出地图中的果树、建筑、地面等区域。

（3）设置清晰图，重建二维地图的清晰度分为高中低三等。"高"是指重建的二维图像与图像采集时设置的分辨率相同，"中"为原始分辨率的 1/2（即图片的长和宽均为原片的 1/2），"低"为原始分辨率的 1/3。

5. 制图处理

点击"开始重建"，软件将弹出对话框询问是否复制照片到当前任务文件夹。若勾选"复制照片"则添加的照片会被复制到当前的任务文件夹，后续导出此任务时会包含照片。点击"继续"开始重建，软件下方的进度条会显示重建进度。点击"停止"将结束重建，软件将保存当前进度。

大疆智图支持多个重建任务功能，在第一个开始的重建任务完成前，其余任务将处于排队重建的状态，上一个任务完成后其余任务会按顺序依次进行重建。

建图完成后，地图界面将显示建图结果，可以进行放大或缩小地图层级查看，并进行标注和测量等。软件能够生成 html 格式，其中包含成果概览、RTK 状态、相机信息、软件参数等内容。

6. 标注与测量

点击标注与测量右侧的图标进入标注与测量界面，可以添加坐标点、测量距离和面积，如图 2 - 33 所示。

图 2 - 33　标注与测量

点击坐标图标，进入坐标添加模式。在地图上的位置，添加坐标点，拖动可调整位置。坐标点下方显示名称及经纬度信息。

点击距离图标，进入距离测量模式。在地图上所需位置点击鼠标左键添加测量点，拖动可调整位置；点击右键结束测量，线段下方显示名称及水平距离。

点击面积图标，进入面积测量模式，操作与距离测量类似，需至少 3 个测量点才可以进行面积测量。

第三节　环境侦检

无人机的环境侦检主要是对任务目标区域上的空气成分进行侦检。气体在开放空间具有流动性和扩散性，所以无人机探测的空中气体环境对地面人员执行任务也有很强指导性。无人机执行环境侦检任务，可以突破地形限制，迅捷、安全地完成应急救援目标区域的环境侦检，为救援人员执行任务提供安全保障。

无人机环境侦检主要依靠气体探测器载荷实现。气体探测器检测原理的核心部件是传感器，按传感器工作原理划分有催化燃烧式传感器、电化学传感器、半导体传感器、红外传感器和光离子传感器。

一、任务装备

（一）适用机型
1. MX -6150B 六旋翼无人机（图 2 -34）

MX-6150B 六旋翼无人机采用可折叠式机臂设计，可实现快速拆卸及安装，整体材料选用一体化碳纤维机体，刚度高、重量轻。MX-6150B 六旋翼无人机可搭载气体探测模块等，实现应急救援现场的环境实时侦检，其性能参数见表 2-13。

图 2-34　MX-6150B 六旋翼无人机

表 2-13　MX-6150B 六旋翼无人机性能参数

项　目	参　数	项　目	参　数
电机轴距	1500 mm	最大速度	15 m/s
起飞重量	7 kg	相对飞行高度	1000 m
最大载荷重量	3 kg	最大起飞海拔	3000 m
续航时间	45 min	测控半径	10 km
最大抗风能力	14 m/s		

2. KWT-15 六旋翼无人机

KWT-X6L-15 六旋翼无人机选用一体化碳纤维机体设计，采用免工具快拆结构，配备高清无线图传系统，支持手动精准控制及航线自主飞行，航时长、抗风性好，并具备一定的雨中作业能力，如图 2-35 所示。它可搭载航测模块、气体探测模块、抛投器、声光喊话器、灭火弹抛投器等，利用通信中继模块可提供空中链路传输等多种模块化任务。KWT-X6L-15 六旋翼无人机性能参数见表 2-14。

图 2-35　KWT-X6L-15 六旋翼无人机

表 2-14　KWT-X6L-15 六旋翼无人机性能参数

项　目	参　数	项　目	参　数
电机轴距	2330 mm	最大飞行速度	18 m/s
最大起飞重量	37.5 kg	最大起飞海拔	5000 m
续航时间	50 min	测控半径	5 km
最大抗风能力	14 m/s		

3. DJI M300 RTK

Matrice 300 RTK 集成 DJITM 先进的飞控系统、六向双目视觉、红外感知系统和 FPV

图 2 - 36　Matrice 300 RTK

摄像头，兼容全向避障雷达，并具备六向定位和避障、精准复拍、智能跟踪、打点定位、位置共享、飞行辅助界面等先进功能，如图 2 - 36 所示。它内置 DJI AirSense 可检测周围航空器情况，以保障飞行安全；快拆式起落架和可折叠机臂方便收纳及运输，且有效缩短起飞前的准备时间；机身配备多个扩展口，可满足不同扩展功能；飞行器内置 RTK 模块，可实现高精度准确定位；双电池系统提升飞行安全系数，空载时飞行时间约 55 min。Matrice 300 RTK 性能参数见表 2 - 15。

表 2 - 15　Matrice 300 RTK 性能参数

项　　目	参　　数	项　　目	参　　数
电机轴距	895 mm	最大抗风能力	15 m/s
起飞重量	6.3 kg	最大飞行速度	17 m/s
最大起飞重量	9 kg	最大起飞海拔	5000 m
续航时间	55 min	测控半径	8 km

（二）气体探测任务载荷

无人机环境侦检主要依靠气体探测器载荷实现。气体探测器检测原理的核心部件是传感器，按传感器工作原理划分有催化燃烧式传感器、电化学传感器、半导体传感器、红外传感器和光离子传感器。一般用于无人机载荷中的传感器为电化学传感器和光离子传感器。

1. 电化学传感器

电化学传感器属于精密型传感器，通过与目标气体发生反应并产生与气体浓度成正比的电信号来工作。典型的电化学传感器由传感电极（或工作电极）和反电极组成，如图 2 - 37 所示。某些传感器要求电极之间存在偏压，传感器稳定需要较长时间。多数有毒气体传感器需要少量氧气来保持功能正常，传感器背面有一个通气孔以达到该目的。

气体首先通过微小的毛管型开孔与传感器发生反应，然后是疏水屏障层，最终到达电极表面。采用这种方法可以允许适量气体与传感电极发生反应，以形成充分的电信号，同时防止电解质漏出传感器。

穿过屏障扩散的气体与传感电极发生反应，传感电极可以采用氧化机理或还原机理。这些反应由针对被测气体而设计的电极材料进行催化。

通过电极间连接的电阻器，与被测气浓度成正比的电流会在正极与负极间流动，通过

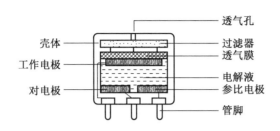

图 2-37　电化学一氧化碳气体传感器结构示意图

测量该电流可确定气体浓度。由于该过程中会产生电流，电化学传感器又常被称为电流气体传感器或微型燃料电池。

在实际中，由于电极表面连续发生电化反应，传感电极电势并不能保持恒定，在经过一段较长时间后，它会导致传感器性能退化。为改善传感器性能，人们引入了参考电极。参考电极安装在电解质中，与传感电极邻近。固定的稳定恒电势作用于传感电极，参考电极可以保持传感电极上的这种固定电压值。参考电极间没有电流流动。气体分子与传感电极发生反应，同时测量反电极，测量结果通常与气体浓度直接相关。

2. 光离子传感器

光离子传感器（PID）有一个紫外光源，化学物质在它的激发下产生的正、负离子能被检测器轻易探测到。当分子吸收高能紫外线时就产生电离，分子在这种激发下产生负电子并形成正离子。这些电离微粒产生的电流经过检测器的放大，就能在仪表上显示 ppm 级的浓度（$1\ ppm = \times 10^{-6}$）。这些离子经过电极后很快就重新组合到一起变成原来的有机分子。在此过程中分子不会有任何损坏；PID 不会"烧毁"也不用经常更换标样气体。

光离子检测器的系统构成如图 2-38 所示，其主要部件包括敏感头单元（紫外灯、

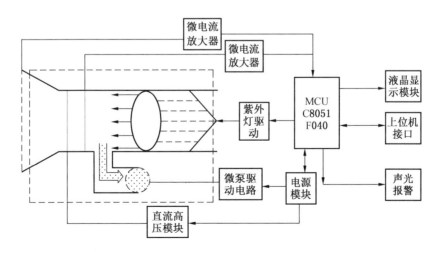

图 2-38　光离子检测器构成图

电离室、电极等)、信号检测电路、微控制器、显示电路、无人机接口电路和声光报警电路等。被紫外灯电离的待测气体形成了离子，离子在极板电压的作用下，定向移动形成微弱电流。

在外界条件(电离室结构、紫外灯强度)固定的情况下，电流的大小与气体的浓度为线性关系。系统采用微弱信号检测电路，实现浓度→微弱电流→电压的线性转换，电压经过差分放大后输入给单片机，由单片机控制信号的存储和显示，并将电压值转换为相应的浓度值输出。

(三) ATA4040 气体探测器

ATA4040 气体探测器内置 4 个气体探测传感器、1 个颗粒物监测传感器、1 个温湿度监测传感器，可实现 4 种气体和 2 种颗粒物的浓度监测。同时可以探测大气的温度和湿度值等数据信息，能实现高效获取大气污染分布趋势，快速进行污染物溯源取证。ATA4040 气体探测指标见表 2－16。

表 2－16　ATA4040 气体探测指标

项　目		参　数
预热时间		30 s
重量		680 g
工作温度		−20 ~ 55 ℃
工作湿度		≤95% RH (无凝结)
可侦测项目	SO_2	测量范围：0 ~ 1 ppm
	NO_2	测量范围：0 ~ 1 ppm
	CO	测量范围：0 ~ 200 ppm
	O_3	测量范围：0 ~ 1 ppm
	PM2.5	测量范围：0 ~ 999 $\mu g/m^3$
	PM10	测量范围：0 ~ 1999 $\mu g/m^3$
	温度、湿度	支持温湿度监测

(四) Sniffer4D 气体探测器

Sniffer4D 气体探测器可搭载于无人机 M300 RTK、M210、M600/M600 Pro 与御 2 等，一次性获取多种空气污染物的浓度信息，实时自动生成 2D/3D 污染浓度分布图；任务结束后，一键生成任务报告和数据表格。Sniffer4D 气体探测指标见表 2－17。

(五) KWT－TC－8－AB 气体探测吊舱

KWT－TC－8－AB 气体探测吊舱是搭配多旋翼无人机使用，可以探测氯气、二氧化硫等 8 种气体，并将探测到的气体类型及浓度实时显示到地面站，方便快捷地让消防救援人员得知有害气体浓度，制定应急救援方案。KWT－TC－8－AB 气体探测指标见

表 2 – 18。

表 2 – 17 Sniffer4D 气体探测器指标

项　目		参　数
预热时间		60 s
重量		<500 g
工作温度		−30~50 ℃
工作湿度		15~85% RH
可侦测项目	SO_2	测量范围：0~15 ppm
	NO_2	测量范围：0~11 ppm
	CO	测量范围：0~11 ppm
	O_3	测量范围：0~11 ppm
	PM2.5	测量范围：0~1000 μg/m³
	PM10	测量范围：0~1000 μg/m³
	温度、湿度	支持温湿度监测

表 2 – 18 KWT – TC – 8 – AB 气体探测指标

项　目		参　数
预热时间		<30 s
重量		680 g
工作温度		−20~70 ℃
工作湿度		≤95% RH（无凝结）
可侦测项目	Cl_2	测量范围：0~100 ppm
	NO_2	测量范围：0~100 ppm
	CO	测量范围：0~2000 ppm
	NH_3	测量范围：0~100 ppm
	VOC	测量范围：0~1000 ppm
	HCN	测量范围：0~100%（LEL）
	H_2S	测量范围：0~100 ppm

二、任务实施

无人机搭载气体探测载荷可以对目标区域的气体环境进行侦检。由于气体中成分繁多，而气体探测载荷目前只能根据指定气体的特性进行侦检测量，所以在环境侦检的任务中，首先要分析目标区域要侦检的气体类型，再根据气体类型选择匹配的气体探测载荷，对气体的浓度进行侦检。无人机进行环境侦检的任务实施过程基本相同，下文将以 DJI M300 RTK 无人机搭载 Sniffer4D 灵嗅 V2 大气移动监测为例进行分析。

（一）设备安装

气体探测载荷安装至 DJI M300 RTK 无人机飞行平台，将设备正面朝上，进气口朝前，对准无人机安装架最外侧孔位。

Sniffer4D 气体探测载荷与无人机飞行平台安装固定后，再进行线路连接，如图 2－39 所示。首先将 PSDK 转接环上的白点对准无人机云台接口的红点嵌入，旋转至两个红点对齐；将 MicroUSB 数据线的 USB 端连接至转接环，再将 MicroUSB 数据线的另一端从无人机脚架下方穿过（避免被螺旋桨打到）连接至设备背部的第一个"DJI"供电口；最后打开无人机电源，启动无人机遥控器与 DJI Pilot 软件进行确认，软件主界面显示"Sniffer4D PSDK"，表示设备已成功连接至无人机。

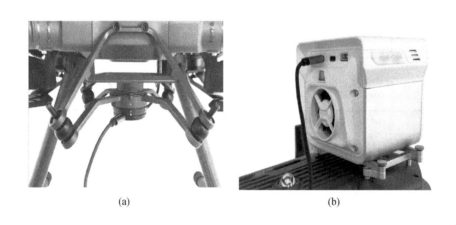

(a)　　　　　　　　　　　　　(b)

图 2－39　气体探测载荷连接方式

（二）参数配置

1. 无人机参数配置

无人机参数设置主要是对无人机的返航点、飞行模式、飞行高度和距离限制、失联返航措施、数传图传信道等信息进行配置。

2. 气体探测载荷配置

连接飞机进入飞行界面后，气体探测浮窗显示设备实时监测数值，如图 2－40 所示。浮窗位置可灵活调整。如未显示"Sniffer4D－PSDK"，退出 DJI Pilot 后重新进入。点击进入"Payload 设置"，即可进行参数配置。

气体探测参数配置界面如图 2－41 所示，"显示实时数据"默认开启，表示飞行界面中实时显示设备监测数值。"进气"默认开启，仅在使用标气校准时关闭，其他情况下切

图 2 - 40　气体探测界面显示

勿操作。"LED 开关"默认开启，表示启用高亮警示灯功能。"LED 闪烁"默认开启，表示警示灯模式为闪烁状态，关闭则表示模式改为常亮状态。

图 2 - 41　气体探测参数配置

3. 软件配置

将与监测设备配对的数传或 4G 模块接入电脑，并打开数据分析软件，开启监测设备。如果执行的是移动监测任务，设备需要处于空旷未遮挡的位置，以便接收到 GPS 信息。

在数据分析软件中，为连接的数传或 4G 模块选择正确的 COM 口，点击"连接"。如果成功连接上设备，软件的右侧会显示出监测数值，上侧会显示蓝色的已连接标志。

点击界面右下角圆形"开始任务"按钮开启监测任务。在"可视化"面板中设置合适的网格大小、浓度与颜色对应关系、网格不透明度等参数。当任务完成后，可以点击

"终止任务"按钮，任务数据会自动保存在 C：\Users\用户名\Documents\Sniffer4DMapper\软件版本号中，任务数据的命名方式为"设备序列号＋任务开始日期与时间"。

三、数据处理

环境侦检数据处理通常需要利用软件，将无人机组测量的环境数据信息在指挥决策的显示终端进行可视化显示。以 Sniffer4D Mapper 数据可视化与分析软件为例，软件与Sniffer4D 灵嗅设备对接，可对灵嗅采集的数据进行实时和事后分析，并将其实时转化为直观的可决策信息，例如 2D/3D 污染物浓度分布图、PDF 任务报告等。

（一）执行数据分析

打开数据分析软件，在"载入"面板中点击"载入本地任务文件"。

成功载入后，在右上角的"本地任务列表"中查看刚刚载入的历史数据文件，如图 2－42 所示。单击任意一个历史数据文件会使地图视角自动跳转到该任务的起始位置。在列表框内取消勾选载入的历史数据文件，让其在左侧的视图中消失。右键任意一个载入的历史数据文件可将其从列表中删除。

图 2－42　气体探测数据分析

（二）生成任务报告

无人机完成环境侦检后，能够通过数据分析软件将气体探测结果和分析报告传输至指挥中心，为应急救援指挥决策提供精准的数据支撑。

在软件中选定一个或多个历史任务数据文件，确定输出报告的污染物参数。将地图缩放到合适位置，使得视角中包括了任务覆盖的区域。在"可视化"面板中，选择合适的网格大小、颜色参考、不透明度、地图底图等参数，如图 2－43 所示。

在"输出"面板中，能够选择输出气体分析报告，将气体探测的任务数据及分析结果清晰呈现，如图 2－44 所示。

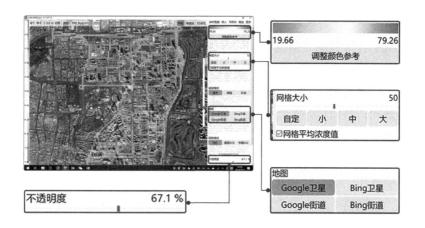

图 2-43　气体分析结果配置界面

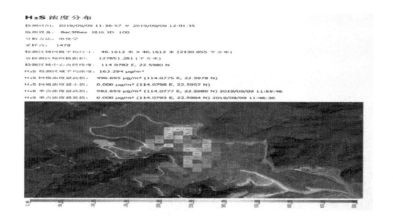

图 2-44　环境侦检分析报告

第四节　通　信　中　继

无人机通信中继是消防救援队伍在复杂环境下遂行救援任务的应急通信保障重要方式。在基础通信设施因地震、雪灾、水灾等灾害事故而损毁无法工作时，需通过无人机通信中继克服地形、地物等影响构建空地一体通信网格，将灾害现场信息以文本、图片、数字、语音和视频等方式第一时间回传指挥中心，供抢险救灾指挥部做出科学决策。

一、任务装备

无人机通信中继根据飞行平台的不同可将中继系统分为系留无人机型和长航时无人机型。系留无人机型通常用于定点中继和近距离网络覆盖，长航时无人机型通常用于远距离机动空中组网覆盖。

根据无人机平台搭载的通信载荷不同可将无人机通信中继系统分为通信中继型和通信枢纽型。通信中继型通常搭载2种以下通信载荷实现1~2条链路的中继任务；通信枢纽型通常自成体系，搭载卫通系统、宽窄带通信系统、集群通信系统等多种通信基站，可独立完成通信中继和信息回传任务。

（一）适用机型

随着无人机技术和应急通信技术的发展，无人机通信中继系统逐渐在应急通信场景中出现并发挥重要作用。结合实战演练和测试任务，重点介绍系留无人机通信中继系统、长航时太阳能无人机通信中继系统和翼龙-2无人机应急通信枢纽。

1. 系留无人机

系留无人机通信中继系统由系留无人机平台、机载通信载荷和地面通信终端等构成，如图2-45所示。其中通信载荷通常有4G或5G基站、宽窄带自组网、集群基站，通常每套系留无人机只会搭载其中一种通信载荷。搭载4G或5G基站时需通过卫星通信设备接入运营商核心网，实现半径约3 km的公网信号覆盖。

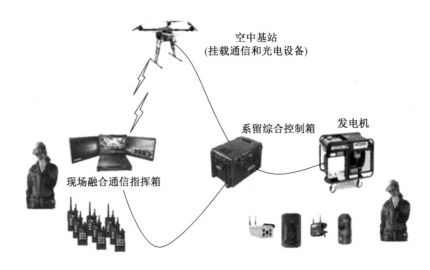

图2-45　系留无人机通信中继系统

无人机搭载宽带自组网时，与地面自组网终端实现本地组网，根据地面遮挡情况可实现2~10 km的网络覆盖，其对应的地面终端是自组网背负台和手持智能终端，依托卫星通信设备可实现与后方指挥中心联通，并通过手持智能终端与指挥中心指挥调度系统实现音视频、定位、协同标绘等业务功能。同时，多套搭载宽带自组网的系留无人机通信中继系统可在地形落差为100~200 m的区域实现空中组网。

系留无人机搭载集群通信基站时，与搭载4G、5G基站相似,其终端为集群智能终端或集群对讲机,依托卫星通信系统可与网内专网系统联通,实现音视频等业务联通或回传。

DG－M30系留无人机搭载 Mesh 自组网载荷，能够在应急救援中快速实现指定区域的通信链路快速建立。由于系留无人机受到的能源限制较少，所以可以在通信中继中为应急救援提供稳定、不间断的通信保障。其主要性能参数见表2－19。

表2－19 DG－M30系留无人机主要性能参数

项 目	参 数	项 目	参 数
系留线缆	300 m	抗风等级	7 级
飞行器尺寸	1600 mm × 1600 mm × 570 mm	工作海拔	5500 m
载重	≥8 kg	爬升速度	≥13 km/h

2. 长航时太阳能无人机（图2－46）

图2－46 长航时太阳能无人机

长航时太阳能无人机通信系统由长航时太阳能无人机平台、机载宽带自组网模块和地面自组网终端等组成。由于没有系留线缆的束缚和超长的航时，该系统可长时间多机空中动态组网，实现复杂地形区域的大面积网络覆盖，如图2－47所示。

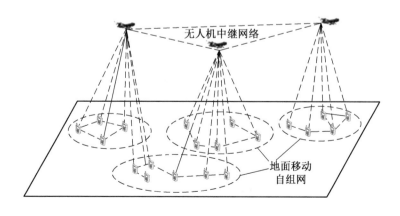

图2－47 长航时太阳能无人机通信系统的组成

典型太阳能通信中继无人机，如 CY－06 长航时太阳能无人机载重较小，只能搭载重量较轻的宽带自组网模块，但其续航时间、最高升限等方面的优势使其在复杂地形环境下的表现更为出色，可充分发挥自组网设备的动态组网和多跳通信能力，实现大范围的组网覆盖。CY－06 长航时太阳能无人机主要性能参数见表 2－20。

表 2－20　CY－06 长航时太阳能无人机主要性能参数

项　　目	参　　数	项　　目	参　　数
机身长度	1.9 m	有太阳续航记录	55 h
翼展	5.7 m	无太阳能续航时间	8 h
最大起飞重量	8 kg	有效载荷	1 kg
最大飞行速度	90 km/h		

Mesh 自组网通信载荷能够实现通信链路的快速搭建，为应急救援任务提供通信保障，Mesh 自组网全向天线可以弯曲 90°、水平极化角度 360°、垂直极化角度 45°、长度 30 cm，具备点对点双向语音通信功能，通话无须按键，语音清晰无噪声，可实现高清图像传输功能。

3. 大型固定翼无人机（图 2－48）

图 2－48　大型固定翼无人机

大型固定翼无人机由于其载重能力突出，可以搭载重型通信设备，实现远距离、大范围的通信保障。通常大型固定翼无人机通信系统由无人机平台、机载卫通系统、机载公网基站、机载宽带自组网系统、机载集群通信系统等组成，如图 2－49 所示。

翼龙－2 无人机搭载公网移动通信基站设备，即根据预先任务规划和地面站控制指令抵达任务区上空后盘旋，公网移动通信基站对地面无线信号覆盖，数据通过机载卫通数据链发送至卫星并回传至卫通地面站，最终通过地面专线传输至移动核心网，完成对任务区

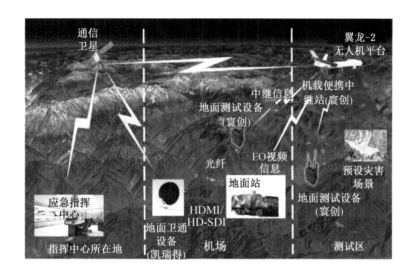

图 2-49　大型固定翼无人机通信系统组成

公网移动通信基站通信覆盖任务。翼龙-2 无人机主要性能参数见表 2-21。

表 2-21　翼龙-2 无人机主要性能参数

项　目	参　数	项　目	参　数
机长	11 m	最大飞行高度	9000 m
机高	4.1 m	最大飞行速度	370 km/h
翼展	20.5 m	最小飞行表速	150 km/h
最大起飞重量	4200 kg	巡航时间	20 h
最大外挂重量	480 kg		

翼龙-2 无人机可根据任务需求搭载宽/窄带自组网通信载荷，即根据预先任务规划和地面站控制指令，抵达任务区上空后盘旋，宽/窄带自组网通信载荷建立任务区救援人员相互之间的专网通信联通，完成对任务区专网通信保障任务。其搭载主要通信设备性能参数见表 2-22。

（二）任务分析

无人机通信中继任务主要来源于应急救援现场通信设施情况，现场指挥员下达的指令和方案，其中通常含有任务背景、任务时间、任务地点、组织人员构成等全局信息，也包括需覆盖通信任务区域范围。在接收到通信中继任务后，对其进行充分分析，将任务进一步细化整理，制定针对通信中继任务的计划，是完成通信中继任务的前提。

表2-22 翼龙-2无人机搭载主要通信设备性能参数

项 目	参 数
移动公网	部署有效连续覆盖区域圆直径≥7 km
	移动性支持≥300 km/h
	下行传输速率≥150 Mbit/s
	上行传输速率≥50 Mbit/s
	RRC连接用户数≥1200 个
	工作温度为-40 ~ +55 ℃
窄带组网	工作频率为350 ~ 390 MHz
	信道数≥1024
	信道间隔为25/20/12.5 kHz
	输出功率为5 ~ 50 W可调
	组网能力≥10 个节点
宽带组网	工作频段为450 ~ 600 MHz
	发射功率≥5 W
	无线接收灵敏度不低于-105dBm@ 10 MHz
	组网能力≥10 个节点
	无线中继数量≥6 跳,最末端带宽≥4M

任务背景是指接收到任务的时间、地点、科目和人员等背景信息。任务书中对这些信息的描述简要精炼,在执行通信中继任务时需要将这些信息再进行研究细化,完成通信中继任务前的准备工作。下面以"翼龙-2H应急救灾型无人机"为例,进行任务背景分析和筹备。

由于××省突遭大规模极端强降雨,部分区域发生洪涝灾害,××市××镇多个村庄通信中断。××月××日,应急管理部紧急调派翼龙无人机空中应急通信平台,穿越××省、××市、××省、××省(三省一市),飞行×××千米,历时×××个小时抵达任务区,利用翼龙无人机空中应急通信平台搭载的移动公网基站,开展超过×××平方千米的应急通信保障任务,解决断网极端情况下"信息传不出来"的问题,实现应急救援行动的高效、准确指挥,打通应急通信保障生命线。

任务时间是××月××日上午,活动时长为××小时,飞行路线途经××省市,飞行路程约××千米,任务地点为××市××镇。根据时间地点,预估途经路线气象条件。预报活动当天温度为××℃,风速风向为××级。

通信中继任务要展示目标区域的覆盖范围,空中基站累计接通用户××个,产生流量××M,单次最大接入用户××个。本次任务是对受灾区域进行通信覆盖,回传实时视频中应含有洪涝灾害区域的要素信息，包含所在区域周围环境信息，洪涝区域建筑物、农田破坏程度、受灾群众断网范围等信息。

（三）装备确认

装备确认是任务执行前的重要保障。在无人机通信中继任务确认后，完成装备和人员的确定并制定通信中继任务装备清单。由通信中继机组人员申请装备领用，检查装备是否完备，并将所有装备调整至最佳状态。装备确认主要包括飞行平台确认、载荷状态确认、区域目标确认等内容。

1. 飞行平台确认

飞行平台确认是指确认选定的通信中继无人机状态正常，各组件及备用配件完整。

（1）确认无人机外观结构洁净完整，检查无人机专、公网通信设备及吊舱等部件是否完整。

（2）确认无人机应用操作软件正常，确保极端环境下能正常工作。

（3）确认无人机动力系统正常工作，启动无人机后检查仪表状态，确保各类参数数值正常稳定。

2. 载荷状态确认

载荷状态确认是指对通信中继任务的相机载荷及通信平台搭载的移动公网基站的工作状态进行检查确认，同时检查空中通信平台能否正常工作。

3. 区域目标确认

区域目标确认主要是保证在区域目标内所选择无人机能够满足起飞要求。其主要包括任务区域空域确认、任务飞行高度净空确认、任务飞行环境确认，确保无人机能正常执行飞行任务。

4. 装备清单确认

装备清单确认是指在所有设备准备完善后，根据装备清单对装备数量和状态进行逐一核查，确认通信中继任务所需装备都已备齐并保持状态良好。

二、任务实施

无人机通信中继任务的执行，是指通信中继任务明确后，确定执行通信中继的机型及载荷。下面以长航时太阳能无人机执行通信中继任务进行分析，按照执行任务的时间顺序将通信中继任务执行分为 5 个典型阶段，即现场勘察、设备组装、参数设置、中继作业和撤收整理。

（一）现场勘察

在人员到达任务现场区域后，根据指挥人员统筹安排，选择长航时太阳能无人机的起降区域。由于太阳能无人机翼展较长，所以需要的起降区域平整宽阔；同时由于太阳能无人机自身动力装置提供的输出功率较小，所以通常需要较长的起飞跑道。当任务区域现场附近不满足太阳能无人机起降条件时，可以选择车载抛飞模式。特别需要注意：由于太阳能无人机体型较大、灵活机动性较弱，所以在太阳能无人机起飞的时间窗口内，其他机组的无人机应尽量避让。

（二）设备组装

展开太阳能无人机机箱，将机身置于水平空旷位置，由中心向两侧逐个安装太阳能机翼，安装过程中注意将含有空速管的机翼置于机身右侧。完成太阳能无人机飞行平台组装后，根据任务要求安装通信模块。最后，进行联通调试，确认通信模块与无人机飞控链路正常运行。

（三）参数设置

根据长航时太阳能无人机所搭载的 Mesh 自组网通信载荷，进行无人机参数设置，确定通信载荷覆盖全部任务区域。同时，在无人机飞行平台中完成太阳能无人机的航迹规划，根据任务要求设置飞行时间、飞行高度、飞行轨迹等航迹参数。

（四）中继作业

长航时太阳能无人机执行通信中继任务无须额外操作，通信载荷通电后即进入工作状态，地面的终端设备直接连通即可使用。

（五）撤收整理

太阳能无人机撤收整理环节与起飞环节类似，需要较为宽广平整的区域作为降落区域。当任务区域无法满足时，可以选择将无人机降落于稍远区域。在太阳能无人机拆卸后，要逐一对机身、机翼、通信载荷等设备进行检查。

第五节　物　资　运　输

无人机物资运输是通过自备的程序控制装置或无线电遥控设备，操纵无人机进行物资运送的过程，依据紧急救援运输距离、运载重量及续航时间，将"地面输送"升级为空地联合投送的立体模式。

一、任务装备

无人机可以对任务区域快速投放物资及设备，可迅速解决受灾区域内对物资的紧急需求。在遂行消防救援物资运输任务时，无人机可利用空中运行便捷优势，携带物资投放目标区域，缩短地面物资运输时间。在森林消防灭火作战任务中，需携带沉重的灭火装备翻山越岭赶往火场，负重爬山严重消耗体力，长时间疲劳作战很容易发生危险。利用轻便型、大载重的无人机来实现灭火装备、物资及后勤补给尤为重要。实现无人机对于灭火装备的投送，可以让消防队员轻装上阵提高灭火战斗力，还可以为灭火队伍远距离投送食品和急救药品等，提高灭火作战能力。在人员无法进入且无人机无法降落的区域，可通过定点伞降或低空快速抛投的方式投放物资设备。特别是对有人员受伤需要紧急救治的情况，无人机可迅速解决药品投递。

（一）适用机型

无人机物资运输受地形、天气、距离、载重等因素影响较大，可根据任务区域范围及距离选择不同类型的无人机。旋翼无人机对起降场地要求不高、灵活机动，便于任务开展，但续航能力受限，对于长航时物资运输不适用。固定翼或垂直起降固定翼无人机的续航能力强、覆盖范围广，但对起降场地要求较高，如遇突发情况无法快速反应。根据适用机型特点，以旋翼无人机为例进行性能介绍。

电动旋翼无人机主要是通过高性能动力电池为飞控系统、电机和机载任务设备工作供电。通过搭载任务载荷即可实现重量较轻、距离较近的物资运输。

油动无人机以燃油作为燃料，采用微型二冲程或四冲程发动机驱动旋翼转动实现飞行。油动无人机能够实现强负载能力、长续航时间、远距离运输作业。

油电混合动力系统可提高多旋翼飞行器飞行的长航性、安全性和可靠性。利用一台油机驱动主螺旋桨和同步带减速传动系统，通过传动系统带动直流发电机工作发电，电流输出经过稳压器可以为电池充电、飞控系统供电和电机工作供电，从而实现超远距离续航和运输。

1. S100 纵列式无人直升机

S100 无人机采用旋翼纵列式布局，如图 2 – 50 所示，旋翼折叠后空间占用小，运输非常方便，任务载荷不受起落架干扰，装载能力相较于传统的单旋翼直升机有明显提升，由于没有单旋翼直升机的尾桨消耗功率，载重能力也更大，且在较低桨盘载荷下可得到最佳性能，纵向重心范围大、悬停效率更高，具备同载荷下桨盘直径更小的先天优势。纵列式双旋翼直升机抗侧风能力强，在大风环境下仍有较大的控制余度。S100 纵列式双旋翼无人直升机由发动机、传动系统、机架、两个减速齿轮箱、两组桨毂、两组旋翼、两组倾斜盘、控制舵机、飞控单元、通信链路、地面电台、地面工作站等组成。S100 纵列式无人直升机性能参数见表 2 – 23。

图 2 – 50　S100 纵列式无人直升机

表 2-23　S100 纵列式无人直升机性能参数

项　　目	参　　数	项　　目	参　　数
起飞重量	225 kg	续航时间	2.5 h
总有效载荷	130 kg	巡航速度	22 m/s
旋翼直径	3200 mm	升降速度	4 m/s
轴距	2300 mm	使用升限	2500 m
油耗	16 L/h	抗风等级	7 级

图 2-51　KWT-X6L-15 六旋翼无人机

2. KWT-X6L-15 六旋翼无人机（图 2-51）

KWT-X6L-15 六旋翼无人机具备 15 kg 高负载、75 min 长航时及高抗风能力的大型多旋翼无人机，翼展 2.5 m，中心盘具有 3 挂载点可同时负载 3 个云台，能高效执行多种飞行任务。它可匹配 RTK 定位、避障、抛投、测绘等多种功能模块，并可支持系留模式，适用于安防、森林/城市消防、线路巡视、海域巡查等多种用途。KWT-X6L-15 六旋翼无人机性能参数见表 2-24。

表 2-24　KWT-X6L-15 六旋翼无人机性能参数

项　　目	参　　数
对称电机轴距	1760 mm ± 10 mm
最大翼展尺寸	2522 mm ± 20 mm
机身高度	600 mm ± 20 mm
空机重量	11 ± 0.2 kg（不含电池）
标准起飞重量	23 ± 0.2 kg（含 2 块 12S26000 mAh 高压电池）
最大起飞重量	≤36 kg ± 0.2 kg（平原）
最大作业载荷	15 kg（平原）
每块动力电池重量	5.96 kg ± 0.1 kg
悬停时间（海拔 1000 m 以下，25 ℃）	21 kg 空载：≥75 min
	5 kg 负载：≥55 min
	10 kg 负载：≥40 min
	15 kg 负载：≥30 min
最大飞行速度	18 m/s（平原）

表 2-24（续）

项 目	参 数
最大爬升速度	4 m/s
最大下降速度	3 m/s
相对爬升高度	4000 m（平原）
最大海工作拔高度	5000 m（海拔，相对爬升 1500 m）
抗风能力	7 级风
遥控器最大控制距离	≥7 km
地面站最大控制距离	≥10 km

（二）任务分析

无人机物资运输任务主要来源于应急救援现场道路是否通畅，能否满足第一时间救援物资抵达灾害现场，现场指挥员下达的指令和方案，其中通常含有任务背景、任务时间、任务地点、组织人员构成等全局信息，也包括需物资运输的任务区域范围。在接收到物资运输任务后，对其进行充分分析，并将任务进一步细化整理，制定针对物资运输任务的计划，这是完成任务的前提。

1. 任务背景

任务背景是指接收到任务的时间、地点、科目和人员等背景信息。任务书中对这些信息的描述简要精炼，在执行物资运输任务时需要将这些信息再进行研究细化，完成物资运输任务前的准备工作。下面以云南安宁救援为例，进行任务背景分析和筹备。

根据现场指挥部通知，×月×日上午，昆明安宁市青龙街道火场，火线北线火头已蔓延至某地西侧 600 m 处，由于火头南侧马蹄型沟谷内，火线杂乱，烟点较多，且地形复杂、植被茂盛，当前火场天气晴，风向为东南风，风力 2~3 级，处置行动极为困难。前线灭火队伍水源较少，水源补给队伍爬山耗时较长，体力消耗严重。利用无人机挂载 15 L水桶爬升垂直高约 200 m 输送至火源附近位置，完成一次输送耗时约 5 min，为局部灭火救援行动提供了可靠水源保障。

根据任务描述，任务来源是现场指挥部通知，表明本次灭火救援行动是现场指挥部统筹协调；任务性质是灭火救援实战，即按照既定灭火救援预案展开灭火救援行动。

任务信息的充分理解和细化是进行后续设备选型和人员确定的前提。只有将任务信息理解准确，环境信息和飞行约束条件考虑充分，才能选择最准确的任务机机型、载荷和操作人员。

2. 设备选型

设备选型是指根据任务的目标要求，选择适合的任务装备。

（1）选择能够在目标区域正常工作的机型，即设备能够在目标区域的天气条件、地理条件正常工作。

（2）所选装备性能要满足任务指标的要求，包括续航时间、飞行高度、通信距离、侦察画面质量及物资输送能力等。

（3）在保证能完成任务的前提下，选择尽量低功耗、小体积、组装迅速、运输便捷的设备。

物资运输任务的无人机机型和抛投载荷确认后，要整理形成物资运输机组设备清单。设备清单中应包含无人机飞行平台、载荷装备、显示设备、充电设备、存储设备和备用器件等内容。根据任务清单完成出库申请。

3. 人员构成

执行无人机物资运输任务的人员及其职责都需要在执行任务前明确，这样才能实现任务的精准分配、职责明晰、信息传达顺畅。执行物资运输任务的具体操作主要由物资运输机组人员完成，其中包括机长和地面勤务员，同时为了协调完成整体的任务，还要和指挥人员、通信人员以及保障人员保持沟通。

（三）装备确认

装备确认是任务执行前的重要保障。在无人机物资运输任务确认后，完成装备和人员的确定并制定物资运输任务装备清单。由物资运输机组人员申请装备领用，检查装备是否完备，并将所有装备调整至最佳状态。装备确认主要包括飞行平台确认、电量状态确认、载荷状态确认、区域目标确认等内容。

1. 飞行平台确认

飞行平台确认是指确认选定的物资运输无人机状态正常，各组件及备用配件完整。

（1）确认无人机外观结构洁净完整，检查无人机脚架、机臂、机身、连接部件、螺旋桨结构是否完整、有无裂痕等。

（2）确认无人机应用软件正常，将软件更新到最新状态，并进行系统自检，确定惯性元件、定位系统、避障系统、状态指示灯是否正常工作。

（3）确认无人机动力系统正常工作，通电后将无人机处于低空悬停状态（高度 3 m 位置），检查电池供电、电调、电机、螺旋桨是否能提供稳定动力。

（4）检查所有设备是否装入收纳箱，收纳箱能否满足运输要求。

2. 电量状态确认

电量状态确认是指确认无人机电池、遥控器电池及显示设备电池的数量和电量。根据任务要求，申请适用数量电池，并将电池电量充满。智能电池中有控制系统时，要保证每个电池系统更新至最新版本。另外，具备自动放电的智能电池，将自动放电时间调整至适合时限，确保任务时电量充足。

3. 载荷状态确认

载荷状态确认是指对物资运输任务的抛投载荷及云台的工作状态进行检查确认。将抛投载荷及云台与无人机正确安装，设备通电后操作抛投载荷控制端正常运行，缓慢地将云台各控制通道由中位调整至最大值，检查控制是否正常。

4. 区域目标确认

区域目标确认主要是保证在区域目标内所选择无人机能够满足起飞要求。其主要包括任务区域空域确认、任务飞行高度净空确认、任务飞行环境确认，确保无人机能正常执行飞行任务。

5. 装备清单确认

装备清单确认是指在所有设备准备完善后，根据装备清单对装备数量和状态进行逐一核查，确认物资运输任务所需装备都已备齐并保持状态良好。

二、任务实施

无人机物资运输保障在实施过程中，按照无人机是否具备在目标地降落的条件，分为具备降落条件下的救援保障和不具备降落条件下的救援保障两种救援形式。

（一）具备降落条件下的救援保障

在救援保障目的地有 9 m²（3 m×3 m）以上的平整地面，而且地面上方无障碍物遮挡时，可视为具备降落条件。直接将无人机降落至目标地，能够较好地保护载荷不受冲击，减少被救人员获取载荷的难度。一般而言，降落至目标地投送因为减少了载荷中的保护装置，所以有效载重更大。

当投送目标地处于视距内时，按照一般起飞降落程序进行降落。摄像头 90°朝下时操作通道如下：上下为俯仰通道，左右为副翼通道，如图 2-52 所示。

图 2-52　通道示意图

当投送目标为超视距时，利用无人机航线飞行功能进行远距离数据飞行，重点在于测定降落目标地实际坐标。有两种方式可以测得目标地的实际坐标，当无人机具有测量功能时，可以直接使用测量功能确定坐标；当无人机不具备有测量功能时，可以利用无人机自身的定位功能间接确定坐标。将无人机飞至目标地上空，将摄像头设置为垂直向下并瞄准目标，此时无人机自身坐标即与目标相同，如图 2 – 53 所示。

图 2 – 53　坐标获取

（二）不具备降落条件下的救援保障

当不具备上述降落条件时，无人机物资运输保障主要采取投掷的方式输送物资。根据输送物资保护要求的不同，分为硬着陆投掷与软着陆投掷（伞降投掷）。

1. 硬着陆投掷

硬着陆投掷主要是指被输送的物资对撞击不敏感时使用的输送方式，如绳索、衣物、保温毯等柔软的物品或物品本身的保护装置能够承受地面撞击。当抛投器释放后，物资因重力自然下坠落在目标地。硬着陆投掷虽然对被输送的物资有要求，但受侧风影响较小，投掷精度较高，可以酌情使用。

1）挂载物资

将要输送的物资用可靠并有着力提环的容器装承。容器提环与无人机抛投器之间用绳索连接。绳索与抛投器连接的一头用双股 8 字结制作成环（图 2 – 54），并挂载在抛投器的挂钩处。绳索直径不超过 5 mm。

图 2 – 54　双股 8 字结

抛投绳索时，在场地允许的情况下，应将绳索按照 Z 字形平铺在地面上，如图 2 - 55 所示。

图 2 - 55　绳索准备示意图

2）起飞

因为物资与飞行器间是通过绳索进行柔性连接的，此时的飞行对飞行控制器的负担加重，相应地作为飞手应从飞行技巧上设法分担飞行控制器的计算压力。起飞时，应缓慢推油门使无人机上升，并仔细观察连接绳索的张紧度。当绳索张紧开始逐渐承受物资的重力时，应进一步缩小推油的力度，减缓无人机上升的速度（但不用停止上升）。维持此过程直至绳索完全张紧，物资离开地面完成起飞。对其他通道的控制杆量也应较正常起飞要更小。

3）抛投物资

将飞行器飞至目标地上方相对高度 3 ~ 10 m。依现场环境以尽量低为宜。将无人机摄像头设置成向下 90°，利用取景器瞄准目标地中心点，拨动抛投器开关，完成抛投。因物资采取自由落体且距离较短，除遇到强侧风外，原则上可以忽略风的影响。

2. 软着陆投掷

当将要投掷的物资不能承受较大外力撞击时，如投掷通信器材、食物、瓶装药品等物资时，采用软着陆投掷。当抛投器释放后降落伞张开，物资在降落伞的牵引下缓速下降飘落在目标地。因这种方式物资下降缓慢，且降落伞受风的影响较大，所以需计算风力的影响并且精度较低。

1）降落伞的准备

降落伞的准备是完成伞降投掷的关键环节。为确保降落伞能顺利张开，应按以下步骤准备降落伞：

在确保伞绳无缠绕的情况下，拉住伞顶的挂绳，以伞绳所在的伞面为"筋"将其拉直，依次自下而上叠放。其余伞面整理成三角形，如图 2 - 56 所示。

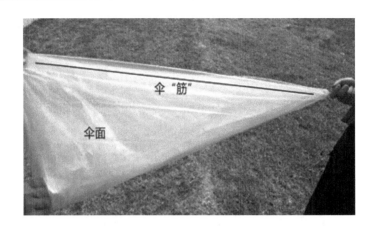

图 2-56 伞折叠（步骤一）

将伞面以 Z 字形叠放、压紧至伞面上，整理成条状。再一次按 Z 字形将条状的伞折叠成块状。切忌"卷、裹"，如图 2-57 所示。

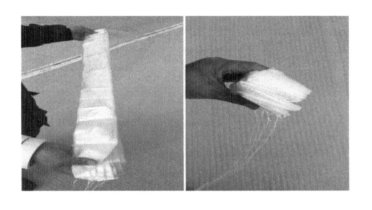

图 2-57 降落伞折叠（步骤二）

整理好后的降落伞用纸胶带固定在无人机上。纸胶带有胶的一面朝外，避免胶接触到降落伞影响开伞。固定位置应选择无人机下部，无多余钩状凸起物的位置，如图 2-58 所示。多余的伞绳也按同样的方法一起折叠固定。

2）挂载物资

降落伞固定好后，引出主伞绳与被输送的物资相连。连接时应采用 8 字结等结绳法使物资不能在主伞绳上滑动。主伞绳末端同样用双股 8 字结连接在抛投器上，如图 2-59 所示。

3）抛投物资

伞降抛投的起飞要领和硬着陆时相同。

　　飞至目标地上空后，悬停在 25~30 m 的相对高度，结合现场风力风向，在目标点上风方向拨动抛投开关完成抛投（图 2-60）。此高度伞降耗时约 7 s，可据此计算漂移距离。

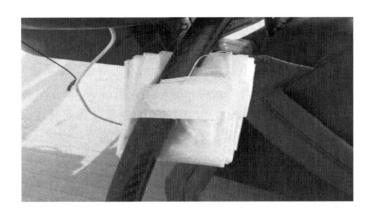

图 2-58　降落伞固定（步骤三）

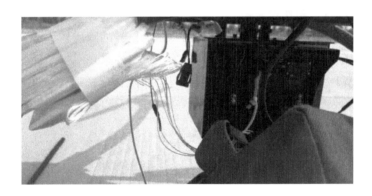

图 2-59　物资固定

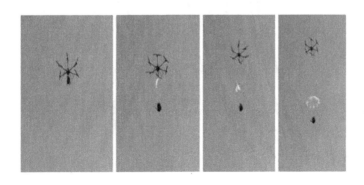

图 2-60　降落伞开启

三、超视距运输

超视距运输是指无人机在目视视距以外所进行的运输，针对超视距驾驶员有申请作业空域的权利；能独立作业，能在作业中承担组长重任；能使用姿态增稳模式；能够使用地面站航线规划飞行模式；能够进行长航时、远距离、高技术的无人机作业。

（一）超视距系统组成

超视距系统由双屏地面站、中继无人机、前端无人机组成。双屏地面站装载 Mesh 自组网模块，中继无人机挂载 Mesh 高清云台，前端无人机挂载 Mesh 高清云台和收放线及抛投装置，三者可以在 Mesh 系统里面自动组网并互相通信，在前端与双屏地面站之间信号隔断后，可通过中继无人机将地面站与前端无人机实现通信并控制。

KWT‒X6L‒15 中继机主要采用 Mesh 自组网系统，是一种有自组网、自修复、自管理、多跳级联、无中心特点的分布式网络架构。利用 Mesh 自组网节点设备的自动中继特性可以轻易实现超视距传输，信号能够自动选择最佳路径不断从一个节点设备跳转到另一个节点设备，通过这种功能特性可拓展覆盖范围，避免覆盖盲区，并最终到达无直接视距节点设备之间的相互实时通信。

（二）超视距物资运输作业流程

为保证物资运输过程中能够顺利跨越高山等阻隔信号的障碍物，可采用双机协同中继方式执行任务，如图 2‒61 所示。在作业准备阶段，主要采用双屏地面站、KWT‒X8L‒25 机型任务机、KWT‒X6L‒15 机型中继机高空协同配合。抵达任务区域现场后，根据现场指挥部指挥人员要求，超视距物资运输机组在指定区域进行装备展开、组装和基本调试。

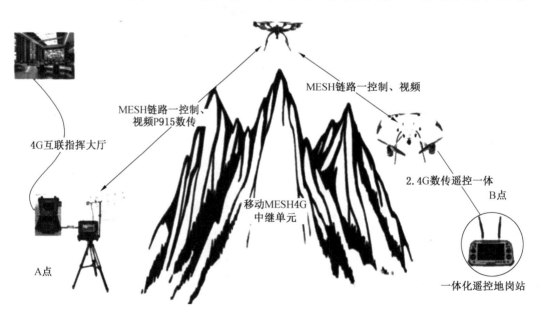

MESH链路—控制、视频

MESH链路—控制、视频P915数传

4G互联指挥大厅

移动MESH4G中继单元

2.4G数传遥控一体 B点

A点

一体化遥控地岗站

图 2‒61　超视距物资运输

A 点双屏地面站指挥点地势较低，B 着火点在深山背后，中间有高山遮挡。中继无人机挂载 Mesh 云台，前端无人机挂载 Mesh 云台、避障模块、定高测量模块及收放线装置。中继无人机飞至高山山顶做信号中继，前端无人机绕过山体或者高障碍物下降到 B 点上空区域。如果 B 点具备安全降落条件，则可控制无人机降落并将救急物资放下，然后无人机原路径返回。如果 B 点不具备降落条件，则可将无人机尽量下降高度至距离地面 15 m 左右，通过收放线装置将物品送下或者将需要往 A 点送的物资系在收放线装置上，由无人机取回并返回 A 点。整个运送过程中，中继无人机高清视频与前端无人机高清视频均可实时回传到双屏地面站且可同时显示，并且双屏地面站安装 4G 模块，可实时将现场视频回传远程指挥中心，并且可以通过手机安装视频 APP 实现随时随地实时查看视频。

另外，前端无人机可以配备双遥控器系统，当 B 区域有条件配备副遥控器时，可以通过双遥控器系统实现无人机自主安全降落并自主返航，提高运输效率。当前端无人机到达 B 点区域时，B 点操作人员可以通过地面站发送降落点 GPS 位置坐标，将无人机引导到降落区域上空，然后由操作人员确认下降区域安全后，点击地面站一键下降功能，实现无人机自主安全降落。然后地面人员将物品取下或者将物品系在无人机上，通过拨动副遥控器摇杆实现无人机自主起飞并自主返航。此过程对操作人员专业操作要求较低，非专业飞手也可以完成操作。如果 B 区域有专业操作人员，也可以直接接管无人机实现安全降落。

（三）超视距物资运输组织实施

1. 系统组成

该系统由双屏集成式地面站、中继无人机、任务无人机组成。

2. 机组人员组成

该机组人员由机长兼地面站、2 名驾驶员、2 名地勤人员组成。

3. 职责分工

（1）机长兼地面站：地面站航线规划及无人机飞行姿态监控。

（2）驾驶员：无人机操控。

（3）地勤人员：现场安全警戒及地勤保障任务。

4. 运输程序

（1）现场勘查。对任务目标区域地形地貌及建筑物等要素进行勘察。

（2）任务规划。根据目标区域周边环境确定中继机及任务机的航向、行高和起飞顺序等。

（3）起飞。将中继无人机起飞至指定位置提供信号中继，任务机前出至任务区域执行物资运输任务。

5. 任务实施

（1）根据任务要求和所选机型需求，搭建任务操作平台。将作业开设区选在空旷平坦地面，同时避免作业机和中继机相互干扰，将机组距离保持在 15 m 以上的安全距离。如遇到室外环境光照强烈或可能发生降雨情况时，应先搭建遮阳伞。

（2）无人机展开组装。无人机飞行平台及载荷组装，位置应在作业区前方 3~5 m 的空旷平坦位置。将机箱摆放到作业区后方的装备存放区。

（3）地面站组装。将数传天线及图传天线依次与地面站连接，如需独立供电则接通电源。注意根据天线的类型调整天线朝向，使通信效果达到最佳状态。

（4）设备联通调试。先打开遥控器与地面站电源，再打开无人机电源，进行设备自检，确认各项指标是否正常。部分无人机为确保定位精准，需要在起飞前校准地磁（IMU元件），根据操作要求完成校准。无人机和遥控器建立数传和图传连接后，将地面站视频输出端口与视频输出设备相连，确认图传画面能正确传输至显示设备。注意画面传输测试时，尽量选择拍摄动态目标，保证画面质量与传输时效。在出现传输问题时，及时与通信人员沟通解决，确保视频侦查画面能够正确传输。

（5）运行中继机。待物资运输任务机及中继机组装联通调试后，打开中继运行模块，并检查中继运行状态，利用中继模块来操控作业机，数传信号、图传信号和 GPS 信号良好时将中继无人机按照既定航线飞至指定信号中继位置。

（6）运行任务机。任务机携带物资前出至任务目标区域。

（7）空地协同配合。由中继机通视作业区域和任务机目标区域，地面站人员时刻报告任务机飞行姿态，直至完成物资运输任务。

第六节　喊话照明

自然灾害的发生具有广泛性、突发性和紧迫性，需要应急救援部门及时反应，迅速行动。在夜间发生的地震、洪涝、火灾等自然灾难，对于勘察地形、搜救被困人员等难度会进一步加大，不利于救援人员及时搜救。针对夜间应急救援、抢险救灾的难点，红外探测、超声波定位和夜间喊话照明的应用为救援带来极大便利。根据夜间遂行任务的特点，系留喊话、照明无人机利用大面积、全覆盖、长时间等应急高空喊话、照明优势，为夜间救援现场喊话指挥、空中照明、消防救援提供了强有力的支撑保障。

一、应急喊话

无人机应急喊话任务的执行是指机组人员使用无人机远程喊话指挥系统，实现远程空中喊话，进行现场指挥、疏导被困人员，使得被困人员能及时得到救援，极大地加快了突发事件的处置速度。按照执行任务的时间顺序，可以将应急喊话任务分为现场勘察、设备组装、无线连接、应急喊话及清点撤收 5 个典型阶段。

（一）适用机型

1. 极客桥系留无人机

应急指挥无人机便携一体机箱重约 18 kg，方便携带，可在到场 3 min 内完成部署，提供不间断长时间空中喊话指挥，如图 2-62 所示。极客桥系留无人机的升空高度 50 m，通过 4G/5G 实现全球实时喊话指挥，与摄像头联合使用，可实时辅助全景高清监控；在无网情况下，可通过对讲机进行现场喊话指挥；飞行及喊话组件仅重 1.72 kg，安全可靠，可适应 -25~60 ℃环境和海拔 5200 m 高原，抗 7 级大风和 10 级大雨。极客桥系留无人机性能参数见表 2-25。

图 2-62 喊话系留无人机

表 2-25 极客桥系留无人机性能参数

项 目	参 数	项 目	参 数
尺寸	长 290 mm × 宽 290 mm × 高 203 mm	声音覆盖范围	500 m
整机重量	约 1.5 kg	声音分贝	约 100 dB
飞行高度	50 m	工作环境温度	-30~60 ℃
抗风等级	7 级（最大风速 15 m/s）	摄像头分辨率	1080 p
遥控距离	500 m	支持存储卡	MicroSD 16 G

（二）适用载荷

1. 工作原理

扬声器中的线圈通电时线圈会产生磁场，在与磁铁的磁场相互作用下，线圈就会振动并发出声音，是通电导体在磁场内的受力作用，如图 2-63 所示。当交流音频电流通过扬声器的线圈（音圈）时，音圈中产生了相应的磁场。这个磁场与扬声器上自带的永磁体产生的磁场产生相互作用力，这个力使音圈在扬声器的自带永磁体的磁场中随着音频电流振动起来。而扬声器的振膜和音圈是连在一起的，所以振膜也振动起来。这样振动就产生了与原音频信号波形相同的声音。

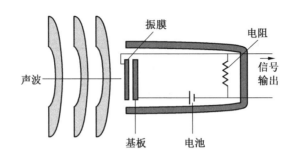

图 2-63 扬声器构造图

2. 扬声器的类型

1）低频扬声器

低音单元的结构形式多为锥盆式，也有少量的为平板式。低音单元的振膜种类繁多，有铝合金振膜、铝镁合金振膜、陶瓷振膜、碳纤维振膜、防弹布振膜、玻璃纤维振膜、丙烯振膜、纸振膜等。采用铝合金振膜、玻璃纤维振膜的低音单元一般口径比较小，承受功率比较大，而采用强化纸盆、玻璃纤维振膜的低音单元重播音乐时的音色较准确，整体平衡度不错。

2）中频扬声器

一般来说，中频扬声器只要频率响应曲线平坦，有效频响范围大于它在系统中担负的放声频带的宽度，阻抗与灵敏度和低频单元一致即可。有时中音的功率容量不够，也可选择灵敏度较高，而阻抗高于低音单元的中音，从而减少中音单元的实际输入功率。

3）高频扬声器

高音单元顾名思义是为了回放高频声音的扬声器单元。其结构形式主要有号角式、锥盆式、球顶式和铝带式等几大类。

喊话指挥作为应急现场的必要手段，便携式长时喊话指挥无人机在救援领域具有实用化、小型化和智能化特点，能有效提升处置能力和效率。

3. 典型喊话载荷

1）极客桥喊话载荷

极客桥喊话载荷具有高强度全向喇叭单元（图2-64），能够实现快速模块化安装、易于维护、轻便智能、声音清晰，分贝可以达到约 100 dB，在 500 m（约 80 万 m^2）外的现场，便于现场管理。在人员密集处，将无人机升一定高度，开启对讲机可高空喊话、广播并观察现场，且声传播范围广、音质清晰明亮。它具有优越的"空中广播"功能，单

图 2-64 极客桥喊话载荷

机模式可使用 20 min，配合系留平台，可不间断持续使用。

2）御 2 喊话载荷

御 2 喊话载荷为定制化辅助设备，如图 2 - 65 所示，直接实现远程传递声音让应急救援任务更高效，可储存多条语音，并支持自动循环播放。其外形尺寸为 68 mm × 55 mm × 65 mm，功率最大 10 W，分贝为 100 dB@1 m 以内，能够实现声音的快速传输，采用 USB Micro - B 通用接口，能够实现快速组装和拆卸。

3）海康喊话载荷

海康喊话载荷（图 2 - 66）可搭载于 MX - 6150B 六旋翼无人机，实现远程喊话、广播功能。其静态功耗小于等于 2 W，最大功率大于等于 20 W，广播距离大于等于 300 m，语音传输距离 10 km，根据不同的救援场景喊话器具有 0 ～ 10 级音量调节功能。

图 2 - 65　御 2 喊话载荷　　　　图 2 - 66　海康喊话载荷

（三）任务实施

在应急救援任务中，不同喊话救援无人机所执行的任务、操作流程基本相同，下文将以极客桥系留无人机执行喊话任务为例进行描述。

在接收到指挥人员的应急喊话需求后，根据任务要求，应急喊话机组在指定区域进行装备展开、组装和基本调试。

1. 作业区开设

根据任务现场环境，选择合适的作业区域，要求起飞区域上方无遮挡，区域空旷平整。

2. 无人机组装

打开便携式一体箱，支撑固定线缆立杆；取出无人机与系留线缆进行连接，并将系留线缆卡入立杆顶端凹槽处；先短按再长按遥控器开关键，打开遥控器；再打开无人机备用电源开关；将电源线与发电机连接并启动。

3. 联通调试

打开控制面板无线端与无人机连通；待 GPS 卫星数稳定后，解锁无人机升空喊话。

4. 升空喊话

在无人机上升到指定高度后，根据任务要求调整无人机位置。在地面站或遥控器中开启喊话功能，开启麦克风，执行应急喊话任务。

二、应急照明

无人机应急照明任务的执行是指机组人员使用无人机照明系统对夜间救援实现空中照明，可根据照明区域需要变换照明角度，实现最大面积有效利用。按照执行任务的时间顺序，可以将应急照明任务分为现场勘察、设备组装、无线连接、应急照明及清点撤收 5 个典型阶段。

（一）适用机型

应急照明适用无人机平台与应急喊话适用无人机平台基本一致。

（二）LED 照明工作原理

LED 的核心部分是由 P 型半导体和 N 型半导体组成的晶片，在 P 型半导体和 N 型半导体之间有一个过渡层，称为 PN 结，如图 2 - 67 所示。在某些半导体材料的 PN 结中，注入的少数载流子与多数载流子复合时会把多余的能量以光的形式释放出来，从而把电能直接转换为光能。PN 结加反向电压，少数载流子难以注入，故不发光。这种利用注入式电致发光原理制作的二极管叫发光二极管，通称 LED。当它处于正向工作状态时（即两端加上正向电压），电流从 LED 阳极流向阴极时，半导体晶体就发出从紫外到红外不同颜色的光线，光的强弱与电流有关。

（三）典型照明载荷

1. 极客桥照明载荷

极客桥系留照明载荷（图 2 - 68）可提供大范围、长时间的照明保障，最佳照明高度为 20 ~ 30 m，4 个 LED 灯可提供 400 W/600 W 的功率，在应急救援过程中可用于不受环境限制的大范围照明，为应急救援提供良好的夜间照明条件。

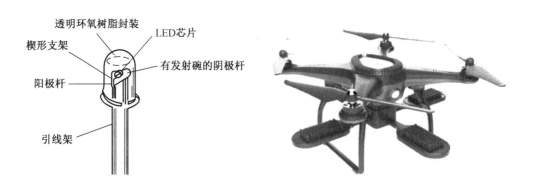

图 2 - 67　发光二极管的构造　　　　图 2 - 68　极客桥系留照明载荷

2. 御 2 照明载荷

御 2 照明载荷（图 2 - 69）可以在弱光环境中起到照明或指示作用，也可以辅助夜间拍摄作业，有效照明距离为 30 m，最大功率可达 26 W。

3. 海康照明载荷

海康照明载荷（图 2-70）的有效距离为 500 m，控制端有效控制距离为 10 km，可使用低光、高光和爆闪 3 种模式调节，并且自带 720 p 观察相机，能实时查看现场状况。

图 2-69　御 2 照明载荷

图 2-70　海康照明载荷

（四）组织实施

抵达任务目标现场后，根据指挥人员要求，应急照明机组在指定区域进行装备展开、组装和基本调试。

1. 作业区开设

根据任务现场环境，选择合适的作业区域，平整场地。

2. 无人机组装

打开便携式一体箱，支撑固定线缆立杆；取出无人机与系留线缆进行连接，并将系留线缆卡入立杆顶端凹槽处；先短按再长按遥控器开关键，打开遥控器；再打开无人机备用电源开关；将电源线与发电机连接并启动。

3. 联通调试

打开控制面板无线端与无人机连通；待 GPS 卫星数稳定后，解锁无人机升空照明。

4. 注意事项

（1）无人机升空前必须将备用电源开关打开，防止发电机突然断电导致坠机。

（2）电源线必须与 220 V 稳定电压连接，避免因电压不稳定导致意外事故发生。

（3）主界面无线端必须与无人机连接成功后升空无人机。

📖 习题

1. 无人机应用技术的主要范畴是什么？在各领域能完成哪些任务？

2. 执行侦查任务时常见的基本构图方法有哪些？构图的目的是什么？

3. 无人机航测勘察相比于卫星航测和传统地面实测的优势有哪些?

4. 可利用无人机进行环境侦检的种类都有哪些?

5. 通常选择执行应急任务的通信中继无人机都有哪些特点?

6. 执行物资运输任务优先考虑的无人机性能指标有哪些?

第三章　无人机在建筑火灾救援中的应用

建筑物按使用性质可分为居住建筑、公共建筑、工业建筑、农业建筑等。据统计全国每年发生建筑物火灾约 30 万起，多数建筑物火灾造成交通拥堵、扑救困难、伤亡惨重等后果，随着无人机载重能力、稳定性能、安全等性能的提升，无人机在建筑物火灾救援中发挥越来越重要的作用。

第一节　任　务　特　点

建筑物火灾救援主要是针对多层建筑、高层建筑、大型商场、构筑物、化工装置等对象，其救援任务特点主要有以下几点。

一、人员疏散困难

由于建筑内人员高度集中、疏散距离长，加上火势发展快、烟雾扩散迅速，大型商场内由于可燃物种类多（如化纤、塑料商品等），发生火灾时会产生大量的有毒气体，易造成人员中毒窒息。有的安全出口被烟火封堵，有的安全出口堆放杂物，有的安全出口被上锁，没有保持消防安全出口畅通，有的安全出口防火门没有起到阻挡烟火的作用，导致人员疏散困难，易发生群死群伤事故。

二、易积聚高温浓烟

建筑物室内着火时，经常因为建筑开口数量少，燃烧产生的大量高温浓烟不易散发，导致室内温度迅速升高，燃烧释放出的高温浓烟和热量会迅速向上蔓延，极易产生烟囱效应。建筑物室内着火时，室内温度上升、气体快速膨胀，在热压作用下高热的烟气向室内扩散，极易使室内快速充满大面积高温浓烟。建筑物室内火场快速聚集的高温浓烟，不仅影响被困人员的安全逃生，也给火情侦察和内攻灭火等作战行动增加了难度。

三、易变形倒塌

建筑物着火时，导致结构变形倒塌的原因是多方面的，除高温作用外，还有钢结构的冷热骤变、结构应力关系的破坏、建筑物荷载过大、火场爆炸、外力冲击等因素。火场高温是导致建筑发生倒塌的最主要原因，高温对钢筋混凝土内的钢构件的破坏形式主要是柱的失稳破坏和脆性破坏。建筑物着火后，室内蓄热快，钢构件受高温影响，极易变形倒塌，甚至导致整体建筑坍塌。

四、易形成立体燃烧

建筑火灾由于火势蔓延途径多、速度快，影响火势蔓延的因素复杂，如果火灾初起时得不到有效控制，极易形成立体燃烧。大型商场内可燃物集中、对流条件好，火灾时火势极易蔓延扩大，首先由着火点向四周延烧和扩散，直至火势充满整个防火分区；其次随着火势的发展，若防火分区的防火分隔物失去隔火作用，火势会迅速向相邻的防火分区蔓延扩大；最后迅速发展的火势会突破外墙窗口向外延烧，同时通过连廊等向相邻的部位蔓延，易形成立体燃烧，强烈的热辐射还会导致毗邻的建筑着火燃烧。

五、灭火作战难度大

建筑的高度高、结构复杂、功能多样，加大了消防人员灭火作战的艰巨性和复杂性。扑救大型商场等火灾，往往受现场条件、救助对象和内攻环境等因素的影响，大量的人员不能在短时间内完成疏散，特别是当疏散楼梯被烟火封堵时楼内待救人员会更多，大量商品燃烧造成火场浓烟高温，这样能见度低、辐射热强，增加了灭火救援战斗行动的艰巨性和困难性。

第二节　基　本　救　援

建筑物火灾基本救援是指消防员从接警至灭火救援行动结束整个过程的活动。基本救援由接警出动、组织指挥、火情侦察、火场警戒、火灾扑救、火场供水、火场救人、信息报告、救援保障等主要环节构成。

一、接警出动

接警出动是指消防队由接警至到达救援现场的过程。它包括受理警情、调集力量、向救援现场行驶3个方面。受理警情要问清地点、起火物质、灾情、人员伤亡等情况。调集力量要准确预判灾情大小，一次性调足出动力量。随着我国高速公路里程数量的不断增加，多数辖区的高速公路隧道数量在不断增加，隧道内经常发生交通事故、火灾事故等，所以接警出动时要确认隧道是在国道、省道上或是在高速公路上，是高速公路隧道的A道还是B道，若没有问清就盲目接警出动，极易造成走错路延误救援。

二、组织指挥

消防救援队伍的灭火与应急救援组织指挥通常分为总队、支队、大队、站、班5个层次。组织指挥一般按照下列程序进行：迅速调集作战和保障力量，启动指挥决策系统，侦察掌握现场情况，制定作战方案，部署作战任务，指挥战斗行动，根据灾情情况调整力量部署。

组织指挥的原则是坚持统一指挥、逐级指挥。紧急情况下，指挥员可以实施越级指挥，接受指挥者应当执行命令并及时向上一级指挥员报告。两个以上消防支（大）队协同作战时，上级指挥员到达现场前要实施属地指挥；全勤指挥部到场后，实施指挥长作战指挥负责制；值班首长或者上级指挥员到达现场后，应当实施直接指挥或者授权指挥。

当发生重大、特别重大灾害事故，政府成立指挥部时，消防救援机构最高指挥员及相关人员应当参加指挥部决策，并根据职责分工组织队伍完成灭火与应急救援工作。消防救援机构现场作战指挥部，一般由总指挥员以及下属的作战组、通信组、专家组、信息组、战保组及其相关人员组成，并设立现场文书和安全员等。现场作战指挥部，应当设在接近现场、便于观察、便于指挥、比较安全、便于撤退的地点，并设置明显的标志。

虽然事故现场有指定某人担任安全员，但是参战队员包括指挥员，人人都应该履行安全员职责，碰到不安全因素应及时相互提醒、及时报告。在大型灾害现场，来不及逐级报告时，可以越级报告，事后再向直接的上级领导报告，要灵活处理。2003 年 12 月 23 日22 时，位于重庆市开县的某井发生天然气井喷失控和硫化氢中毒事故，造成井场周围居民和井队职工 243 人死亡、2142 人中毒住院，该事故的处置就是逐级报告，最终延误战机。

三、火情侦察

火情侦察是指消防人员到达火场后，运用各种方法与手段了解和掌握火场情况的行动过程。火情侦察是一项艰巨、复杂、细致的任务，应根据到场的灭火力量、火势发展等情况有序地进行。

火场指挥员应根据到场力量的实际情况，指定有经验的人员组成火情侦察组。迅速准确地查明火灾现场上各方面的情况：火源（泄漏点）位置、燃烧（泄漏）物质性质、燃烧（泄漏）范围和火势蔓延（泄漏扩散）的主要方向；火场内有无被困或遇险人员，及其所在位置、数量，疏散的途径及安全性；有无爆炸、毒害、腐蚀、遇水燃烧等物质，及其数量、存放形式和具体位置；生产工艺流程，需要保护和疏散的贵重物资及其受火势威胁的程度；燃烧建（构）筑物的结构特点及其毗邻建（构）筑物的状况，是否需要破拆，有带电设备时是否需要切断电源；着火建（构）筑物内的消防设施情况；举高消防车和其他主战消防车的作战停车位置、周围消防水源和道路等情况；其他需要查明的情况。

四、火场警戒

火场警戒的类型是由警戒的范围和管制的内容决定的。不同性质的火灾事故，其火场警戒的范围和管制的内容也各不相同，主要有维持秩序类警戒、防爆炸类警戒、防中毒类警戒、防毒防爆类警戒。火场警戒的范围是根据火灾事故特点和消防队开展灭火救援工作所需要的行动空间和安全要求来确定的。

五、火灾扑救

消防队伍火灾扑救战斗应当按照集中兵力、准确迅速，攻防并举、固移结合的要求，灵活运用堵截、突破、夹攻、合击、分割、围歼、排烟、破拆、封堵、监护、撤离等战术方法，科学有序地开展火灾扑救行动。力量主要部署在有人员受到火势威胁的地点及抢救、疏散的路线；重要物资受到火势威胁的部位；火势蔓延方向以及可能造成重大损失的部位；参战力量实施内攻救人灭火的部位；毗邻建筑受到火势威胁的部位等。火灾扑灭后，要全面、细致地检查火场、彻底消灭余火；要撤离火场时，应当清点人数、整理装备、恢复水源设施，向事故单位或有关部门进行移交；归队后，要迅速补充油料、器材和灭火剂，调整执勤力量，恢复战备状态，并报告作战指挥中心。

六、火场供水

火场供水是指消防人员利用消防车、消防泵和其他供水器材将水输送到火场，供消防人员出水灭火的行动过程。消防人员在灭火战斗中，为了保证火场不间断地供水，必须建立火场供水组织，根据火场灭火用水的需要，按照就近使用水源，确保重点、兼顾一般，快速准确、科学合理的原则开展火场供水。

七、火场救人

火场救人是指消防人员使用各种消防器材和技战术方法，对火灾现场受到火势围困或其他险情威胁的人员疏散、解救至安全区域或通过改善被困人员生存环境，避免伤亡发生的战斗行动。火场上救人与灭火是整个灭火救援行动中最重要的、不可分割的两个环节，二者相辅相成。在火场错综复杂的各类矛盾中，抢救人命是首要任务。火场指挥员的指挥决策和消防人员的各项灭火战斗行动都要为救人行动服务，为救人行动创造条件。救人与灭火相辅相成，二者是不可分割的整体。因此，合理部署救人力量和灭火力量，最大限度地减少人员伤亡和财产损失是火场指挥员必须认真考虑的问题。火灾现场有人员被困，但短时间内不会受到火势威胁，到场灭火救援力量足够时，救人与灭火应同步进行。组织力量救人的同时，安排力量快速控制和扑灭火势，以减少火势对被困人员的威胁，并为救人行动创造条件，防止顾此失彼。在灭火战斗中，当疏散救人的途径被火势封堵，不扑灭控制火势就无法进行疏散救人时，火场指挥员应在火灾现场的主要方面集中部署力量迅速控制火势。

八、信息报告

消防队伍执勤战斗信息报告应当坚持及时准确、全面规范、逐级上报的原则，不得迟报、漏报、误报或瞒报。消防队伍实行执勤战斗信息报告责任制。日常执勤战斗信息上报由值班首长负责签发。现场执勤战斗信息报告由现场最高指挥员负责签发。执勤战斗信息内容主要包括：接警情况、力量出动、现场情况、作战行动、灾情原因、人员伤亡和财产损失等情况。现场作战指挥部应当按照有关规定要求，做好应急宣传工作。未经指挥部同意，参战指战员不得擅自接受媒体采访，不得擅自提供、发布有关信息。辖区消防站到达现场后，应立即向指挥中心报告，并利用单兵图传设备上传现场图像。多消防站到达现场后，要明确任务分工，从灾害现场全景、主要进攻方向、灾害现场重点部位等不同角度进行上传，确保上传质量。单兵图传设备操作员要确保通信畅通，实时向作战指挥中心报告，汇报拍摄角度、拍摄位置转移等信息。同时，火场文书应及时在现场绘制作战力量部署图、力量调整图等火场态势图，以备信息报送、战斗讲评时使用。

九、救援保障

灭火救援保障是指对消防灭火救援作战行动所进行各项勤务保障活动的总称。它为灭火救援的决策和行动提供基本技术、安全、装备、物资支持，是消防队伍战斗力量的重要构成因素。灭火救援保障有力与否，直接关系到参战力量战斗力的生成与持续，在很大程度上影响着灭火救援的成败。灭火救援保障的要求：

（1）充分准备。其基本要求就是事先准备，要立足于本地区保卫对象的性质和灾害事故的特点，事先制定多套保障预案，在救援现场要主动了解、掌握作战的意图和方向，了解作战的发展变化和可能出现的情况，及时做好保障准备。

（2）迅速高效。它是指能够简化程序，减少中间环节，以简求快。调用的保障力量和物资能靠近灭火救援现场，以近求快。

（3）灵活机动。灭火救援保障要根据现场需求及情况变化及时进行调整，保持灵活机动。当作战力量相对集中时，保障力量以集中部署为主，现场出现新情况和新问题时要适时修订、完善保障方案，灭火救援指挥部应预备机动保障力量应对随时可能发生的变化。

（4）综合统筹。灭火救援保障要坚持统一组织、统一协调、统一管理，着眼全局，着眼全过程和整个战斗空间来实施保障，确保在堵截阵地、总攻阶段、压制火势时的保障，确保在救人阶段、疏散重要物品时的个人防护等物品的保障。

（5）讲求效益。它是指以尽可能少的人力、物力、财力，以最快的速度，适时、适量提供灭火救援保障。在满足作战需求、作战能力的同时，兼顾经济效益，克服灭火救援保障中的盲目性和被动性。

第三节　无人机任务与实施

无人机在建筑物火灾救援中的主要任务有侦察监测、航测勘察、环境侦检、喊话照明、物资运输、辅助灭火等。

一、侦察监测

（一）主要任务

建筑物火灾救援中，无人机的侦察监测任务主要是判断起火建筑、起火物资、燃烧程度、交通道路、现场环境等信息。无人机的侦察监测可以全方位地进行，可不间断监测燃烧范围，辅助评估蔓延趋势，搜索被困人员，监测邻近爆炸、毒害、忌水等重点部位信息，使灭火救援作战达到"救人第一、科学施救"的指导思想。

（二）组织实施

无人机控制中心人员可通过控制终端远程控制无人机机载摄像头的转向、调整飞行状态及路线，进一步摸清现场情况，无人机视频可实时回传，无人机还可搭载光电吊舱，配合实时图传全天候 24 h 地监控可疑火点火情，即使在夜晚也能依靠红外吊舱清晰地发现热源火情，及时回传画面至指挥中心或相关单位。

（三）注意事项

控制中心人员可实时观看现场监测信息、救援情况，要与地面消防救援队伍同步联动、优势互补，方便观察灾害救援现场情况。

二、航测勘察

（一）主要任务

建筑物火灾救援中，无人机的航测勘察任务主要是使用 3D 建模系统实现精准的三维建模，提高信息的准确性，发挥无人机的信息收集作用，建模监测火灾现场的实际情况，弥补传统二维平面技术上的缺失。无人机的精准航测勘察数据，可为车辆停放、高喷灭火、供水方式等灭火技战术提供决策依据，还可为后续起火原因调查、事故责任延伸调查提供精准的火场数据。

（二）组织实施

无人机进行航测勘察时，要重点收集起火物、起火范围、邻近遮挡物、气象等信息，把握勘察的重点，根据任务进行侦察载荷，可以多机协同 360° 全景拍摄，减少数据冗余采集，减少由于对现场目标角、光线不一致及图像漏拍等导致的 GIS 图像 3D 建模失败。

（三）注意事项

无人机在进行航测勘察时，要与地面站和管理中心等进行内外场协同作业，及时发现问题并进行图像再次采集，对火场重点部位的体积、面积、高度等重点信息要进行重点航测勘察，以圆满完成对灾害现场的航测勘察任务。

三、环境侦检

（一）主要任务

建筑物火灾救援中，无人机的环境侦检任务主要是侦检空气、水质、气象、温度等信息，提高灭火救援效率，防止因灭火救援行动而产生次生灾害等。

（二）组织实施

无人机可以搭载多种监测模块，可以全面监测灾情，包括现场温度、气体、图像、风向等信息，为消防人员的救援工作提供精准信息。无人机可通过红外热像仪、高清摄像、气体分析仪等完成信息采集工作，可以实现温度测量，分析火灾中有毒和有害的气体成分；还可做到远程可视化指挥，准确预测火势发展方向，为消防作战指挥中心传递数据信息，构建火势发展的模型，提高救援效率。无人机通过搭载水质检测仪并配置多种智能水质传感器，可对河流、湖泊、海洋及地下水等多种水质环境进行检测，防止因火灾扑救排放的废水污染水域。

（三）注意事项

水质检测、环境有毒气体检测、温度等检测应与灭火救援指挥部不间断联系，实时共享数据，防止因火灾扑救而排放的废水污染水域等事件的发生。

四、喊话照明

（一）主要任务

建筑物火灾救援中，无人机的喊话照明任务主要是喊话引导受困群众采取正确应急、逃生等方式，照亮现场，提高救援效率，减少人员伤亡。

（二）组织实施

无人机可以通过扬声器进行紧急广播，完成远距离定向广播，在消防救援人员到来之前，减少受困群众的恐慌感，组织其有秩序地疏散，防止发生踩踏事故。目前，无人机的应急广播功能声音传递的范围大概在 600 m 以内，若是配合稳定云台，则可以完成 0 ～ 180°的广播方向，通过语音交互设备，可以为消防人员提供准确的信息，了解火灾现场的真实情况，为受困人员提供正确引导，使其尽快逃离火灾现场等。

传统的应急照明方式大多都是使用升降杆式的探照灯进行照明，以施工工地、铁路应急救援、抢险救灾现场等场地使用较多，而且在使用过程中往往因为灯杆高度过低或亮度不够等情况，使得光源无法全部覆盖需要照明的区域。无人机上安装的探照灯有较高的清晰度，可为消防救援人员提供充足的亮度，确保顺利开展救援工作。无人机在照明的应用中，以系留无人机应急照明最为广泛。通过使用系留无人机进行应急照明作业，可有效解决照明范围覆盖不全以及照明光源亮度强度不够的问题，且系留无人机方便携带、机身轻巧，搭配便携式背包可单人背负展开。照明模块搭配有云台系统，可通过观察地面的光源面积实时调整光焰位置，以达到最有效的照明效果。而且系留无人机照明系统同样可以进行视频转播，并且可以进行喊话等集成性应用，大大拓展了其使用范围。

（三）注意事项

无人机在进行喊话照明时，要先了解建筑的疏散楼梯位置、数量、是否畅通等信息，引导信息必须真实准确。在进行照明时，若有发现受困群众，应及时将信息上报给灭火救援指挥部，以便及时部署消防救援力量内攻救人。

五、物资运输

（一）主要任务

建筑物火灾救援中，无人机的物资运输任务主要是利用无人机运输湿毛巾、防毒面罩、避火服等救生物资，以使受困人员达到基本的生存条件。

（二）组织实施

在灭火救援工作中，经常有人员被困在高层的窗户、阳台、屋顶等场所，受困人员处在高温、浓烟环境中随时有生命危险。无人机可发挥物资运输的作用，为被困人员运输湿毛巾、防毒面罩、避火服、救生软梯等物资，为被困人员提供基本的生存条件，使其可以支撑到消防救援人员到来。物资运输一般采用旋翼无人机，机组人员务必要熟悉无人机载重等性能，以保证物资安全、精准投送。

（三）注意事项

无人机开展物资运输应在飞行路径尽可能短的前提下选择最优路线，起飞时因为有一个负载骤然增大的过程，无人机功率会短时间增大，操控人员务必谨慎操作。物资运输时，应注意避开人群，每完成一次物资运输作业后，要认真检查无人机状态及电线线路等情况。

六、辅助灭火

建筑物火灾救援中，举高消防车常因道路过窄、违章停车、电杆遮挡等原因，导致举高消防车"到不了""停不了""展不开"，极大地阻碍了灭火救援行动。无人机的机动灵活、操作简便、成本较低等性能，填补了建筑物火灾救援中举高等消防车无法发挥作用的短板。目前，一些企业进行了无人机辅助灭火的探索，其主要任务主要有高层破窗、射灭火弹、铺设水带、泡沫灭火等。

（一）高层破窗

在利用无人机进行灭火时，首先要破拆建筑玻璃幕墙、玻璃窗户等，其主要由无人机、瞄准系统、破玻器等组成。无人机可在破拆玻璃幕墙、玻璃窗户后，再向室内发射灭火弹进行灭火，能有效防止火势蔓延，提高救援效率。无人机破窗不仅便于灭火，还便于排烟降毒，释放火场浓烟也有利于消防员内攻、救人。

（二）射灭火弹

无人机可携带灭火弹，起飞至起火建筑外窗，向室内喷射灭火弹进行灭火。该无人机系统由无人机、发射器、灭火弹等组成，可一次性搭载4枚灭火弹，发射器由专用支架固定悬挂于无人机腹部，由无人机操控人员控制瞄准与发射。灭火弹内可装干粉灭火剂、泡沫灭火剂等，喷射灭火弹的无人机可进行机群作业、连续喷射，从而达到灭火的目的。某些无人机的稳定性、灭火弹侵彻能力、灭火效果、弹安全性等均通过了质量监督检验部门的检测，能达到良好的灭火效果。无人机喷射灭火弹系统，具有安全监管大数据平台，包括灭火弹追溯管理系统、弹机识别码管理系统、灭火弹安全管控大数据平台等。

（三）铺设水带

无人机机腹可储存百米长水带，将水带接头一端发射至室内，再垂直下放机腹内另一端的水带与地面的消防车连接，达到垂直铺设水带的目的。该无人机配合地面消防救援队伍协助完成高空灭火救援，不但弥补了高空救援铺设水带困难的问题，而且节省了出水灭火时间，提高了灭火救援效率。

（四）泡沫灭火

大载重系留式无人机可挂载水带、电缆、光电吊舱等设备，起飞至高处出泡沫等进行灭火，可灭高层建筑火灾、大型油罐等火灾。该无人机采用高压电力驱动技术、大载重无人机总体设计、超大功率系留技术、抗扰动矢量飞行控制技术、机电一体化综合集成技术等核心关键技术，实现了消防装备的创新进步。该无人机还可以吊升泡沫枪、泡沫炮、泡沫钩管等扑救油罐火灾专用设备，在枪炮等下方接 2～3 盘水带，使消防车出的泡沫液通过水带、枪炮等从高处直击火点；该无人机系统从地面取水、取电，可保证持续喷射泡沫，提高灭火救援效率。

第四节 应用战例分析

"3·9"某高层建筑火灾灭火救援

2021 年 3 月 9 日上午 11 时 20 分许，位于 A 省 B 市 C 大街与 D 路交叉口东南角的一大厦外墙保温材料发生火灾。省委、省政府高度重视，市委、市政府有关领导亲临现场、一线指挥，消防救援指战员全面开展扑救，经过 2 h 施救，基本控制火势，16 时 50 分左右，大厦外墙明火全部扑灭。火灾过火面积 15455 m^2，无人员伤亡，直接财产损失3326.96 万元，起火部位位于大厦东南侧 5 楼外部平台西部，起火点为大厦东南侧 5 楼外部平台西南角，起火原因为未熄灭的烟蒂等引燃平台西南角的纸质包装物、树叶等可燃物，进而引燃大厦外墙保温材料和铝塑板造成火灾。灭火救援作战等相关情况如下。

一、基本情况

大厦于 2003 年开始建设，2010 年 10 月投入使用，地下 3 层、地上 28 层，高约111.6 m，总用地面积 4786 m^2，总建筑面积 56281.68 m^2，用途为商务办公。该大厦东邻民用宿舍，南邻办公楼，隔 100 m 左右为加油站，西邻大街，北邻公路。大厦建成后，裙楼 1～4 层底商及 22 层（含）以上产权单位为开发商，5～21 层销售给不同单位及个人。大厦内共有公司、机构 93 家，从业人员 1205 人。该写字楼有物业管理公司，工作人员36 人。

二、救援行动

（一）成立火灾扑救现场指挥部

火灾发生后，市委、市政府立即成立火灾扑救现场指挥部，由市委书记亲任指挥长，市长任常务副指挥长，相关市领导分别任副指挥长，指挥部下设火情处置组、事故调查组、交通安全保障组、舆情应对组、服务救助善后组、社会维稳组6个工作组，分别由市级领导担任组长，分口负责火灾扑救、起火原因调查、舆情应对及相关善后事宜。

（二）火灾扑救工作

11时20分许，市消防救援支队接到报警后，辖区消防救援站5 min赶到火灾现场，随后又调集25个消防救援站、71部消防车、386名指战员赶赴现场处置。消防救援力量到达现场后，立即占据消防控制室启动固定消防设施，在组织进攻的同时，指导物业部门迅速组织楼内人员疏散。为防止大火向相邻建筑和楼内蔓延，将火场划分为4个战斗区域，利用8辆高喷车和在相邻建筑顶部架设水枪出水灭火，从外部阻止火势蔓延，同时组织300名指战员、组成75个攻坚组，梯次轮换，内攻堵截火势，进入楼内逐层逐户搜救被困人员。参战指战员采取内外结合、上下合击、逐层消灭的战术，全力开展火灾扑救工作。13时30分，火势被有效控制。16时50分，外墙明火彻底扑灭，成功阻止了火势向大楼西侧和北侧蔓延，保护了毗邻建筑。

（三）无人机参与灭火救援行动

该起火灾事故发生后，无人机携带（红外测温、激光测距、广角、200倍变焦四合一镜头）红外测温枪、热成像仪、双光热感等装置，实时观察灾情发展态势，不间断监测火场温度、建筑结构变化，以便能够及时发出预警信息。火情侦查行动是贯穿于灭火救援行动整个过程，该起火灾扑救无人机从远处和近处全程5 h进行了不间断侦查，如图3-1、

图3-1 无人机在远处对整个火场进行监测

图 3 - 2 所示，为灭火救援决策提供了重要信息。

图 3 - 2　无人机近距离侦察情况

三、战例小结

上述案例中无人机参与高层建筑火灾救援行动，主要是侦查监测，为灭火救援指挥决策提供了全方位的信息。2021 年 1 月 27 日 9 时 53 分某高层建筑 13 楼发生火灾，无人机也发挥了高空火情侦查功能，近距离对高层建筑火灾进行不间断侦查，如图 3 - 3、图 3 - 4、图 3 - 5 所示，为消防指挥员的作战行动提供了准确的信息。

图 3 - 3　起火高层建筑外观

图3-4　无人机远距离侦察建筑火场情况

图3-5　无人机近距离侦察建筑火场情况

2021年5月14日，国务院抗震救灾指挥部办公室、应急管理部、四川省人民政府联合举行"应急使命·2021"抗震救灾演习。演习现场模拟一建筑发生火灾，无人机机群携带干粉向楼内喷射进行灭火，如图3-6所示。

演习现场模拟建筑内有大量群众等待疏散，利用无人机向楼内投送面罩、救生绳等应急救援物资，如图3-7所示。

图 3-6 无人机向楼内喷射干粉灭火

图 3-7 无人机向楼内投送物品

演习现场模拟建筑屋顶发生火灾,无人机携带干粉灭火弹,对屋顶的火势进行压制,垂直悬停于层顶火源的正上方,抛投灭火弹进行灭火,如图 3-8、图 3-9 所示。

2020 年 6 月 13 日 16 时,浙江省台州温岭市发生一起液化石油气运输槽罐车爆炸事故,造成 20 人死亡、175 人入院治疗,其中 24 人重伤。该起事故造成多幢建筑倒塌,在

图 3 – 8　无人机悬停在屋顶上方

图 3 – 9　无人机投放干粉灭火弹

救援现场无人机第一时间起飞，对现场进行三维建模，约 30 min 完成建模，如图 3 – 10、图 3 – 11 所示。无人机将建模结果快速分发至各参战单位，让增援力量在机动行进途中即可了解现场情况，从而在到达现场后即可快速投入战斗，提升消防救援指挥的效率。

　　建筑发生火灾等事故，其空间位置特殊，登高途径往往被烟火封锁，消防员难以第一时间内攻到达火场位置进行灭火、侦查，无人机可第一时间对建筑事故等情况进行侦查、向楼内喷射干粉、向楼内抛投救援物资、对屋顶的火势进行压制、对建筑事故现场进行三

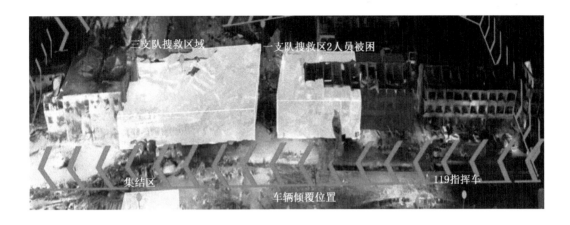

图 3 – 10　无人机对事故现场进行三维建模

图 3 – 11　无人机对事故现场进行三维建模

维建模等。无人机群外攻可以缩短战斗展开时间，具有机动灵活的特点，无人机空中投送器材是对高层救援手段的战术创新。以上实战案例火灾的灭火救援，无人机的近距离和远距离侦察火情、内外攻相互配合，圆满完成了各种救援任务。无人机救援技术应用得到了进一步检验，为后续无人机科学、高效地完成建筑火灾等救援奠定了基础。

📖　**习题**

1. 建筑火灾救援任务的特点是什么？

2. 建筑火灾基本救援环节的内容是什么?

3. 无人机在建筑火灾救援中的主要应用有哪些?

4. 无人机在建筑火灾救援中的注意事项有哪些?

5. 无人机在建筑火灾救援中的辅助灭火功能有哪些?

第四章　无人机在森林火灾救援中的应用

森林火灾一直是一个世界性难题，全球每年发生森林火灾 20 多万起，烧毁的森林面积约占全球总面积的 1‰以上。森林火灾发生地域通常其地形和环境较为复杂，道路交通、网络通信条件差，火灾处置救助较为困难。无人机具有体积小、造价低、使用方便、对环境要求低的特点，可凭借自身优势与森林火灾救援任务深度结合，完成灾情侦测、物资投送、通信中继、辅助灭火等任务，对于提高救援效率具有重要意义。

第一节　任务特点

一、森林火灾

森林火灾是指失去人为控制，在林地内自由蔓延和扩展，对森林、森林生态系统和人类带来一定危害和损失的林火行为。森林火灾突发性强、破坏性大，它既是一种与高温、干旱、大风等极端天气高度关联的自然灾害，又与我们人类的日常生产生活活动密切相关，具有极强的人为属性，被联合国粮农组织列为世界八大自然灾害之一。森林火灾不仅破坏森林资源，更严重威胁人民群众生命财产安全和军事设施、重要目标的安全。我国是森林火灾多发国家。1950—2019 年，我国累计发生森林火灾约 82 万起，年均发生森林火灾约 1.2 万起，受害森林面积约 3817 万 km²，因灾伤亡约 3.4 万人。1987 年大兴安岭"5·6"特大火灾成为我国森林防灭火工作的转折点，与之后 32 年（1988—2019 年）和之前 38 年（1950—1987 年）相比，年均森林火灾次数、受害森林面积和伤亡人数分别下降了 58%、92.8% 和 80.4%。

二、森林火灾种类

林火种类的划分，主要根据火烧部位、火的蔓延速度、树木受害程度来划分，一般可分为地表火、树冠火和地下火。草原火种类相对比较单一，基本都属于地表火。

（一）地表火

火沿林地表面蔓延，烧毁地被物，危害幼树、灌木、下木，烧伤树干基部和露出地面的树根，影响树木生长，且易引起森林病虫害的大量发生，造成大面积林木枯死。但轻微地表火，却能对林木起到某些有益的作用。地表火的烟为浅灰色，温度可达 400 ℃ 左右。在各类林火当中，地表火出现次数最多。地表火根据蔓延速度和危害性质不同，又分为两类：

（1）急进地表火。火蔓延速度快，通常每小时可达几百米或 1000 m 以上，这种火往往燃烧不均匀，常留下未烧的地块，有的乔、灌木没有被燃烧，危害也较轻。火烧迹地呈长椭圆形或顺风伸展呈三角形。

（2）稳进地表火。火蔓延速度缓慢，一般每小时几十米，火烧时间长、温度高、火强度大、燃烧彻底，能烧毁所有地被物，有时乔木底层的枝条也被烧毁。这类火对森林危害较重，严重影响林木生长。火烧迹地为椭圆形。

（二）树冠火

地表火遇到强风或针叶幼树群、枯立木、风倒木、低垂树枝时，火就会烧至树冠，并沿树冠蔓延和扩展。上部能烧毁针叶，烧焦树枝和树干，下部能烧毁地被物、幼树和下木。在火头前，经常有燃烧的枝丫、碎木和火星，从而加速了火的蔓延，扩大了森林损失。树冠火焰为暗灰色，温度可高达 900 ℃ 左右，烟雾高达几千米，这种火破坏性大且不易扑救。树冠火多发生于长期干旱的针叶幼林、中龄林或针叶异龄林中。根据蔓延情况树冠火又可分为以下两种类型。

1. 连续型树冠火

针叶树冠连续分布，火烧至树冠，并沿树冠继续扩展，按其速度不同又分为两类。

（1）急进树冠火：又称狂燃火。火焰在树冠上跳跃前进，顺风速度可达 8 ~ 25 km/h 甚至更快，形成向前伸展的火舌。这种火往往形成上、下两段火头，上部火头沿树冠发展快，地面的火头远远落在后边。急进树冠火能烧毁针叶、小枝，烧焦树皮和较大的枝条。

（2）稳进树冠火：又称遍燃火。火的蔓延速度较慢，顺风速度为 5 ~ 8 km/h。这类火燃烧彻底，温度高，火强度大，能将树叶和树枝完全烧尽，是危害最为严重的一种林火。火烧迹地呈椭圆形。

2. 间歇型树冠火

强烈地表火烧至树冠，引起树冠燃烧，当树冠不连续时，便下降为地表火，遇到树冠再上升为树冠火。这种火主要受强烈地表火的支持，并在林中起伏前进。

（三）地下火

在林地腐殖质层或泥炭层中燃烧的火称为地下火。地下火在地表面不见火焰、只有烟，这种火可一直烧到矿物层和地下水层的上部。地下火蔓延速度缓慢，每小时仅 4 ~ 5 m，一昼夜可烧几十米或更多，温度高、破坏力强、持续时间长，一般能烧几天、几个月或更长时间，不易扑救。地下火能烧掉腐殖质、泥炭和树根等。火灾发生后，树木枯黄而死，火烧迹地一般为环形。在泥炭层中燃烧的火称为泥炭火；在腐殖质层中燃烧的火称为腐殖质火。地下火多发生在特别干旱季节的针叶林内。地下火燃烧时间长，从秋季开始发生，隐藏地下，可以越冬，所以又称越冬火，直到翌年春季仍可继续燃烧。这种越冬火多发生在高纬度地区，我国大、小兴安岭北部均有分布。

（四）特殊火行为

1. 飞火

飞火，即高能量火形成强大的对流柱，上升气流将正在燃烧的可燃物带到高空，在风的作用下，落在火头前方形成新的火点。飞火越多，预示林火行为越猛烈。飞火的传播距离往往是几十米、几百米，甚至是几千米。当发现飞火时，应当尽快撤离，转移到安全地带。

2. 火旋风

火旋风是指在燃烧区内强烈的热量和涌动风流结合形成的高速旋转的火焰旋涡。火旋风直径从不足 1 m 到数百米，高度从 1 m 到 1000 多米，上升速度可达 80 km/h，水平移动速度可达 40 km/h。火场一旦发生火旋风，将加大火灾的热释放速率，火头和热流方向突变，甚至引起飞火、火爆，会给灭火人员生命安全带来严重威胁。

3. 火爆

火爆是指高强度林火通过辐射或对流向蔓延方向的未燃可燃物输送大量的热能，使其干燥和预热，并在火头前方形成大量飞火或火星雨，从而引发爆发式全面燃烧，或者火场一定区域内许多小火持续燃烧，能量积聚到一定程度，爆炸式联合形成一片火海的现象。火爆发生时，大片森林瞬间剧烈燃烧，火场面积迅速扩大，极易造成人员被大火围困。

4. 爆燃

爆燃是指火场某一空间内积聚有大量可燃气体时，当风将空气不断补入进行供氧，与其中的可燃气体混合后，突遇明火引起的爆炸式燃烧，通常会出现巨大火球、蘑菇云等现象。爆燃多发生在狭窄山谷、单口山谷等较为封闭式的特殊地形，具有突发性和偶然性，瞬间爆发、温度极高、威力极大，如灭火人员身陷其中则难以脱身，极易造成群死群伤。

（五）草原火

草原相对平坦开阔，植被主要呈水平连续分布，因此草原火的种类比较单一，但燃烧快、火势猛、烟雾大且通常呈黑色，受风影响较大，蔓延速度极快，且易形成多岔火头。

三、森林火灾救援的任务及其特点

1. 救援任务

森林火灾救援主要任务有：

（1）扑明火、打火头、攻险段。

（2）开设防火隔离带。

（3）清理、看守火场。

（4）保护重要目标安全。

（5）解救、转移、疏散受困人员。

（6）抢救、运送、转移重要物资。

2. 救援任务的特点

（1）任务紧急，反应迅速。森林火灾具有突发性，一旦形成规模且短时间内不能有效控制就会酿成大灾。因此，森林消防队伍受领任务后，往往迅速转入作战状态，以最短的时间、最快的速度投入火场展开扑救，才能实现"打早、打小、打了"的目标。

（2）火情多变，难以扑救。森林火灾随着火场地形、植被、气象条件的变化影响，会出现复杂多变的林火行为，导致火场形势瞬息万变，扑救难度极大。

（3）力量多元，协同困难。扑救森林火灾是一种由属地政府主导，专业力量与军、警、民等多种非专业力量参与的联合行动。因各自职责任务和灭火能力水平的不同，易出现指挥关系不清、配属关系不明，很难在短时间内形成整体合力。

（4）高危作业，易发伤亡。扑救森林火灾是世界上公认的四大高危作业之一，是人与自然灾害的斗争，时常会出现一些无法预料的危险情况，处置不当极易发生群死群伤。

第二节 基 本 救 援

一、森林灭火常用技术

森林灭火基本原理是森林燃烧必须具备可燃物、氧气和一定温度 3 个要素，其中任何一个要素缺失，森林燃烧就会停止，火灾就随之熄灭。因此，所有灭火技术手段都是以破坏森林燃烧三要素为目的来实施的。目前，国外通常采用的灭火技术主要有飞机喷洒灭火、机械化隔离灭火、消防车以水灭火和多手段点烧灭火 4 种。这些灭火技术在我国都有应用，除此之外，我国还有人工直接扑打技术。按照使用灭火装备、工具和介质划分，我国常用灭火技术主要分为 7 种：风力灭火、以水灭火、化学灭火、手工具灭火、以火攻火、隔离灭火和机械灭火。

（一）风力灭火

风力灭火是利用风力灭火机产生的高速气流将火和可燃物分离，并带走部分热量，从而使火熄灭的灭火技术。风力灭火作为森林消防队伍最基本、最常用的灭火手段之一，适用于我国大部分地区灭火作战，特别是扑救植被稀疏地段的中低强度地表火，效果明显。但它也存在扑救不彻底、人火近距离直接对抗、安全风险高等不足。

（二）以水灭火

以水灭火是将水直接作用于燃烧的可燃物，通过阻隔氧气、降低可燃物温度、破坏燃烧环境而使火熄灭的灭火技术。其优势是灭火彻底、应用范围广、安全系数高、经济绿色环保，通常包括水泵灭火、消防车灭火、水枪灭火、空中洒水灭火、人工降水灭火等方式。

（三）化学灭火

化学灭火是利用飞机、消防车辆、便携式机具等喷洒化学灭火剂或者通过发射、投掷灭火弹释放化学灭火剂等方式，使火熄灭或阻滞火蔓延扩展的灭火技术。它具有适用面广、效率高等优势。

（四）手工具灭火

手工具灭火是利用二号工具、锹、镐、耙等直接扑打或用土覆盖灭火的技术。它具有便于携行、操作简单、成本较低等特点，但其应用面窄、扑救效能低、安全风险高，人力物力投入大的弊端也比较明显。

（五）以火攻火

以火攻火是指在火线蔓延前方适当位置主动点烧，在人为控制下，使点烧的火线迎着火线烧去，并迅速扑灭点烧火线的外侧火，达到烧除可燃物、阻断火线蔓延的灭火技术。它主要用于控制、阻断无法直接扑打或威胁重要目标的火线，也是保护灭火人员安全的有效方法。其优势在于灭火效率高，人力物力投入少，但操作风险大、技术要求高、组织难度大，一旦运用不当，反而会助长火势，甚至威胁灭火人员的安全。

（六）隔离灭火

隔离灭火是指在火线蔓延前方，开设隔离带，阻隔控制火线蔓延的灭火技术。它主要用于控制高强度林火和地下火，保护重要目标、重点林区安全，应用较为广泛。

（七）机械灭火

机械灭火是指利用履带式森林消防车、推土机、防火型等机械装备碾压火线直接灭火的技术。它主要用于扑救地形平缓（坡度35°以下）的草原、草甸、林草结合部、幼林地、疏林地火线，具有机动灵活、突击性强、安全高效等特点。

二、森林灭火基本战法

（一）一点突破、两翼推进

林火燃烧蔓延呈线状推进，灭火队伍集中力量选择有利地形地段由一点突破火线，分两路沿火线扑打合围，直至歼灭林火，是一种直接灭火的常用战法。

（二）两翼对进、钳形夹击

火场形成带状或扇面状火线，火尾自然熄灭，灭火队伍选择两翼进入火线，沿火线钳形夹击，是实施直接灭火所采取的一种常用战法。

（三）多点突破、分段围歼

火场面积较大，但现地条件利于扑救，灭火队伍可择机多路出击、多点突破，将火线分割为若干地段，小群多路同步扑打推进，使整个火场快速形成合围之势，是一种直接灭火的主要战法。

（四）穿插迂回、递进超越

火势发展相对稳定，地势相对平缓，灭火队伍穿插或迂回至多个方向，交替递进超越扑打，是快速灭火的一种战法。

（五）利用依托、以火攻火

不宜直接扑打和控制的林火，灭火队伍可利用道路、河流、农田或人工开设的隔离带等为依托，向林火蔓延方向实施有控制的点烧，达到有效控制森林受害面积，最大限度地降低资源损失的目的，亦称"火攻战法"。

（六）预设隔离、阻歼林火

对不宜直接接近扑救的火线，可在林火燃烧发展的主要方向开设隔离带，当林火发展至预设隔离带时，灭火队伍抓住火势减弱的战机迅速扑打清理，是由间接向直接灭火转换的战法。

（七）地空配合、立体灭火

利用飞机采取空中喷洒化学灭火药剂或直升机吊桶洒水，有效降低林火强度和火线蔓延速度，地面灭火分队利用有利时机，集中力量扑打明火并清理余火。

（八）全线封控、重点扑救

沿火线全线部署灭火力量，灵活采取直接扑打、阻隔灭火、以火攻火等多种手段封控火场，同时组织精干力量对重点方向进行扑救，达到快速、干净、彻底地扑灭林火的目的。

三、森林火灾救援组织指挥的特点与原则

（一）指挥的特点

森林火灾救援组织指挥是一项复杂的系统工程，具有独特的内在规律和专业特点。

（1）参战力量多元，指挥关系复杂。我国森林火灾应急力量的多元化，决定了在火灾扑救中通常不止一种灭火力量，特别是扑救较大规模火灾时，往往是国家综合性消防救援队伍、地方专业森林消防队伍、应急航空救援队伍、军队、武警部队、社会应急力量、林区职工和群众等多种力量参战，各种力量间指挥体系、指挥样式、指挥要求有很大差异，灭火指挥协调难度很大。只有实施强有力的统一指挥调度，才能形成整体合力，否则会出现多头指挥难协同、各行其是打乱仗。

（2）火情瞬息万变，指挥决策复杂。森林火灾是在开放地域的动态发展蔓延过程，受火场地形、植被、气象等因素影响很大，火情态势不断变化，灭火战机稍纵即逝，诸多影响组织指挥的要素都处于动态之中。指挥员需要了解掌握和分析判断大量的情况信息，统筹全局、把握关键、审时度势、综合权衡，确保指挥决策的科学性和有效性。

（3）队伍行动分散，指挥调度复杂。扑救森林火灾是在野外条件下行动，通常火场距离较远、作战区域较大，灭火力量分段、分片作业，对指挥员现场掌控队伍的能力要求很高，特别是火灾规模较大、动用力量较多时，火场各个方向火情态势、作战样式、保障需求都不尽相同，需要随时梳理汇总、灵活调控、跟踪督导，确保灭火行动围绕总体作战意图忙而不乱、有条不紊。

（二）指挥原则

森林火灾救援指挥原则是对灭火作战组织指挥工作内在特点规律的科学把握，是各级

指挥机构和指挥员组织指挥灭火作战的基本准则。森林灭火组织指挥应重点把握 6 条原则：

（1）统一指挥，协同作战。

（2）重兵投入，快速行动。

（3）靠前指挥，全程控制。

（4）集中力量，保证重点。

（5）因情就势，活用战法。

（6）严密组织，确保安全。

第三节　无人机任务

森林火灾的扑救一般可以分为启动应急响应、组织力量投送、组织灭火准备、组织灭火行动、组织后续行动、组织撤离返营 6 个阶段，无人机在森林火灾中的应用主要体现在灭火准备阶段、实施阶段和后续看守阶段，其主要任务有灾情侦测、物资投送、通信中继、机群灭火。

一、灾情侦测

在森林灭火救援行动中，采用无人机开展灾情侦测，获取灾情信息，为科学安全高效开展灭火救援行动提供了重要的信息决策参考。

（一）侦测类别

在森林灭火救援行动中开展灾情侦测，按照实时性和侦测手段可分为实时监测与航测勘察。

1. 实时监测

实时监测指的是在森林灭火救援行动中采用无人机搭载可见光、红外、激光视频载荷对火场及周边区域进行全方位的监测，地面操控人员可以实时接收到监测画面，便于实时掌握灾情发展信息，为指挥决策提供直观、形象任务画面信息。

2. 航测勘察

航测勘察指的是采用无人机搭载正射、倾斜等摄影测量载荷对任务重点区域按规划线路扫描摄影，地面站根据采集的数据进行正射、三维影像重构，用于精准量测火场地理信息，比对不同时段的影像，可以研判火场发展态势。航测勘察所得影像图还可用于救援指挥人员依图布置兵力，确定灭火战术战法及任务协同等。

（二）侦测内容

无人机侦测由于其独特的视角、开阔的视野、灵活的机动性，侦测内容在森林灭火救援行动中可以克服地形、植被的影响，获得比地面人工侦测更加全面、更加丰富的灾情等相关信息。

1. 灾情信息

无人机侦测森林火灾灾情信息要全面、立体、直观。其主要包括火场的位置分布情况，火场典型位置坐标，火线形状、长度、面积，林火类型，火势大小，蔓延趋势，烟雾覆盖及弥漫情况，根据飞机姿态变化和侦测的烟雾变化、火头方向、地表植被动静判别风力风向变化情况。

2. 周边环境

火场周边环境是影响火灾扑救指挥决策和战术战法运用的重要因素，无人机对火场周边环境侦测要观察细致、要素齐全、范围合理。其主要包括火场范围和进出火场道路分布、尺寸、通行性等方面信息，火场及周边水源分布、类型、水量，电力通信线路类型与走向，地形地貌特征，植被类型、分布密度，断崖陡坡位置、范围等特殊地形分布情况。

3. 重要目标

重要目标是扑火行动决策中须重点考虑并进行优先保护的重点区域和设施，无人机侦测要细致观测重要目标的类型和分布情况。其主要包括火场区域及周边军事设施，油、气储存和灌装设施化工厂区，铁路线路，电力通信设施（铁塔、机房、变电站、风力发电机），居民社区，桥梁隧道，景区（酒店），古建筑，经济林区、生态保护区等分布位置及区域范围，与火场相对方位和距离。

4. 救援情况

利用无人机实时监测掌握森林火灾救援开展情况，可以为有效调度救援行动、保障救援行动安全提供有力支撑，因而要求无人机监测救援情况要视野全面、重点监控、地空协同、及时沟通。其主要包括监测队伍机动行进线路和位置，所在周边环境；队伍扑火开展位置、人员分布，火势情况，灭火效果，周边火势异常变化趋势，安全避险区域；水泵架设线路分布、供水情况；火场保障人员行进路线、保障工作开展状态。

（三）侦测方法

在森林火灾现场，地势复杂，交通不便，气候环境复杂，侦测难度较大，采用无人机开展侦测活动，须根据火场环境和侦测任务需要快速高效开展，第一时间获取灾情等重要信息。实时监测一般可采用远程侦观、抵近侦察和巡航侦测等方法，航测勘察可采用正射和倾斜摄影方法。

1. 远程侦观

远程侦观指的是在森林灭火救援中受地形、道路、交通条件等限制，无人机组无法靠近火场，可以就近、就便展开无人机装备，升空对火场区域及周边远程监测，侦测过程中可通过无人机爬升高度或调整载荷焦距放大视域，快速获取灾情相关信息。

2. 抵近侦察

抵近侦察指的是在无人机侦测过程中，为进一步判明侦测对象细节，靠近目标区域开展侦测行动，主要用于判别植被类型、地形地貌和救援情况等。抵近侦察常用于对局部重点区域的侦察，一般在视距内开展作业，对操控人员的飞行技术要求相对较高。

3. 巡航侦测

巡航侦测指的是在救援行动开展过程中，为快速高效掌握整个火场救援行动开展情况，根据需要在救援任务区域设计巡航航线，使无人机按照航线飞行、开展侦测任务的侦察方法。它可实现对火场的大范围、远距离、自动化、高效率侦察。

4. 正射摄影

无人机正射摄影一般是指挂载单镜头相机，使主光轴竖直向下对目标区域进行摄影测量的方法。数字正射影像图（Digital Orthophoto Map，DOM）是对航空（或航天）相片进行数字微分纠正和镶嵌，按一定图幅范围裁剪生成的数字正射影像集。它是同时具有地图几何精度和影像特征的图像，具有精度高、信息丰富、直观逼真、获取快捷等优点，可作为地图分析背景控制信息，也可从中提取设计森林灭火行动的地物、地貌信息，为指挥员系统、全局掌握了解火场提供可靠依据。

5. 倾斜摄影

倾斜摄影是相机主光轴在有一定的倾斜角时进行摄影的统称。倾斜摄影技术是国际测绘遥感领域新兴发展起来的一项高新技术，融合了传统的航空摄影、近景摄影测量、计算机视觉技术，颠覆了以往正射影像只能从垂直角度拍摄的局限，通过在同一飞行平台上搭载多台传感器（目前常用的是五镜头相机），同时从垂直、前视、左视、右视共 5 个不同角度采集影像，获取地面物体更为完整准确的信息。垂直地面角度拍摄获取的影像称为正片；倾斜朝向与地面呈一定夹角（一般为 15°~45°）拍摄，获取的影像称为斜片。倾斜摄影采集的多镜头数据，通过高效自动化的三维建模技术，可快速构建具有准确地理位置信息的高精度真三维空间场景，使指挥员能直观地掌握火场区域内的地形、地貌和建筑物细节特征，在原先仅有正片的基础上，提升数据匹配度，提升地物平面、高程精度，为森林火灾扑救提供现势、详尽、精确、真实的空间地理信息数据。

二、物资投送

在森林灭火救援行动中，往往需要大量的保障人员翻山越岭、运送食物、饮用水、灭火用水、油料等，费时费力，保障效率低下，利用无人机进行灭火救援物资投送时高效快速，是无人机在森林灭火救援应用中重要的一个方向。

（一）投送分类

在森林灭火救援现场，采用无人机进行物资投送可以实现火场快速补给，按照投送的物资类型、用途、场地、协同方式等综合因素，可以分为定点投送和伴随投送。

1. 定点投送

定点投送指的是在森林灭火行动中无人机分队和地面行动分队根据行动方案，事前规划好物资投送类型、路线、地点、时机，往往选择开阔地域接收无人机投送的物资，主要用于食品、油料等补给类物资的投送。

2. 伴随投送

伴随投送指的是无人机组为地面灭火分队在接近火场和开展灭火行动时，随行进和灭火作业区域变化投送分队所需油料、水剂、工具器材、电池等物资，往往路线、地点不能提前确定，环境比较复杂，空地协同比较困难，须出动续航时间较长、载重能力较大的无人机进行伴随投送。

（二）投送物资

利用无人机给救援队伍投送的物资类型多样，主要包括食品、油料、小型器具等重量较轻的物资。

1. 食品与药品

食品与药品主要是指灭火人员食用的补给物资，一般可以实现定时、定点投送。

2. 油料与水剂

油料与水剂主要包含灭火装备所需要的油料、灭火用水等，油料的运输务必要注意安全。

3. 工具与器材

工具与器材含装备配件、维修工具、小型器材等，一般为金属材质、密度较大，需要根据无人机的载重性能和续航时间合理制定投送方案。

（三）投送方法

利用无人机开展物资投送，需要根据投送的物资、地形地貌、植被情况选择合适的方法进行投送，确保物资快速、安全、完好地投送给前方队员。一般有直接抛投、伞降抛投、缓降投送、降高投送。

（1）直接抛投：通过抛投载荷直接抛投，一般是抛投不易损坏的物资，并适当包裹软层缓冲。在地形平整、开阔，可采用飞机降高的方式直接抛投。

（2）伞降抛投：通过降落伞降低物资落地瞬间速度，一般应满足无风的气象条件，在投送物资重量较大、地形复杂、植被茂密等条件下使用。

（3）缓降投送：通过缓降装置，将物资慢速降至地面，实现投送。应注意飞机下方取物资人员的安全。一般是运送重要物资或易于损坏的物资，确保万无一失。

（4）降高投送：将无人机与物资通过一根长绳连接，运送至目的地时，飞机下降高度将物资放置于地面。飞机挂载物资飞行时应当匀速，防止姿态失衡。地形条件应满足开阔、无遮挡，一般为道路、草地、防火隔离带等。

三、通信中继

森林灭火救援地形环境复杂，受植被影响，通信距离短、盲区多，通过无人机中继可以有效扩大通信覆盖范围，为指挥部与分队、分队与分队提供重要的通联手段。

（一）通信中继分类

按照中继设备能否根据任务变化提供动态信号覆盖范围，可分为固定中继和机动中继。

1. 固定中继

固定中继指的是利用系留无人机在任务区域制高点升空定位周边提供通信信号中继，保障任务分队和人员的信息通联。通常用于范围不大、地势平缓、盲区较少的任务区域中继。

2. 机动中继

机动中继指的是利用固定翼或多旋翼无人机搭载机载中继装置，在任务区域上空盘旋，持续动态调整中继信号覆盖范围，保障任务分队和人员的信息通联。通常应用于任务区域不断变化，地势复杂的任务中。

（二）通信中继信号

无论是固定中继还是机动中继，一般为任务分队提供集群数字通信信号、宽窄带通信信号中继，可以构建前方分队人员现场指挥部以及后方指挥中心的信息通联。

四、机群灭火

森林灭火救援行动危险性高，近年来发生多起灭火队员伤亡事故，令人悲痛。利用无人机集群灭火可以减少人与火直接对抗，特别是在火的初期，利用无人机可以早发现并快速出动打击，从而实现"打早、打小、打了"的目标。无人机集群灭火对悬崖、陡坡、飞火等特殊类火点可以快速高效处置，提高处置效率，减少人员伤亡的隐患。近年，包括消防救援学院在内的科研院所、装备厂家已逐步在探索利用无人机开展森林火灾灭火测试研究工作，并取得初步成效。

（一）机群灭火类型

无人机集群灭火主要是利用无人机编队多机协同作业，投送灭火介质，压制和清除明火。按照机群投送的灭火介质不同，可以将机群灭火分为粉基灭火、水基灭火、水粉结合灭火。

1. 粉基灭火

干粉灭火剂是用于灭火的干燥且易于流动的超细型粉末，由具有灭火效能的无机盐和少量的添加剂，经干燥、粉碎、混合而成的微细固体粉末组成。超细干粉灭火剂具有可抑制有焰燃烧、窒息表面燃烧、阻隔热辐射等特点。超细干粉灭火剂一般分为 BC 超细干粉灭火剂和 ABC 超细干粉两大类。其主要有如碳酸氢钠干粉、改性钠盐干粉、钾盐干粉、磷酸二氢铵干粉、磷酸氢二铵干粉、磷酸干粉和氨基干粉灭火剂等。通过实践验证，粉基灭火方式对于森林火灾等开放环境中的灭火作业效果有限。

2. 水基灭火

水基灭火主要是指以纯水灭火或在纯水中添加凝胶灭火剂进行灭火的方式。灭火凝胶是由固状粉末和水按照一定比例混合，瞬间形成黏度适中的胶体，所形成的胶体是高分子凝胶与水形成的螯合物。该种灭火凝胶耐高温、受热失水速度慢，同时凝胶的黏度随着时间推移而增大，能在有限的空间内向上堆积，具有良好的挂壁和覆盖性能，能够在浮煤上形成一层致密、含水量高的保护层，不但阻止氧气与煤的接触，而且又具有很好的冷却降温性能，起到显著的防灭火效果。

3. 水粉结合灭火

水粉结合灭火主要是指先用粉基灭火方式压制火势，而后采用水基灭火方式进行彻底清除余火的灭火方法。水粉结合灭火对无人机机群的协同配合要求较高，应当抓住有利时机协同灭火。

（二）机群灭火应用主要场景

无人机集群灭火相比有人机灭火目前还存在载重量较小、续航时间较短等劣势，但同时较有人机灭火具有可以悬停精准打击、多机轮番覆盖密集打击，同时靠近火场快速抵近打击等优势，对于悬崖火、陡坡火、复燃火以及险段火线火点有独特优势。

1. 悬崖火

悬崖火一般是指在悬崖、断崖等人员难以到达的危险地段发生的林火，具有人力接近困难、处置困难、危险系数高、易于扩散等特点。无人机处置悬崖火可有效实现打早、打小，安全系数较高。

2. 陡坡火

陡坡火主要是指在陡坡地段发生的森林火灾，地形坡度较大，人工处置困难，需通过无人机协助处置的方式进行扑救。陡坡火的处置对于灭火弹投放的位置与时机要求较高。

3. 复燃火

隐燃火又燃烧起来的火叫复燃火。一般燃烧的树干、倒木、枯立木、病腐木等表面熄灭，外部看不见火焰，甚至有时无烟，但可燃物的内部仍在隐燃，一旦遇到大风，又能继续燃烧，重新蔓延成灾。

第四节　组织与实施

森林火灾救援行动中无人机主要任务有灾情侦测、物资投送、通信中继、机群灭火等，为火灾扑救提供重要技术支持，要求组织严密，要融入整体救援行动中，服务救援、保障救援。森林火灾中无人机任务的组织与实施一般可分为受领任务、作业准备、作业开展、评估撤收。

一、受领任务

无人机分队参与森林火灾救援行动时，要根据现场指挥部统一部署，全面受领任务、细致分析任务、准确传达任务。

（一）受领任务

无人机分队指挥员在森林火灾扑救现场指挥部受领任务时，要和指挥部指挥员核实确认无人机任务时限、区域范围、任务内容、空域保障、协同方式、注意事项等，了解灾情相关情况、救援总体安排、救援开展情况、救援保障条件。

（1）受领灾情侦测任务时，要和现场指挥部指挥员重点核实确认灾情侦测信息类别和类型（如视频、照片、正射影像、三维模型等）、区域重点部位、信息传递联络方式等。

（2）受领物资投送任务时，要和现场指挥部指挥员重点核实确认投送物资类型、重量、投送位置、投送批次、投送时机、接收方联络方式等。

（3）受领通信中继任务时，要和现场指挥部指挥员重点核实确认中继保障对象位置、机动区域、联络装备状态、编组情况等。

（4）受领机群灭火任务时，要和现场指挥部指挥员重点核实确认任务时机、与地面灭火分队协同配合的方案，重点打击目标、范围等。

（二）分析任务

无人机分队在受领完任务后，要根据灾情侦测、物资投送、通信中继、机群灭火等具体任务，细致分析无人机任务目标、决心，现有无人机装备配备、人员编组、任务时机、任务环境、协同指挥等实现任务目标可行性，以及实施基本安排考虑。

（三）传达任务

无人机分队指挥员在受领、分析任务之后，要及时将无人机任务传达给机组骨干人员，重点传达森林火灾基本情况、无人机任务目标和决心、组织与实施基本考虑、任务展开和完成时限、注意事项等。

二、作业准备

无人机分队在执行森林火灾救援任务时，要充分做好作业准备，作业准备一般包括任务资料准备、任务现场勘察、装备和人员准备等。其中任务资料准备包括从现场指挥部、专业网站、数据库收集整理火情信息、任务区域及周边地理数据、历史和实时气象信息、救援力量部署决心图、救援进展态势图、空域限制信息。任务现场勘察主要是结合任务资料现地勘察地形地貌、交通条件、起降场地、飞行环境、气象状态、通信信号。装备和人员准备主要包括根据任务勘察和资料分析，结合具体任务选配合适的无人机机型及图形工作站、通信器材、运输车辆等配套保障装备，进行选用装备的检查清点、组装与调试；根据任务类型编配机组和保障人员，以满足任务开展需要。

（一）灾情侦测

灾情侦测任务作业准备要重点收集了解森林火灾火线、火点位置、火势等火情信息，火灾救援重点方向；根据任务选用合适的侦察载荷，昼间通视条件较好时可选用高倍率可见光载荷，夜间或火场烟雾较大时可选用热红外或双光载荷。开展实时监测时，要根据任务区域通信信号情况配套 4G 单兵图传（有公网信号）或卫通设备保障实时视频回传的链路通畅。

（二）物资投送

物资投送任务作业准备要重点了解投送物资挂载和保护条件，投送目标区域的起降和接收条件，起飞点和接收点场地是否空旷平整，周边是否有树木、线塔等障碍；实地勘察物资投送起点至目标区域距离、海拔、地形、植被、信号通视等条件；配套物资装载、吊卸器材，如不能直接降落投送时，要配套降落伞或其他缓降、缓冲保护装置。

（三）通信中继

通信中继任务作业准备要重点了解中继保障对象位置、机动区域、联络装备状态、编组情况，实地勘察任务区域通信盲区、植被情况、地形地貌、中继无人机起降场地及路线，根据现场通信器材选用合适中继设备。

（四）机群灭火

机群灭火任务作业准备要重点了解整体救援方案和火势态势、地面分队位置、重点扑救方向，实地勘察机群起降准备区域、道路交通情况、水源电力保障条件，做好油料、照明、供水供电等配套准备工作；选配好装弹（水剂）的灭火辅助人员。

三、作业开展

在森林火灾救援行动中开展灾情侦测、物资投送、通信中继、机群灭火任务，要按作业规范有序开展，确保行动有效、安全高效。

（一）灾情侦测

1. 任务规划

无人机开展森林火灾的灾情侦测，务必重视任务规划，是做好高效、有效完成灾情侦测的前提，任务规划要综合考虑装备性能、任务环境和任务特点3个要素。在开展实时监测时，需对火场任务区域的地形地貌进行认真分析，并规划无人机起飞位置、爬升路径、航线路径、航线高度、返航路径、降落位置等。其中，航线路径是整个任务规划的主体部分，应覆盖任务区域，确保实现侦测作业目的。火场航测是精准获取火场地形信息及相关数据的重要手段。在开展航测勘察航线规划时，一是要注意做好软件地图与现场地形对照，准确定位测区，地形对照可通过调整地面站屏幕，使软件地图指北针指向现场北方的方法对照，再通过分析现场河流、道路、山脉等要素与地图对应情况确定测区；二是要通过软件了解测区内最高点高程情况、最高点与最低点高差情况、基本地形情况与测区内地表高大建筑物情况，确定航线安全高度（一般旋翼无人机最低航高 50 m）；三是要根据地形情况，合理设置重叠度，一般生产自动化模型的倾斜摄影旁向重叠度、航向重叠度都要达到 66%，在高山峡谷地形中可采用不同航高补拍的方法，获取局部细节。森林火灾灾情侦测航线要尽量避开火势较大的火场上方，远离浓烟。

2. 作业实施

（1）任务流程。灾情侦测作业实施的一般流程包括飞行前准备、执行飞行任务、返航撤收。飞行前准备包括无人机组装、调试、起飞前检查；执行飞行任务包括按任务规划中的进近路线尽快到达侦测点，开展侦测作业；侦测任务完成后，按照现场指挥部统一要求及时返航撤出任务空域。

（2）组织实施。在森林火灾中开展实时监测，如飞机起降点与火场侦察区域通视条件较好、距离较近，应该在无人机升空后将镜头始终瞄准任务区域，同时快速往任务区域方向飞行。如飞机起降点与火场侦察区域距离较远、高差较大、通视条件较差，无人机应首先爬高，扩大视野范围。如侦察区域在山谷或间隔多重山头，在中间地段布置中继无人机，为侦察机提供信号中继，使之能够抵近侦察。开展航测勘察，如任务区域较大，应采用多机作业方式进行任务分割，并合理设置飞机信号失联自动返航时长，以保证航测任务快速、高效完成。

森林火场环境地形落差大、小气候变化多端，影响飞行姿态，加快耗电速度，在灾情侦测组织实施时，需始终高度关注无人机电池电压状态和飞机姿态参数，如遇异常情况及时中止任务返航。在海拔 2000 m 以上地区作业时，应更换高原桨。

3. 数据处理

实时监测时，将影像通过 4G 图传设备回传至指挥部，供指挥员决策参考，对火势突变、重要设施、扑救现场等重要信息侦测时要及时截图，标注好侦测方位、时间、侦测内容等要素。

航测勘察的数据处理主要是在无人机航测任务完成后，利用相应的专业软件（如无人机管家、Context Capture、Photo Scan 等）进行数字正射影像图、三维实景模型的制作，生成二维、三维数字产品，可直观、准确地展现火场地形、地貌、道路、河流、重要目标等，实现坐标点获取及距离、面积、体积等空间几何量测，以及火场态势标绘和时序推演，为火灾扑救提供精准的地理信息支撑和决策参考。数据处理可根据数据量大小，选择单机或集群处理方式。

（二）物资投送

1. 任务规划

物资投送的任务规划主要指对物资投送的整个作业流程进行规划设计，包含物资包装方式、挂载方式、起送地点、运输航线、投送地点、投送方式、空地联络方式等。任务机组与物资接收组要充分熟悉任务内容，确保投送任务安全、顺利、高效进行。

2. 作业实施

作业过程中，相关人员应按照任务规划内容密切配合、高效协同，同时应注意以下要点：

（1）物资投送一般采用旋翼无人机或无人机直升机开展作业，因此机组人员务必要熟悉飞机载重性能，所载物资不能超过无人机最大载重。

（2）无人机开展物资抛投作业的接近路线应在飞行路径尽可能短的前提下选择最优路线，作业地点与目标地点尽可能实现通视，以保证物资安全、精准投送。

（3）物资投送作业的关键阶段为飞机起飞阶段，起飞时因为有一个负载骤然增大的过程，无人机功率会短时间增大，操控人员务必谨慎操作。

（4）物资投送时，运输航线应注意避开人群，投送时要密切关注下方接收物资人员的安全，可提前远离投放区域，并随时保持沟通联络。

（5）无人机载重飞行时，由于负载较大，其续航性能往往会大幅下降，飞机自身线路容易出现温度过高现象，因此每完成一次投送作业后，要认真检查飞机状态及电线线路情况。

（三）通信中继

1. 任务规划

通信中继的任务规划主要是根据任务区域与通信覆盖需求，安排部署中继无人机位置（固定中继）或规划动态飞行航线（机动中继）。

2. 作业实施

固定中继一般通过系留无人机实现，作业实施相对简单。机动中继无人机一般为固定翼无人机，翼展相对较大，在作业实施时应尽量选择平整、开阔地带作为起降场地，并根据通信覆盖需求规划盘绕飞行航线，确保通信链路畅通。在任务区域盘绕飞行时应尽量避免从人员密集区域上方飞过，并注意无人机与地面站的通信情况，断联情况下应及时通过手动遥控等方式控制飞机飞行或返航。

（四）机群灭火

在森林火灾扑救过程中采用机群灭火应用是近年来应急管理部、消防学院和相关装备厂家、消防队伍持续进行测试研究的森林灭火特种作战项目。目前，装备器材不断升级，应用战法持续创新，已取得初步实战效果。

1. 装备器材

机群灭火装备器材包括无人机、灭火弹和运输、指挥保障车辆等。

1）无人机

机群灭火无人机对载重量和续航时间要求较长。目前在国内开展无人机机群灭火实战的无人机主要有无人直升机、双旋翼纵列式无人机和大载重电动六旋翼无人机等。

（1）FWH-1000 无人直升机。它采用常规单旋翼带尾桨布局，具有高可靠性、智能化、模块化等特点，可以搭载多种任务载荷进行昼夜飞行，可广泛应用于物资运输、应急消防、科学、军事等领域。FWH-1000 无人机直升机（图4-1）机身高度2.5 m、长度6.2 m、宽度（包含起落架）1.8 m，旋翼直径7.14 m，应用先进的自动飞行控制系统，可实现自主起降、自动航线飞行，具备夜间任务飞行能力。它的最大起飞重量550 kg（空机重量285 kg），最大载荷能力150 kg，可挂载2~3枚50 kg空投森林灭火弹，实用升限3000 m，最高飞行速度140 km/h，起降方式为自动起飞、自动着陆。

（2）YL660 纵列式双旋翼无人机（图4-2）。它的优势在于其旋翼纵列安置，旋翼折叠后空间占用小运输非常方便，任务载荷不受起落架干扰，带来的直接好处是其装载能力相较于传统的单旋翼直升机有明显的提升；由于没有单旋翼直升机的尾桨消耗功率，载重

图 4-1　FWH-1000 无人直升机

能力也更大，且在较低桨盘载荷下可得到最佳性能，纵向重心范围大、悬停效率更高，具备同载荷下桨盘直径更小的先天优势；抗侧风能力强，在大风环境下仍有较大的控制余度。它的桨叶轴距 2.9 m，旋翼直径 4.8 m，最大起飞重量 660 kg（空机重量 248 kg），最大载荷能力 402 kg（低海拔小于 200 m）、243 kg（高海拔 4223 m），可挂载 4~6 枚 50 kg 空投森林灭火弹，实用升限 5000 m，最高飞行速度 100 km/h，起降方式为自动起飞、自动着陆。

图 4-2　YL660 纵列式双旋翼无人机

2）灭火弹

（1）50 kg 级空投森林灭火弹。它是无人机载水基森林灭火系统的主要有效载荷。其原理是使用满足一定空气动力要求的壳体作为容器，装载水基灭火剂，以空投方式投放于森林火灾火点处进行灭火。该灭火装置内置控制电路、起爆装置等关键单机，通过与载机通信交互及自身时序控制，使灭火弹能够在预设高度或预设时间点起爆，破坏壳体，将灭火剂布撒在一定区域内，起到对该区域内 A 类森林火情的扑灭和阻燃作用。50 kg 级空投森林灭火装置示意图如图 4-3 所示。

50 kg 级空投森林灭火弹主要由灭火剂、外壳体、内胆、尾舱、气体发生装置和电缆等部分组成。外壳体是灭火剂的容器。内胆用于存放气体发生装置，将其与外壳体内的灭火剂隔开。气体发生装置接收控制模块发出的指令电流，作用后产生大量气体和高压，破坏内胆及外壳体，并将灭火剂抛撒至适当半径范围内。电缆负责连接控制模块与载机，同时将控制模块上关键开关、指示灯等部件引出至尾舱壳体外表面，方便使用和观察。尾舱内安装控制模块，控制模块是灭火装置实现与载机配合和精准投送的关键设备，主要功能有：①与载机进行交互；②精确控制作用时间。控制模块配合火控系统，能够实现灭火装置作用高度精确控制，能够实现多个协同立体灭火效果，能实现爆炸威力连续可调、模式多样可选、储运发一体快速保障等关键作战能力。50 kg级空投森林灭火弹组成如图4-4所示。

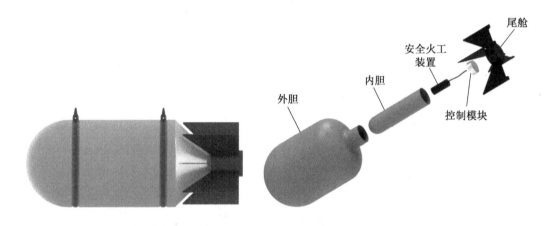

图4-3　50 kg级空投森林灭火装置示意图　　　图4-4　50 kg级空投森林灭火弹组成

（2）拉发式干粉灭火弹。它是通过拉环引发爆炸，重量约1 kg，灭火范围3~4 m²；拉火延时时间4~6 s。拉发式干粉灭火弹与无人机挂载如图4-5所示。包括拉线、壳体、

(a) 拉发式干粉灭火弹　　　　　　　(b) 无人机挂载干粉灭火弹

图4-5　拉发式干粉灭火弹与无人机挂载

拉发点火组件、干粉、中心爆管、塑料底座。其工作原理为：使用时，撕开灭火弹底部标签露出拉线，拉动拉线拉发点火组件摩擦起火后点燃延期索，延期索经过 4~6 s 延时燃烧后传火至中心爆管，中心爆管被点燃后立即爆炸，将整个灭火弹纸质壳体爆开，利用爆炸的冲击力将干粉灭火剂喷洒开，实现灭火。

图 4-6　高分子凝胶灭火剂

（3）高分子凝胶灭火水弹。它是使用水弹袋装入高分子凝胶灭火水溶剂制作而成，可以按照无人机载重能力灵活选择不同重量装载，具有取材方便、成本低廉的优点。高分子凝胶灭火剂为水性阻燃材料粉剂，与水混合比为 2%~3%，将阻燃粉剂与清水按比例预先混合形成灭火阻燃水溶剂，有耐高温、隔离时间长的优势。高分子凝胶灭火剂如图 4-6 所示。

2. 任务流程

机群灭火典型作战任务流程主要包括：接收任务指令、航前准备、起飞、任务飞行、返航撤收等阶段，其工作流程如图 4-7 所示。

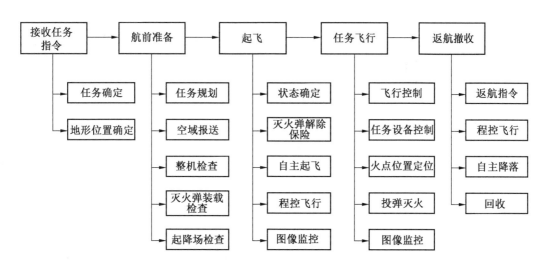

图 4-7　机群灭火任务工作流程图

3. 作业实施

1）接收任务指令

森林草原灭火现场指挥部根据火情调用无人机机群灭火，将开展机群灭火指令发给无人机分队，主要包括火情、任务区域、时间要求等。

163

2）准备工作

机组为机群灭火做好飞行前准备和场地检查等工作。飞行前准备包括无人机分队指挥员和地面站人员到达指挥方舱进行系统软件上电和自检，地勤人员完成无人机装备出仓展开、系统自检、发动机热车、挂灭火弹、火控自检等准备工作，地面站人员根据相关信息做好任务航线规划工作。

3）执行飞行任务

机群根据任务规划分配通信中继无人机和灭火无人机按序飞至任务区上方开展灭火作业。机群灭火作业示意图如图4-8所示。

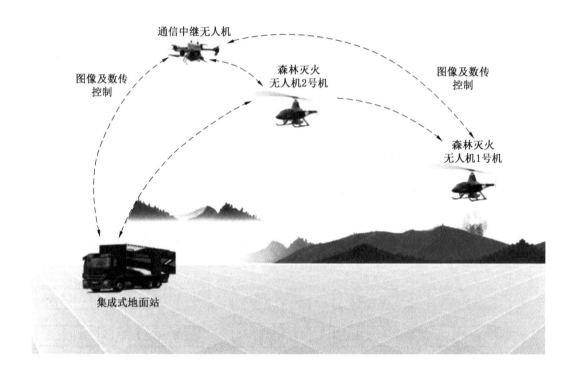

图4-8 机群灭火作业示意图

（1）中继无人机飞到任务区域与地面站之间均能互联的区域保障灭火无人机与地面站的联通。森林灭火无人机1号机携灭火弹根据预定航线自动起飞，爬升至指定高度后向目标位置匀速平飞，地面站及监控手实时监控无人机飞行过程中上下行飞行数据通信状态。在飞行过程中，地面站操作手实时监控无人机的相对飞行高度，实时根据光电吊舱回传影像调整飞行航线和飞行高度，保证灭火无人机在地面站数据测控范围内。

（2）森林灭火无人机2号机携灭火弹根据另一条预定航线自动起飞，爬升至指定高度后向目标位置匀速平飞，地面站及监控手实时监控无人直升机飞行过程中上下行飞行数据通信状态。2号机出发后，根据1号机反馈位置信息及时调整飞行航线，避免航线交叉冲突。

（3）1号机按照预定航线到达第一目标航点附近通过光电吊舱进行目标火点识别，画面同步回传无人机地面指挥舱，通过网络将飞行画面传输到后方应急指挥部。发现火点后，地面站人员通过侦察影像人工选取目标火点，并进行目标定位解算，指挥无人机开始盘旋下降高度，其过程中由地面站操作手设置飞行航线，逐渐靠近真实火点位置，并确保1号机回传数据实时有效。到达投弹范围高度内（50～500 m），选取最佳航线进行飞行中投弹控制。火力控制软件结合飞行速度、飞行高度以及瞄准器的角度解算，结合预装订灭火弹起爆高度，控制无人机投弹装置在飞行过程中投弹，灭火弹落点位置精度 CEP 不大于 1 m，爆破高度精度不大于 1 m。1号机作业后按既定线路返回装弹，2号机同此程序作业，机群多架无人机轮番作业，直至完成灭火任务。

4）返航撤收

通过与现场指挥部保持有效沟通，如目标火情在几波灭火弹的压制下已明显减小或者被地面队伍基本控制，无人机装弹后暂不起飞并原地待命。确认地面火情已完全扑灭后，经指挥部确认，通信中继无人机撤收后，灭火无人机进行航后检查、系统撤收。

4. 机群灭火原则与战法战术

1）机群灭火原则

无人机机群灭火不同于有人机作业，也不同于地面队伍人力灭火，它有高效、安全的优势，同时受当前无人机载重量限制，载弹量与航时相对有人机还不大，在开展机群灭火时要结合无人机装备特点扬长避短，需要把握精准、高效、快速的基本原则。

无人机灭火不是靠"量"取胜，而是对悬崖、陡坡、深谷等人员一时无法到达，且有人直升机不能靠近的烟点进行"点穴式"精准打击，实现"打早、打小、打了"消灭火情；精准，即无人机可以克服地形等影响低空飞行直抵火场上方悬停瞄准的优势，精准打击火点要害。高效，即要无人机灭火弹装填的不是普通的水，而是要掺高分子凝胶等高效比的灭火剂，它抗高温、不易挥发，且保持较长时间效果。通过大量的测试研究，高分子凝胶灭火剂灭火效果好，能很好地附着渗透灭火，即使没打到火点上，覆盖在周边林木上也能起到阻隔作用（附着阻燃有效时间可达 8～10 h）。快速，即要有机动运输装备的机动性快速到位，实现早发现早处置，并利用无人机集群快速轮番打击，减少投弹间隔，提高投弹密度。据此原则，针对不同类型林火需采用不同的无人机灭火战法和战术。

2）基本战法

机群灭火根据不同的火灾类型和装备、灭火弹种类的灵活运用，分为云爆扑灭战法、饱和覆盖战法、精准合击战法 3 个基本战法，主要分别用于处置树冠火、地下火和悬崖火。

（1）云爆扑灭战法。该战法是无人机在火场上方投放灭火弹，利用火控系统根据离地高度计算输入灭火弹起爆时间，可实现水基灭火弹在树冠火上方定时定高爆开，覆盖面较大，经测试 50 kg 灭火弹覆盖面积可达 100 m²，25 kg 灭火弹覆盖面积可达 50 m²，对于灭火树冠火效果较明显，同样可以很好适用于地表火扑灭。运用此战法时要精准测量无人机至火点的高度差，精准控制灭火弹延迟起爆时间，使灭火弹能够刚好在火头上方爆开，达到最好扩散效果。云爆扑灭战法如图4-9所示。

(a) 水基灭火弹

(b) 打击瞬间

图4-9　云爆扑灭战法

（2）饱和覆盖战法。该战法是利用投放水弹穿透树枝后爆开对地下火区域进行集中饱和式覆盖，使灭火剂从地表向下渗透浇灭地下火。为提高灭火效率，在有坡度的地形要坚持"打上不打下"，即灭火弹可从上坡向顺坡投放，使上坡向的灭火剂可顺坡渗透，以提高灭火效率。运用此战法，一是要对地形和植被全面侦察准确判断，尽量选择火点上坡向，选择枝叶比较稀疏、细小枝丫处投弹，以使水弹尽量较易穿透枝叶；二是选择比较厚实水弹袋体，使之不易破损，尽量把水弹投送到根部。饱和覆盖战法如图4-10所示。

(a) 无人机载弹飞行

(b) 空中瞄准

(c) 覆盖效果

图4-10　饱和覆盖战法

（3）精准合击战法。该战法是先用侦察无人机先期侦测悬崖火点的坐标、火行为特征、周边植被、地形、风力风向等要素，而后利用灭火无人机精准定位投放灭火弹持续打击悬崖火中心点；同时，侦察无人机需在上空持续观察，发现跑火时，需及时调整无人机对周边余火进行清理。运用此战法要注意对火点情况细致侦测，精准规划打击部位和顺序，确保灭火效果。精准合击战法的打击效果如图4-11所示。

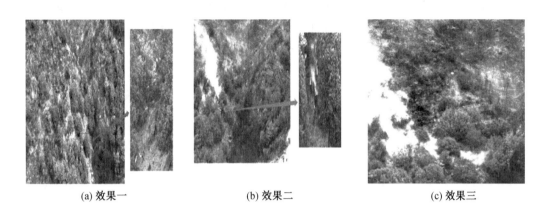

(a) 效果一　　　　　　　　(b) 效果二　　　　　　　　(c) 效果三

图4-11　精准合击战法的打击效果

3）基本战术

目前无人机在精准性等方面有优势，但相对载重较小，面对较大火情时需采取多机集群作业，提高灭火效率和实战效果。机群灭火战术可分为蜂群战术、车轮战术、组合战术。

（1）蜂群战术。该战术指将多架无人机组成密集队形，由1台地面站统一控制组成无人机集群灭火系统，根据火点位置及火场态势，集群机组挂载不同灭火模块（灭火弹、水囊等）迅速起飞并按照编队方式飞行，飞抵火点上方后对火线或火点同时抛投灭火弹及水囊进行火势压制和灭火，后期配合单兵作战无人机消灭零星火点。蜂群战术如图4-12所示。

(a) 蜂群无人机编队飞行　　　　　　　　(b) 蜂群无人机接近火点

图4-12　蜂群战术

（2）车轮战术。该战术指多机协同组合作业，采用车轮打击方式进行灭火。利用1架无人机侦察、指挥调度，按照1架投干粉灭火弹压制火势，其他无人机携高分子凝胶灭火剂水囊递次轮番作业，抛投至火点上方阻止火势蔓延并进行灭火，当无明火出现时利用喷水无人机进行火点及周边湿化，避免可燃物复燃，侦察无人机通过机载双光镜头实时对灭火效果进行评估，达到"三无"标准（无明火、无烟、无气味），则停止作业，侦察无人机返航，结束灭火任务。车轮战术如图4-13所示。

(a) 车轮打击   (b) 打击瞬间

图4-13 车轮战术

（3）组合战术。实战中，无人机灭火战术应用要因地制宜，灵活应用。当火情面积较大，地势比较平缓，则用蜂群战术，由多架无人机集群编队飞抵火场上方，同时密集投放灭火弹（剂）进行覆盖式打击，以达到灭火效果。当火点较小，且处在悬崖等复杂地形时则采用车轮战术，由多架灭火无人机组成编队在侦察机的引导下抵达火场上方，依次轮番投弹精准打击，直至消灭火情。当火情复杂多变，有扩散危险的情况下，则用组合战术，由蜂群编队和无人机梯队在侦察无人机的引导下在火场上方和周边集结，先由蜂群编队集中投放灭火弹覆盖打击，梯队则根据蜂群打击效果对余火和跑火点进行精准清除，形成上下、周边立体合击，达到最佳灭火效果。组合战术如图4-14所示。

(a) 机群飞行   (b) 抛投瞬间

图4-14 组合战术

第五节　应用战例分析

战例一　"10·31"北京昌平森林火灾救援

一、基本情况

2019 年 10 月 31 日上午，北京市昌平区阳坊镇阅兵村西部发生森林火灾，中国消防救援学院无人机分队在山火发生后第一时间调配 5 台无人机开展先期侦测与火场航测作业，第一时间将现场视频传输至北京市应急管理局指挥中心，为区政府、市应急局领导第一时间掌握火情，科学指挥决策，科学调度及灭火队伍安全扑救提供了有力支撑，得到市、局、区领导高度肯定。无人机航测采集影像数据 2356 张，并构建了二维正射影像图和实景三维模型。

二、救援行动

（一）先期侦察

火灾发生时，中国消防救援学院无人机侦测分队在西峰山基地进行无人机山地搜救战术演练。10 时 02 分左右，发现基地西南侧 6 km 外阳坊镇方向山背面升起高约 100 m 浓烟，随即向学院报告，并立即调派 X6 - 15 无人机直接从基地前飞 6.1 km，飞行高度350 m 进行侦测。从无人机监控画面可以清晰地看到山火在阅兵村西面山脚熊熊燃烧，目测火线长度达 100 余米，并逐渐向南侧山坡蔓延，同时北侧山顶有零星烟点。发现火情后，学院立即启动应急预案，无人机分队对火情持续监控并通过 4G 将画面实时传输至学院前指指挥员手机 APP 上。同时，第一时间将火灾现场实时画面传到北京市应急指挥中心大厅，市、局领导在指挥中心同步监控火情，为领导及时研判灾情，科学决策、调度提供了有力支撑。12 时 00 分无人机侦测分队第一梯队携 X6L 和 M16 无人机、高机动无人机应急侦测平台等装备到达火灾现场，并快速搭建指挥调度平台，对火灾现场进行全景监控侦查和重要火点抵近侦察，为在现场的区领导和灭火分队指挥员指挥调度和扑救行动安全警戒提供保障。无人机火情侦察画面及回传画面分别如图 4 - 15、图 4 - 16、图 4 - 17 所示。

（二）精准评估

13 时 00 分，无人机分队第二梯队携 X6 - 15、D200、4PRTK 无人机等装备到达现场展开火场区正射影像和三维航测勘察作业。13 时 10 分，北京市张家明副市长、应急管理局张树森局长等相关领导到达火场，全程通过学院无人机侦测平台传输的火场实时态势实施现场指挥调度。无人机航测获取影像数据 2356 张，并以此为基础构建了火场正射影像图和三维实景模型，为指挥员准确掌握火场地理信息和火场态势评估奠定了坚实基础。

图 4-15 无人机火情侦察画面 1

图 4-16 无人机火情侦察画面 2

图 4-17 无人机火情侦察回传画面

图 4 - 18 是无人机分队现场作业画面，图 4 - 19、图 4 - 20 是无人机航测成果。

图 4 - 18　无人机分队现场作业

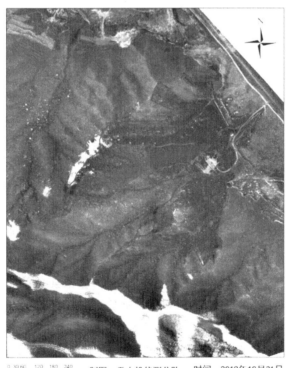

图 4 - 19　火场正射影像图

171

图 4 - 20　火场实景三维模型图（局部）

（三）撤离归建

14 时 50 分，明火全部扑灭；16 时 40 分，分队圆满完成各项任务，人员、装备安全归建。

三、战例小结

此次任务是无人机森林火灾应用的一个典型案例，无人机装备充分发挥了快速获取现场火情和采集火场地理信息等重要作用，为指挥员及时、全面掌握火场情况，科学指挥、高效决策提供了有力支持。通过无人机获取的影像、视频资料，以及正射影像图、三维实景模型等数据也为火灾扑救任务结束后进行案例分析、行动推演、火灾评估提供了有利条件，无人机在森林火灾中的应用还有广阔的前景。

战例二　无人机森林火灾应用实战测试

一、基本情况

2020 年 5 月 7 日与 9 日，四川省凉山州冕宁县与喜德县交界处、云南省安宁市青龙街道双湄村山神坝分别发生森林火灾。两处火场均地处高原，地形复杂，山势陡峭，气象条件复杂多变、风力较大，火灾扑救处置极为困难。以上述两处西南林区森林火灾发生为背景，按照应急管理部统一部署安排，中国消防学院无人机分队出动队员 32 人，携带无人机装备 6 台，分别于 5 月 10 日赴四川冕宁，5 月 13 日赴云南安宁开展了无人机集群灭火战法测试、超视距侦测与补给配送系统测试、森林火灾现场快速补给系统测试、无人机航测等 4 项测试内容，对无人机森林火灾救援应用进行了实战场景中的测试研究，为深化无人机的应用做了很好的探索和经验积累。

二、测试内容

（一）无人机集群灭火战法测试

1. 车轮战法测试

车轮战法测试采用 1 架侦察无人机进行侦察与指挥调度，利用 1 架投弹无人机（携带 12 枚 1 kg 灭火弹）和 3 架投水无人机（各携带 15 kg 高分子凝胶灭火剂）轮番作业对火场一处陡坡（坡度约 80°）烟点进行车轮打击。通过灭火弹炸开压制火势，然后采用灭火水剂彻底消灭火点烟点。无人机"1+4"车轮战法灭火测试如图 4-21 所示。

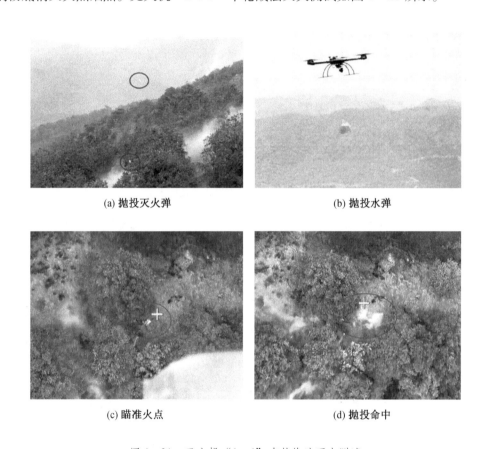

(a) 抛投灭火弹

(b) 抛投水弹

(c) 瞄准火点

(d) 抛投命中

图 4-21　无人机"1+4"车轮战法灭火测试

作业效率：整个作业时间累计为 56 min，共抛灭火弹 12 枚、投水弹 12 组（180 kg），单架次作业平均时间约 5 min，有效命中率 83.3%，清除烟点面积约 40 m²。

作业效果：灭火弹压制火头效果明显，12 颗灭火弹连续抛投能压制 4 m² 约 1 m 高火头，灭火弹爆炸后，中弹点未见明显火头。水弹弹着点覆盖面积约 2 m²（视坡度而定，坡度越陡，面积越大），弹着点中心火点彻底清除，未见复燃。水弹弹着点没有火点时，覆盖区域在遇周边复燃时能有效阻燃。

测试结果表明目前无人机"1+4"车轮战法对陡坡等复杂地形火点、烟点进行清除取得了初步成效,有一定研究价值;灭火弹压制火点可为水弹抛投作业提供有利战机,水弹抛投击中目标时可有效消灭火(烟)点,且可为火(烟)点周围加湿,起到阻燃效果;作业无人机克服现场风力大、火场乱流扰动等不利因素,较好地实现了预期效果,测试效果总评良好。作业无人机安全性能有待提高,下一步建议对无人机自身安全性、夜间作业能力、通信链路稳定性加强研究。

2. 蜂群战法测试

蜂群战法测试采用"1+4"编组,由侦察无人机进行火情侦察,引导集群编组前往目标区域,对目标烟点火点区域进行投水攻击,通过灭火水剂清除现场烟点火点。无人机蜂群战法灭火测试如图4-22所示。

(a) 投水弹前　　　　　　　　　　　　(b) 抛投水弹

(c) 第一次投弹后　　　　　　　　　　(d) 第二次投弹后

图4-22　无人机蜂群战法灭火测试

通过对悬崖明火及烟点进行"蜂群"覆盖打击,对消除悬崖火点、防止复燃效果明显,但受当前的装备、技术限制,还存在集群控制智能化程度不高、集群编队方式单一、集群精确打击能力不足、灭火弹剂装填慢、复杂环境中无人机数传图传通信中断、无人机长时间循环作业安全风险高等问题,需要加以研究解决,无人机轻便、灵活、安全,在森林火灾中的实战作用还有很大的挖掘空间。下一步对自主编队集群智能化协同能力、精准打击能力、数传图传通信等加强研究:

3. 组合战法测试

采用 4 台集群投水无人机（每台携带 10 kg 灭火水剂）、1 台投弹无人机进行组合战法灭火测试。先通过投弹无人机控制现场火势，再通过集群投掷水剂清除残余烟点火点。无人机组合战法灭火测试如图 4 - 23 所示。

(a) 投水弹之前烟点　　　　　　　　　　　　(b) 投水弹之后烟点

图 4 - 23　无人机组合战法灭火测试

作业效率：整个作业时间 15 min，共飞行 1 批次。

作业效果：有效命中率约 50%，消除烟点面积约 14 m²。

测试结果表明组合战法是集群作业战法的灵活拓展，可遵循扬长避短的原则加以组合应用，但组合战法中各作业单元的协同性还需进一步提高，下一步将加强物资挂载装置的研究。

（二）无人机超视距侦测与补给配送系统测试

1. 无人机超视距侦测系统测试

超视距抵近侦测是无人机操控员视距外操控无人机，通过中继无人机将前方火灾现场情况实时回传，供指挥所参考辅助指挥调度。通过测试检验无人机续航、作业能力和 MESH 自组网无人机的信号中继能力。无人机超视距侦测与补给配送系统测试如图 4 - 24 所示。

无人机超视距拉距与抵近侦察测试能够很好解决因山体阻挡造成信号中断问题，通过中继无人机建立数传图传信号通链，实现无人机视距外侦查火灾现场的功能，满足指挥员进行现场研判的需要。超视距拉距测试发现，任务机在山体后面的峡谷距地面高度 30 m 时，视频画面传输正常，无人机云台镜头控制自如，无人机图传延时较大时约为 300 ms。同时发现任务机在峡谷抵近侦察过程中，图传延时比较大，遇到强风或者气流不稳定时，无人机的晃动非常大，安全隐患较大，对操作手的技术有很高的要求，要保证任务机距离地面和周边障碍物至少 30 m 的高度进行飞行，并且对现场环境进行 360°的环绕侦查后判

图 4-24　无人机超视距侦测与补给配送系统测试示意图

断任务机距离周边障碍物的安全距离,之后才能保证抵近侦察的飞行安全。

　　超视距侦查对无人机的续航能力、稳定性、安全性及智能性要求高,下一步需提高图传发射机的功率较低延时,提高飞控算法的稳定性,增加其操作的安全性,提高无人机遇到峡谷气流不稳定时抗风能力,缩小飞机的飘逸范围,增加无人机全向避障感知、超声波测高等模块,增加无人机低空飞行侦查的安全性。

　　2. 超视距补给配送系统测试

　　超视距补给系统旨在解决林火发生时远距离、信号阻挡严重区域的物资补给问题。在测试过程中,检验无人机超视距飞行的稳定性、操控能力及物资投送效率。中继机飞行至200 m 的高度,任务机携带 10 kg 水越过山体,到达目标区域的山沟里,并降低至高度距地面 10 m 的高度将水袋投送至指定地点投放补给。要求中继机与任务机可通视、信号无阻挡,并记录每次中继机距离与高度及任务机的作业时间、投送高度与投送效率。图 4-25、图 4-26、图 4-27 是无人机超视距补给配送示例。

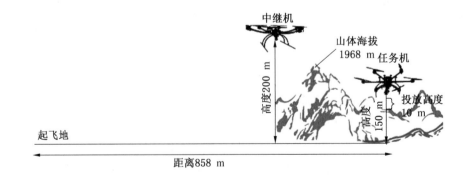

图 4-25　超视距补给作业示意图

(a) 无人机起飞

(b) 无人机载重飞行

图 4 - 26　无人机携带 10 kg 水桶

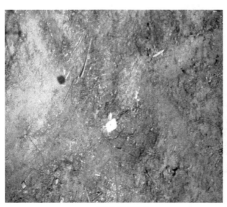

(a) 抵达目标区

(b) 取放物资

图 4 - 27　抵达目标地

通过 5 次测试，任务机平均 6 min 内能够到达目标区（858 m），并进行目标搜索，4 min 左右完成补给投放，4 min 左右返航，平均 13 min 完成一次投送补给任务，与人工补给相比可大大缩短时间，较好解决了林火发生时供水和物资的需求问题。

测试表明超视距补给对操作技术要求高，操控员操控能力不强、舵量太大或不够精细，往往造成目标区域偏离面中心，甚至丢失。采用尼龙绳挂载方式进行投送，虽然提高了投放效率，但飞行过程中水桶摆动幅度大会直接影响飞机稳定性，在 4 ~ 5 级风的情况下，水桶晃动达到 10 m 左右，直接影响飞行安全，因此需重新设计投放绳索的材质、长度及挂载方式，增加绳索的牢固性、安全性、便携性和快速卸载性，使其在很短的时间内完成挂载和拆卸提高效率。此外为保证人机安全，加强安全卸载和个人防护的安全知识培训，拆卸物资时要佩戴安全头盔，禁止地面人员在悬停的无人机下方进行卸载，任务机先下降高度直至水桶落地后进行抛投绳索，等任务机飞离投放区域后再取回物资。

（三）无人机航测作业

利用 D300 搭载正射载荷模块对测试区及周边 2.6 km² 区域进行航测作业。利用 D200 搭载倾斜载荷模块和红外载荷模块对测试区及周边 2.4 km² 区域进行航测。利用 V300 航测无人机搭载正射载荷模块对整个火场区域及周边 28.6 km² 区域进行航测。起飞场地为楚雄州禄丰县新立钛业有限公司内。

采用 D300 多旋翼无人机，搭载正射载荷，飞行高度 550 m，地面分辨率 7 cm，航向重叠度 80%，旁向重叠度 60%，飞行时间 30 min，共获取影像数量 198 张，作业面积 2.6 km²，快拼图制作用时 15 min，测试区域正射快拼影像图如图 4 - 28 所示。

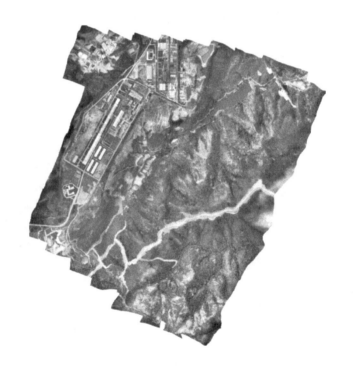

图 4 - 28　测试区域正射快拼影像图

采用 D200 多旋翼无人机，搭载五镜头倾斜相机，飞行 3 个架次，飞行高度 357 m，地面分辨率 7 cm，航向重叠度 80%，旁向重叠度 60%，飞行时间 1 h30 min，共获取影像数量 4557 张，作业面积 2.4 km²，数据处理采用 5 台电脑集群处理，用时 16 h56 min。测试区域三维模型如图 4 - 29 所示。

采用 D200 多旋翼无人机，搭载红外相机 D - TIRC100，飞行 2 个架次，飞行高度 280 m，地面分辨率 36 cm，航向重叠度 80%，旁向重叠度 60%，飞行时间 60 min，共获

图 4 – 29　测试区域三维模型

取影像数量 723 张，作业面积 2.4 km²，数据处理用时 30 min。测试区域红外快拼影像图如图 4 – 30 所示。

图 4 – 30　测试区域红外快拼影像图

采用 V300 垂起固定翼无人机，搭载 SONY RX1RII 相机，有效像素 4200 万，飞行 6 架次，飞行高度 460 m，平均地面分辨率 6 cm，航向重叠度 80%，旁向重叠度 60%，飞行时间 3 h，共获取影像数量 2746 张，作业面积 28.6 km²，快拼图用时 2 h30 min，三维模型用时 22 h。火场区域的正射快拼影像图和三维模型如图 4 – 31、图 4 – 32 所示。

图4-31 火场区域正射快拼影像图

图4-32 火场区域三维模型

无人机航测对于森林火灾火情态势研判、空间信息量测、扑火兵力部署以及灾后损失评估具有重要作用。结合后期分析，今后可以改进的地方有：本次航测主要在火灾后期进行，下步可在前期介入，以固定时间周期监测火场变化情况，并辅以三维模型分析地形地貌，规避危险复杂地形，科学进行兵力部署，提高安全系数；在测区面积较大时，应合理规划航线，根据无人机电台信号传送能力设置作业起降点，最大限度防止信号中断，造成无人机自动返航或发生安全问题，影响作业效率；海拔 2000 m 以上的高原地区航测应使用高原桨，以确保无人机安全性，提高作业效率。获取的数据可为下步火场分析、战法研究提供可靠的数据支撑。

三、战例小结

通过在四川冕宁和云南安宁森林火灾现场开展无人机集群灭火战法、无人机超视距侦测与补给系统、无人机影像实时共享预警系统、快速补给系统及火场航测勘察、应急通信保障等项目测试，达到了解实战环境、验证系统能力、明确攻关方向、锻炼队伍能力的目的，取得较丰硕的成果。

（1）加深了对实战环境的了解。通过深入火场一线，项目研究团队对西南片区火场植被、地形地貌、燃烧特性、火情发展、灭火装备、组织指挥、任务保障、应用需求等方面有了更全面、更直观的认识。

（2）验证了无人机灭火实战的可行性和实战价值。通过测试，无人机集群在清除人力难以完成的悬崖火、防止烟点复燃蔓延等方面，具有较大的应用潜力。作为大型灭火直升机的补充，在关键节点上"打七寸""扼咽喉"，可以发挥事半功倍的作用，节省大量人力物力财力。云南省应急管理厅相关领导和当地灭火队员在对无人机灭火行动观摩后，均对其可行性及实战价值给予了充分肯定。

（3）拓展了无人机应用的场景。森林火灾现场山势陡峻、环境复杂、风险高，火灾扑救指挥调度信息化要求高、灭火队员行动强度大、火场保障困难。针对上述痛点，开展的超视距侦测、补给、预警、航测等测试，表明无人机可以在灾情侦察、评估，态势共享，信息通联，水、食物快速投递等方面发挥独特高效的作用。

（4）明确了装备技术攻关改进的方向。将在实战环境测试下暴露出的无人机系统在应用方面存在的不足作为下步装备技术攻关改进的方向，主要在灭火无人机上要加挂红外感知、智能瞄准装备，开发集群自适应编队程序；提高无人机图传信号抗干扰能力；增加补给无人机全向避障和测高模块，提高其安全性；开发微型手持地面站定位系统、周边态势融合等功能，提高无人机伴随分队行动影像信息支撑能力。

（5）拓宽了无人机力量建设的思路。通过这次测试，看到在森林火灾现场，由于有人机在作业规定半径 20 km 内必须净空的要求，只要在日间有人机在作业，任务区域内无人机基本不能升空作业，这将大大制约无人机实战效能的发挥。通过与森林消防局昆明航空救援支队研讨，可以考虑将队伍无人机力量建设与有人机力量统一依托于南北航空站、森林消防局航空救援支队建设，该模式具有空域保障、航空器专业相通、空中救援手段多样、统一调度高效安全等优势。

📖 习题

1. 简述森林火灾的种类和救援任务特点。

2. 简述森林火灾常用灭火技术。

3. 无人机在森林火灾扑救中可以担负哪些任务？

4. 森林火灾中无人机任务的组织与实施一般可分为哪几个环节？

5. 无人机机群灭火的原则与战术战法有哪些？

第五章　无人机在危险化学品事故救援中的应用

危险化学品事故是指危险化学品造成人员伤亡、财产损失或环境污染的事故。常见的危险化学品有 9 类 10 万种，其事故危害大、易伤亡、处置难。无人机机动灵活、操作简便、成本较低，在危险化学品事故救援中发挥了独特作用，随着无人机性能的提升，其在危险化学品事故救援中发挥的作用越来越突显。

第一节　任务特点

常见的危险化学品主要有液化石油气、氯气、氨气、燃气、易燃可燃液体等，不同的危险化学品理化性质各异，同一种危险化学品在不同状态、不同温度，其危险性也各异。危险化学品发生事故时，其救援任务主要特点如下。

一、扩散迅速，危害范围大

液氨一般以喷射状泄漏，由液相变为气相，体积迅速扩大，形成大面积扩散区；液化石油气一般以喷射状泄漏，由液相变为气相，体积迅速扩大，形成大面积危险区。

二、突发性强，危害后果严重

煤气、天然气泄漏主要发生在城市燃气管道上，发生泄漏的原因主要有操作不当、设施老化造成储罐、管道、阀门等处泄漏，泄漏经常发生在城镇人员密集区，着火源较多，一旦发生燃烧爆炸会造成大量人员伤亡和财产损失。

三、易发生爆炸燃烧事故

易（可）燃液体泄漏后，其蒸气与空气形成爆炸性混合物，遇火源发生爆炸燃烧，同时可能造成大面积流淌火灾，直接威胁救援人员、车辆及其他装置、设备的安全，导致人员伤亡和财产损失，可燃的重质油发生火灾后易形成沸溢、喷溅，造成危害加重；煤气、天然气爆炸下限低，泄漏后与空气形成爆炸性混合物，遇火源、热源极易发生爆炸或燃烧；液化石油气爆炸下限极低，泄漏后极易与空气形成爆炸性混合物，遇火源发生爆炸或燃烧。

四、造成人员中毒伤亡

易（可）燃液体本身或其蒸气大都具有毒性，有的具有刺激性和腐蚀性，通过呼吸道、消化道和皮肤侵入人体，造成人员中毒；液氨可致皮肤灼伤、眼灼伤，吸入浓度高、量大的氨气能致人死亡，发生泄漏的部位、压力等因素各不相同，灾情复杂、危险性大，处置专业技术要求高；煤气中含有一氧化碳，泄漏后极易造成人员中毒或死亡。

五、污染环境，不易洗消

易（可）燃液体具有流动性，泄漏后能造成大面积地面、水体和物品污染，洗消处置困难；大量氯气泄漏，严重污染空气、地表及水体，并易滞留在下水道、沟渠、低洼地等处，不易扩散，全面、彻底洗消困难，如处理不当将在较长时间内危害生态环境。

六、燃烧猛烈，爆炸速度快

液化石油气燃烧火焰温度可达 1800 ℃以上，爆炸速度可达 2000～3000 m/s。

七、处置难度大，要求高

液化石油气发生泄漏的容器、部位、口径、压力等因素各不相同，灾情复杂、危险性大，处置专业技术要求高。

第二节 基 本 救 援

危险化学品事故基本救援主要有三个阶段：救援准备阶段，包括侦察检测、警戒疏散、安全防护；救援实施阶段，主要包括生命救助、技术支持、禁绝火源、转移危险物品、现场供水、稀释降毒、关阀堵漏、主动点燃、输转倒罐、化学中和、浸泡水解；救援结束阶段，主要包括洗消处理、现场清理等。

一、救援准备阶段

（一）侦察检测

（1）通过询问、侦察、检测、监测等方法，以及测定风力和风向，掌握泄漏区域液体、气体浓度和扩散方向。

（2）查明遇险人员数量、位置和营救路线。

（3）查明泄漏容器储量、泄漏部位、泄漏强度，以及安全阀、紧急切断阀、液位计、液相管、气相管、罐体等情况。

（4）查明泄漏区域内是否有能与泄漏液体、气体发生剧烈反应的危险化学品情况。

（5）查明储罐区储罐数量和总储存量、泄漏罐储存量和邻近罐储存量，以及管线、沟渠、下水道布局走向。

（6）了解事故单位已经采取的处置措施、内部消防设施配备及运行、先期疏散抢救人员等情况。

（7）查明拟定警戒区内的单位情况、人员数量、地形地物、交通道路等情况。

（8）掌握现场及周边的消防水源位置、储量和给水方式。

（9）分析评估泄漏扩散的范围、可能引发爆炸燃烧的危险因素及其后果、现场及周边污染等情况。

（二）警戒疏散

（1）疏散泄漏区域和扩散可能波及范围内的无关人员。

（2）根据侦察检测情况，确定警戒范围，并划分重危区、轻危区、安全区，设置警戒标志和出入口。严格控制进入警戒区特别是重危区的人员、车辆和物资，进行安全检查，做好记录。

（3）根据动态检测结果，适时调整警戒范围。

（三）安全防护

进入重危区的人员必须实施一级防护，并采取水枪掩护。现场作业人员的防护等级不得低于二级。

二、救援实施阶段

（一）生命救助

组成救生小组，携带救生器材进入重危区和轻危区。采取正确的救助方式，将遇险人员疏散、转移至安全区。对救出人员进行登记、标识，移交医疗急救部门进行救治。

（二）技术支持

组织事故单位和石油化工、气象、环保、卫生等部门的专家、技术人员判断事故状况，提供技术支持，制订抢险救援方案，并参加配合抢险救援行动。

（三）禁绝火源

诸如液化石油气等泄漏，要切断事故区域内的强弱电源，熄灭火源，停止高热设备，落实防静电措施。进入警戒区人员严禁携带、使用移动电话和非防爆通信、照明设备，严禁穿戴化纤类服装和带金属物件的鞋，严禁携带、使用非防爆工具。禁止机动车辆（包括无防爆装置的救援车辆）和非机动车辆随意进入警戒区。

（四）转移危险物品

对事故现场和可能扩散区域内能够与泄漏液体、气体发生化学反应的危险化学品和易燃可燃物体等，能转移的立即转移，难以转移的应采取有效保护措施，防止发生激烈反应或爆炸。

（五）现场供水

制订供水方案，选定水源，选用可靠高效的供水车辆和装备，采取合理的供水方式和方法，保证消防用水量。

（六）稀释降毒

（1）启用事故单位喷淋泵等固定、半固定消防设施。

（2）以泄漏点为中心，在储罐、容器的四周设置水幕或喷雾水枪喷射雾状水进行稀释降毒。

（3）采用雾状射流形成水幕墙，防止气体向重要目标或危险源扩散。

（4）稀释不宜使用直流水，以节约用水、增强稀释降毒效果。

（七）关阀堵漏

（1）生产装置或管道发生泄漏、阀门尚未损坏时，可协助技术人员或在技术人员指导下，使用喷雾水枪掩护，关闭阀门，制止泄漏。

（2）罐体、管道、阀门、法兰泄漏时，采取相应的堵漏方法实施堵漏。

（八）主动点燃

实施主动点燃，必须具备可靠的点燃条件。在经专家论证和工程技术人员参与配合下，严格安全防范措施，谨慎、果断实施。诸如液化石油气泄漏时，其点燃条件：一是在容器顶部受损泄漏，无法堵漏输转时；二是槽车在人员密集区泄漏，无法转移或堵漏时；三是遇有不点燃会带来严重后果，引火点燃使之形成稳定燃烧或泄漏量已经减小的情况下，可主动实施点燃措施。如现场气体扩散已达到一定范围，即在爆炸浓度极限范围，点燃很可能造成爆燃或爆炸，会产生巨大冲击波危及其他储罐、救援力量及周围群众安全，造成难以预料后果的，严禁采取点燃措施。

（九）输转倒罐

液态、气态危险化学品泄漏而不能有效堵漏时，应控制减少泄漏量，采取烃泵倒罐、惰性气体置换、压力差倒罐等方法将其导入其他容器或储罐。输转倒罐应在专业技术人员的指导下进行，对危险化学品理化性能了解透彻的情况下进行，不是所有的液态、气态危险化学品泄漏都可以进行倒罐，不能盲目进行。

（十）化学中和

酸性气体储罐、容器壁发生小量泄漏时，可在消防车水罐中加入碳酸氢钠、氢氧化钙等碱性物质向罐体、容器喷射，以减轻危害；也可将泄漏的酸性气体等导入碳酸氢钠等碱性溶液中，加入等容量的次氯酸钠进行中和，形成无危害或微毒废水。

（十一）浸泡水解

运输途中体积较小的液氯等钢瓶发生损坏或废旧钢瓶发生泄漏，又无法制止外泄时，可将钢瓶浸入氢氧化钙等碱性溶液中进行中和，也可将钢瓶浸入水中稀释降毒，做好后续处理工作。要严防流入河流、下水道、地下室或密闭空间，防止造成污染。

三、救援结束阶段

（一）洗消处理

（1）在危险区和安全区交界处设置洗消站。

（2）轻度、中度、重度中毒人员在送医院治疗前必须进行洗消，现场参与抢险人员和救援器材装备在救援行动结束后要全部进行洗消。

（二）洗消方法

（1）化学消毒法：用碳酸氢钠、氢氧化钙、氨水等碱性溶液喷洒在染毒区域或受污染物体表面，进行化学中和，形成无毒或低毒物质。

（2）物理消毒法：用吸附垫、活性炭等具有吸附能力的物质，吸附回收后转移处理。

（3）简易排毒法：对染毒空气可喷射雾状水进行稀释降毒或用水驱动排烟机吹散降毒，也可对污染区实施暂时封闭，依靠日晒、雨淋、通风等自然条件使有毒物质消失。

（4）洗消和处置用水排放必须经过环保部门检测，防止造成二次污染。

（三）现场清理

（1）用喷雾水、蒸气或惰性气体清扫现场内氯气等事故罐、管道、低洼地、下水道、沟渠等处，确保不留残液（气）。

（2）清点人员、收集、整理器材装备。

（3）撤除警戒，做好移交，安全撤离。

第三节　无人机任务与实施

无人机在危险化学品事故救援中的任务有通信中继、物资运输、喊话照明等辅助救援任务，其主要任务有侦察监测、航测勘察、环境侦检等。

一、侦察监测

（一）主要任务

无人机在危险化学品事故救援中的侦察监测任务是侦察事故现场范围、重点部位、蔓延趋势，监测事故现场的空气、水质、气象、温度等信息，为现场指挥部提供决策的依据，提高救援效率。

（二）组织实施

危险化学品发生泄漏、起火事故时，通常伴随易燃、易爆、有毒、有害、腐蚀性气体扩散等危险因素，可使用无人机进行事故侦察监测任务。利用无人机不忌环境危险，可机动灵活开展侦检，能有效提升侦检效率，无人机能有效规避人员伤亡，可避免人员进入有毒、易燃易爆的危险环境中，同时又能全面、细致熟知事故现场情况，通过无人机挂载的侦检模块对现场进行检测，如通过有毒气体探测仪和可燃气体探测仪，对易燃易爆、化学事故灾害现场的相关气体浓度和扩展范围进行远程检测，从而准确掌握现场事故数据。

（三）注意事项

无人机可快速感知灾害现场的实时情况，并将视频画面实时传到系统平台，辅助决策人员进行指挥，危险化学品事故现场情况往往瞬息万变，指挥人员要全过程、全要素、全方位综合分析、判断事故发展趋势，及时做出力量调整等指挥决策。

二、航测勘察

（一）主要任务

无人机在危险化学品事故救援中的航测勘察任务是航测事故现场范围、重点部位、人员位置等信息，勘察事故重点部位的危险化学品数量、位置、破坏程度等信息，为危险化学品事故处置提供决策依据。

（二）组织实施

无人机航测勘察是利用倾斜摄影技术进行作业，倾斜摄影技术是遥感与测绘领域近年来发展起来的一项新技术，它突破了传统航测单相机只能从垂直角度拍摄获取正射影像的局限，通过在同一飞行平台上搭载多台影像传感器，同时从垂直和倾斜等5个不同角度采集带有空间信息的真实影像，以获取更加全面的地物纹理细节，呈现了符合人眼视觉的真实直观世界。倾斜摄影三维数据可如实地反映地物的外观、位置、高度等属性，增强三维数据带来的高沉浸感，弥补了传统人工建模仿真度低的缺陷。在危险化学品事故救援现场，消防人员可利用无人机进行航测勘察，进行现场三维建模，为现场指挥部对于事故爆炸的威力、危险化学品泄漏范围等做定量评估，并对事故中周边区域的受灾面积和房屋倒塌情况进行确认和划分，同时便于消防救援队伍迅速对灾害区域附近的河流与暗渠进行拦截，防止发生水质污染等次生灾害。

（三）注意事项

无人机在进行航测勘察时，应注意危险化学品的理化性质，防止无人机受到爆炸、腐蚀、毒害物品的破坏，同时要做好洗消工作，防止造成次生灾害。

三、环境侦检

（一）主要任务

无人机在危险化学品事故救援中的环境侦检任务是侦察检测环境受污染情况，及时采取应对措施，将事故影响降至最低程度。

（二）组织实施

危险化学品事故救援现场，无人机可利用红外热成像仪等进行环境温度侦检，搭载的高性能模拟图像传输系统可以实时传输红外热像的影像并可实时测绘出现场的温度信息，利用热感成像模块判明现场高温中心位置、事故扩散蔓延趋势等，并进行精确定位，帮助消防救援人员及时判明事故发展态势。

无人机搭载测风仪时，可以测定风向、风速等气象数据，搭载多种不同类型的气体传感器对危险化学品事故现场中的有毒、有害气体进行实时监测，气体传感器利用红外和电化学原理检测危险区域内气体的含量，测量精度可达到 0.1~10 ppm，可支持多种易燃易爆、有毒有害气体同时检测。无人机搭载的气体传感器可根据现场需求随时更换，将采集到的数据同步传输至后台指挥中心，分析是否有产生二次爆炸的危险，避免再次爆炸导致人员伤亡，为救援人员提供预警预测，并对进入事故现场的救援人员个人防护装备等级提供相应指导。无人机可携带水质检测仪，对事故现场的水质进行提取、分析，防止因事故救援稀释降毒等排放的废水污染环境。气体探测仪、水质检测仪等具备组分数据记录功能，采集到的实时数据可填入灾害事故现场数据库，提取爆炸或起火等关键节点的数据，辅助建立应急救援案例库，为后续处置同类型的灾害事故提供数据支撑。

（三）注意事项

危险化学品事故救援现场，利用无人机进行环境侦检时，要先了解气象、水域、危险化学品理化性质等信息，选择正确的位置、合适的探测仪器进行环境数据侦检。侦检的数据结果要及时与救援指挥部反馈，以采取相应的救援对策，做到科学施救。

第四节　应用战例分析

"3·21"天嘉宜化工有限公司爆炸事故救援

一、基本情况

2019 年 3 月 21 日 14 时 48 分许，位于江苏省盐城市响水县生态化工园区的天嘉宜化工有限公司发生特别重大爆炸事故，造成 78 人死亡、76 人重伤，640 人住院治疗，直接经济损失 19.86 亿元。此次事故是一起长期在仓库里违法贮存危险废物导致自燃而引发爆炸的生产安全责任事故。此次爆炸危害巨大，国家地震台为此发布 2.2 级和 3.0 级的地震公报各一次，并波及周边 16 家企业，后经全力处置，爆炸事故得到妥善处理。

二、救援行动

总队将到场的 28 架无人机纳入统一调度、集中管控，实现了集约应用、有序飞行，保障了作战现场随时按需不间断提供无人机图像，全程辅助指挥决策、现场勘验、人员搜救、火灾调查、宣传报道等工作。

总队应用无人机热成像功能，辅助发现火点、确定爆炸中心，无人机热成像如图 5-1 所示。

总队每日制作现场全景图并上报部指挥中心，每天 6 时、12 时、20 时三次固定飞行侦查记录核心区状况，4 次在第一时间发现了冒烟的情况。无人机侦查核心区域，如图 5-2 所示。

总队执行航拍任务 100 余架次，协助各级领导 60 余次通过实时无人机图像进行指挥

图 5-1　无人机热成像图

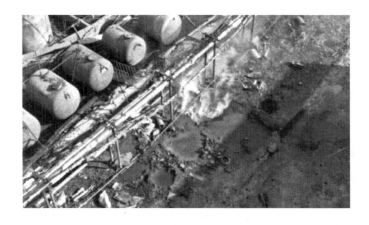

图 5-2　无人机侦查核心区域

调度。

　　此次响水爆炸事故救援中，为避免爆炸事故周边化工厂区产生二次起火或爆炸，现场救援人员利用无人机搭载红外吊舱对爆炸区域的周边化工厂区进行实时监测，以确保周边化工厂区夜间按要求停工，保障现场救援人员的安全。

　　在此次响水爆炸事故救援中，当火势已被初步控制时，救援人员利用无人机进行了现场二维成像、三维建模，为现场指挥部对于爆炸的范围与威力做评估提供依据，并对本次事故中周边区域的受灾面积和房屋倒塌情况进行确认和划分，及时测出了爆炸大坑的直径、抽水线路的长度、罐体高度，计算出了核心区域的面积，利用无人机悬挂铅坠沉入水中，估测了爆炸大坑的深度，三维建模的量化数据也便于消防救援队伍迅速对化工厂区附近的河流与暗渠进行拦截，防止发生水质污染等次生灾害。核心区影像、模型如图5-3所示。

图5-3　核心区影像、模型

在响水爆炸事故救援中，无人机搭载气体探测仪对爆炸区域附近空气进行多次监测分析。此次爆炸的主要化学品是苯，因此主要对爆炸厂区下风方向附近3 km范围内的空气进行苯含量的检测。在手动规划航线飞行过程中，根据气体探测仪的参数进行最大化设置，防止飞机距离过远而导致气体数据丢失，并对指标较高的数据段在地图上进行标注，为现场警戒范围提供依据。

此次响水爆炸事故发生后，现场指挥部迅速以事故厂区为中心第一时间封断了疑似污染区域的河流，并用无人机搭载水质检测仪飞临河流中间进行悬停取水，对附近最大的入海河流进行了分区域、不定时的水质检测，此次利用无人机进行水质检测克服了事故现场道路行进不便、强酸暗渠遍布、存在二次爆炸风险和有毒气体等不利因素，无人机能快速赶到事故所在流域，对水质环境变化情况进行动态检测，并将实时数据纳入指挥中心信息平台，方便随时进行查阅和历史资料对比。

三、战例小结

在此次爆炸事故救援中，江苏省消防救援总队使用28架无人机进行航拍，并携带光电吊舱、气体检测、水质监测及红外检测等吊舱载荷进行大规模、长时间的侦察及监护，极大地提升了爆炸事故救援效率，为救援现场指挥决策提供了重要依据。

📖 习题

1. 危险化学品事故救援任务的特点有哪些？

2. 危险化学品事故救援准备阶段的主要内容是什么？

3. 危险化学品事故救援实施阶段的主要内容是什么？

4. 无人机在危险化学品事故救援中的主要应用有哪些？

5. 无人机在危险化学品事故救援中的注意事项有哪些？

第六章　无人机在洪涝灾害
救援中的应用

洪涝灾害往往具有发生区域面积大、断网断电、交通不便等特点，是夏季常见的主要灾害之一。在洪涝灾害中，通过无人机可以实现灾情的快速侦测、被困人员的快速搜索、轻小型救援物资器材的快速投送等，通过大型长航时无人机还可以实现大范围的应急通信保障，对于灾区信息互通具有重要意义。随着无人机抗风、抗雨能力的增强与整体性能的提升，无人机在洪涝灾害救援中也发挥着越来越重要的作用。

第一节　任务特点

洪涝灾害包括洪水灾害和雨涝灾害两类。其中，由于强降雨、冰雪融化、冰凌、堤坝溃决、风暴潮等原因引起江河湖泊及沿海水量增加、水位上涨而泛滥以及山洪暴发所造成的灾害称为洪水灾害；因大雨、暴雨或长期降雨量过于集中而产生大量的积水和径流，排水不及时，致使土地、房屋等渍水、受淹而造成的灾害称为雨涝灾害。由于洪水灾害和雨涝灾害往往同时或连续发生在同一地区，有时难以准确界定，往往统称为洪涝灾害。洪涝灾害具体包括流域性洪水、山洪灾害、城市内涝、凌汛、融雪性洪水、堰塞湖等。

一、流域性洪水

流域性洪水由连续多场大范围暴雨形成。流域上游和中下游地区均发生洪水，上游和中下游洪水、干流和支流洪水相互遭遇，形成流域中下游干流洪量大、洪峰高、洪水历时长的大洪水。流域性洪水的量化体系由反映支流洪水的普遍性、上游来水的丰沛性、上下游和干支流洪水的遭遇程度三方面组成。

流域性洪水表现为流域内多数支流普遍发生洪水；干支流、上下游洪水发生遭遇；中下游干流洪水水位高、历时长、影响面广、破坏性大、致灾重。特大洪水发生的机会毕竟比较少，对它形成的机理、变化规律的认识也很有限，从近500年历史大洪水调查研究发现，重大灾害性洪水在时间序列上的变化和空间分布有一定的规律性，主要表现在以下几个方面：

（1）重复性。所谓重复性，是指同一地区有可能重复出现雨洪特征相类似的特大洪水。凡近代主要江河发生的特大洪水，历史上都可以找到相类似的实例。由于形成大暴雨的天气系统、地形条件比较稳定，这种重复性的特点各地皆然，具有一定规律性。

（2）连续性。通常所说的 50 年一遇或百年一遇的洪水是从总体平均情况来讲的，在实际资料中，大洪水的出现在时间序列上的分布是很不均匀的。据资料统计，在洪水的高频期内，可以连续出现大洪水或特大洪水，这种情况各大江河相当普遍。大洪水连续性的特点，值得引起重视，特别是大洪水过后的年份，防汛任务不能松懈。

（3）周期性。中华人民共和国成立之前的百余年中，是我国历史上水灾最频繁的一个时期。据资料统计，洪水高频期和低频期呈阶段性地交替出现。连续大水年和连续小水年呈现出有规律的周期性波动，这种周期性变化同大尺度气候波动有关。

二、山洪灾害

山洪是指山区溪沟中发生的暴涨洪水。山洪具有突发性，其水量集中流速大、冲刷破坏力强，水流中挟带泥沙甚至石块等，常造成局部性洪灾，一般分为暴雨山洪、融雪山洪、冰川山洪等。山洪灾害突发性强、破坏力大、预报预警难，且多发生在偏远山区，交通不便，通信不畅，是我国防汛工作的难点和薄弱环节，也是我国洪涝灾害致人死亡的主要灾种。据历史资料及统计数据分析，1950—2000 年，全国洪河灾害死亡人数为 26.3 万人。其中，山丘区死亡人数约为 18 万人，占洪涝灾害总死亡人数的 68.4%；20 世纪 90年代每年因山洪灾害死亡 1900~3700 人。2000 年以后，每年山洪灾害造成的死亡人数有所减少。2011 年以来年均值下降至 400 余人，但占洪涝灾害死亡人数的比例仍高达 2/3以上。

山洪灾害的特点主要有：一是季节性强，频率高。山洪灾害主要集中在汛期，尤其主汛期更是山洪灾害的多发期。二是区域性明显，易发性强。山洪主要发生于山区、丘陵区及岗地，特别是位于暴雨中心的上述地区，暴雨时极易形成具有冲击力的地表径流，导致山洪暴发，形成山洪灾害。三是来势迅猛，成灾快。山丘区因山高坡陡、溪河密集，降雨迅速转化为径流，且汇流快、流速大，降雨后几小时即成灾受损，防不胜防。四是破坏性强，危害严重。山洪灾害发生时往往伴生滑坡、崩塌、泥石流等地质灾害，并造成河流改道、公路中断、耕地冲淹、房屋倒塌、人畜伤亡等，因此危害性、破坏性很大。

三、城市内涝

城市内涝是指由于强降水或连续性降水超过城市排水能力致使城市内产生积水灾害的现象。

城市内涝造成的危害包括以下方面：一是造成城市道路交通系统运转失灵，甚至瘫痪，不仅不利于出行，而且引发的交通事故也明显增加；二是带来严重的公共卫生问题甚至疾病，导致水体污染；三是使城市内排水压力增加，影响下游城市；四是可能引起社会秩序短时间的混乱恐慌，威胁到人民生命和财产安全，影响社会安定。

四、凌汛

凌汛，俗称冰排，是冰凌对水流产生阻力而引起的江河水位明显上涨的水文现象。冰凌有时可以聚集成冰塞或冰坝，造成水位大幅度地抬高，最终漫滩或决堤，称为凌洪。在冬季的封河期和春季的开河期都有可能发生凌汛。中国北方的大河，如黄河、黑龙江、松花江，容易发生凌汛。

凌汛的危害主要有以下三点：一是冰塞形成的洪水危害。通常发生在封冻期，且多发生在急坡变缓和水库的回水末端，持续时间较长，逐步抬高水位，对工程设施及人类有较大的危害。二是冰坝引起的洪水危害。通常发生在解冻期，常发生在流向由南向北的纬度差较大的河段，形成速度快。冰坝形成后，冰坝上游水位骤涨，堤防溃决，洪水泛滥成灾。三是冰压力引起的危害。冰压力是冰直接作用于建筑物上的力，包括由于流冰的冲击而产生的动压力、由于大面积冰层受风和水剪力的作用而传递到建筑物上的静压力及整个冰盖层膨胀产生的静压力。

五、融雪性洪水

融雪性洪水是由冰融水和积雪融水形成。其主要分布在我国东北和西北部高纬度山区，冬季积雪到翌年春夏气温升高，积雪融化，形成融雪性洪水。如果气温急剧升高，大面积积雪迅速融化会形成较大融雪性洪水。融雪性洪水一般发生在四五月份，洪水历时长，涨落缓慢。融雪性洪水一般在春、夏两季发生在高纬地区和高山地区，分为平原型和山区型两种。我国永久性积雪区（现代冰川）面积超过了 $5800 \ km^2$，主要分布在西藏和新疆境内（占全国冰川面积的 90% 以上），其余分布在青海省和甘肃省等地区。

影响融雪性洪水大小和过程的主要因素：积雪的面积、雪深、雪密度、持水能力和雪面冻深，融雪的热量（其中一大半为太阳辐射热），积雪场的地形、地貌、方位、气候和土地使用情况。这些因素彼此之间有交叉影响。

融雪性洪水和普通洪水不同，危险性高、波及范围广、来势凶猛，洪水中会夹杂大量的冰凌和融冰，所到之处带来的破坏性极大。融雪性洪水除危害农作物外，还破坏房屋、建筑、水利工程设施、交通设施、电力设施等，并造成不同程度的人员伤亡。

六、堰塞湖

堰塞湖主要是由于火山熔岩流、地震、暴雨等自然灾害引起山体滑坡堵塞河流，储水形成湖泊。一旦湖水漫溢，堰塞体溃决，容易造成洪灾，危害很大。

堰塞湖险情等级划分与危险性分级主要依据堰塞湖规模、堵塞体高度和物质组成综合判别，划分为极高危险、高危险、中危险、低危险 4 个等级，具体划分指标按《堰塞湖风险等级划分标准》执行，大致如下：大型堰塞湖或高度大于 70 m 的塞体且组成以土质为主，为极高危险堰塞体；中型堰塞湖或高度介于 30～70 m 之间的堰塞体且组成是土含大石块，为高危险堪塞体；小型堰塞湖或高度介于 15～30 m 之间的堰塞体且组成是大石块含土时，为中危险堪塞体；小型堰塞湖或高度低于 15 m 的堰塞体且组成以大石块为主时，为低危险堰塞体。

第二节　基　本　救　援

洪涝灾害的基本救援按照灾害发生区域和灾害具体类型的不同可以分为城市洪涝救援、堰塞湖抢险救援和水域救援三类。

一、城市内涝救援

城市内涝救援应当坚持"工程引流排水为先、工程机械排水结合、多种设备抽排协同"的战术原则，预先评估排水量，科学确定排水顺序，合理调配排水力量，发挥各种排水措施的效能，尽快排除积水。

（一）合理排序、确保重点

按照城镇村庄房屋，铁路、公路、机场等交通要道，水、电、气、通信等基础设施，学校、医院等重点场所，农田、企业的先后顺序，根据积水量、所需排水设备数量、预计排水时间、是否可采取工程排水措施等情况，合理确定各积水点的排水顺序，确保重点，兼顾一般。

（二）小片优先、大片攻坚

针对初期涝点多、水量大的情况，先期到场的机械排水力量在确保重点的前提下，优先对小片水域进行抽排，增援到场、力量充足时，或采取工程排水降低水位后再对大片水域进行攻坚抽排，以达到集小胜于大胜的目的。

（三）开渠引流，打通堵点

救灾初期，对大面积连片区域尽可能采取工程机械开渠引流、清理河道、打通堵点的工程排水措施，以加快排水进度，同时为水位降低后必须采用机械排水时缩短排水距离。

（四）排蓄结合，大小接力

救灾中后期随着涝点数量减少，水位降低，工程排水失效，远程供水系统作业面不能满足取水要求，可开挖蓄水池、引流渠、采取小泵核心区抽水、大泵接力输转、大小机械协同抽排的方法。

（五）长短搭配，流量匹配

应根据排水距离合理选择相应水带长度的远程供水系统，以及相应扬程的潜水泵等装备，最大限度地发挥装备效能，接力供应或将水排入开挖明渠中时流量应基本匹配。

（六）选准排向，避免交叉

密切掌握各积水点水源和排水方向，确保将积水直接排入河道，避免形成循环排水，造成各排水点相互交叉无效排水。

（七）防疫消毒

按照确定区域、明确主体、预先评估、适当协助的原则，通知卫生防疫和畜牧部门对作业区域和村庄、工厂企业等进行安全评估、转移动物尸体、防疫消毒，必要时可安排消防救援力量协助消毒除养殖场外的区域场所。

（八）清淤除碍

按照居民住宅主动承担、公共区域积极承担的原则，采取机械挖、人工铲、清水冲的方法，在做好防疫消毒的前提下，主动安排消防救援力量逐家逐户帮助群众清淤打扫、搬运家具物资，当指挥部接到政府请求且力量充足时，可安排消防救援力量协助清理城镇、村庄道路和有关单位院落。

二、堰塞湖抢险救援

堰塞湖抢险施工一般采用开挖泄流渠（槽）泄洪的方法进行，并对开挖完成后过水易引坡面塌陷堵塞渠槽的坡面进行防护。根据堰塞体特征、作业面情况、水文气象等客观条件，开挖方式有人工开挖、机械开挖、爆破开槽或人工、机械与爆破开槽相结合。若条件允许，应尽可能多地使用机械开挖。抢险总体流程：了解险情、堰塞体稳定性和土石成分—确定排险时间表—确定泄流渠（槽）线路—估算开挖工程量—配置机械设备、人员进场—测量放线—开挖、清流—渠（槽）身防护—掘口引水泄流—泄流（冲砂）效果检查—继续施工或完工撤离。抢险具体流程如下：

（1）收集资料掌握险情。接到抢险任务后，立即与上级指挥部门联系，或通过当地气象、交通、通信等部门收集任务区的地质、降雨量、交通、通信等资料。尤其是近期降雨和道路通行、通信畅通情况，尽可能地到现场察看。

（2）分析堰塞体稳定性和土石成分。参考收集到的水文、地质资料，结合现场堰塞体实际堆积情况，推断出堰塞体土石比例。通过分析堰塞体的整体稳定性，相对保守地计算出堰塞湖溃决的临界水位。

（3）确定排险时间表。通过在湖边设置简易水位尺，进行详细的水位涨落记录，结合当地近期降雨情况、堰塞湖区域集雨汇流情况，推算该堰塞湖上涨至溃决临界水位需要的时间。该段时间原则上即为能够进行排险施工的最长时限。必须科学安排抢险施工各工序时间节点。

（4）确定泄流渠（槽）路线。选择泄流渠（槽）路线时，在确保泄流时堰塞体及边坡稳定情况下，应优先考虑施工难度不大、开挖工程量小的路线。为避免施工时可能引起两侧山体新的塌滑，一般靠近堰塞体中部布置泄流渠（槽）。

（5）确定泄流渠（槽）参数。泄流渠（槽）开挖路线选定后，根据泄流量，并结合现场实际情况确定开挖断面和纵坡比等参数。

（6）估算开挖工程量。根据已确定需要开挖的泄流渠（槽）开挖断面和路线长度，计算出开挖工程量，并按推断的土石比例计算出土方和石方工程量，作为组织机械设备和物资等进场的依据。

（7）配置机械设备。设备物资保障部门按照抢险方案制定的资源配置表作准备，检查机械设备性能状况是否良好，清点物资是否缺漏。

（8）测量作业。它主要有以下4个方面：①设置水位尺。选择堰塞湖边安全稳定位置设置简易水位尺，每小时进行一次水位记录，计算每小时水位平均上涨情况并及时上报，其将作为重要的施工决断参数。②开挖开口线放样。根据山体滑落面土石情况，土质边坡一般为1∶0.75～1∶1.20，石质边坡一般为1∶0.1～1∶0.3。技术人员现场确定泄流路线时，测量作业人员用彩旗在中线做好标志，各开口线点布置根据开挖深度和坡比进行，直接用皮尺或钢卷尺丈量距离定位。③开挖深度控制。选择比较稳固和通视较好的位置作为测量基点，以自由测站模式进行工作。根据现场技术负责人提供的泄流渠（槽）入口开挖深度和渠道纵坡，计算出泄流渠（槽）中线上各点开挖深度，进行放样、交底和测量校核。④测量基点的校核。选择两处以上的固定点，每天进行一次测量基点校核，避免因基点发生整体性位移导致测量错误，影响施工决断。

（9）开挖、清砼。根据现场作业面条件，选择机械、爆破、人工或组合方式组织实施。

（10）掘口引流。泄流渠（槽）开挖完成、渠体（槽口）经砌体或堆石防护后，应先掘开小口进行通水试泄流，如果渠（槽）体坡面基本稳定，即可用挖掘机掘开预留的挡水埂，能够由中间向两侧同时开挖的，宜安排至少2台挖掘机同时开挖，为泄流争取时间。因安全情况不能满足对向同时开挖的，应按预先布置从一侧开始施工。挖掘机掘口泄流时，应注意观察泄流水流情况变化，保持适当的过流量以保证泄流处于受控状态。

（11）泄流效果检查。泄流开始后，应沿泄流渠（槽）观察过流情况：①查看泄流渠（槽）本身安全稳定情况，出现坍塌堵塞时予以清理；②查看水流是否能够冲走石渣，以便调整堰塞湖泄流流量；③查看泄流渠（槽）出水口冲刷情况，出现过度淘蚀情况及时处理，避免发生危险。

三、水域救援

水域救援是洪涝灾害救援的一个重要方面，水域救援的基本程序包括侦察检测、警戒疏散、安全防护、人员搜救及险情排除、现场管理等。

（一）侦察检测

侦察检测主要包含以下程序：

（1）查明事故的种类、发生时间、危害程度、波及范围和可能造成的后果。

（2）查明遇险和被困人员的位置、数量、危险程度以及救援途径、方法。

（3）查明水域深度、温度，水面宽度，水流方向、流速，水质浑浊程度，河床形态以及航行船舶等情况。

（4）查明事故现场及其周边的道路、气象以及岸边地形、地貌、建（构）筑物等情况。

（5）评估危害趋势及可能发生的问题，现场救援所需力量、装备器材以及其他资源。

（6）船舶搁浅翻沉、交通工具坠水救援时，查明事故船舶和坠水交通工具类型、使用性质、结构，所载物品性质、数量，是否发生泄漏、燃烧、爆炸以及离岸距离等情况。

（7）孤岛救援时，查明孤岛上安全绳固定和舟艇停靠条件。

（二）警戒疏散

警戒疏散主要包含以下程序：

（1）依据侦察检测结果，科学、合理地划定警戒区域，设置警戒标志。

（2）协调相关联动单位管制事故水域交通，停止事故水域内无关航行和作业，清除警戒区域内无关人员，禁止无关车辆、现场群众和无可靠安全防护措施的施救人员、装备进入警戒区内。

（3）必要时采取禁火、停电等安全措施。

（4）对事故水域现场、上游和下游进行实时监测。

（三）安全防护

安全防护主要包含以下程序：

（1）水域救援人员应使用水域救援头盔、水域救援服、水域救援手套、水域救援靴、消防专用救生衣、割绳刀、高音哨等专用装具防护，夜间作业应使用（佩戴式）防水照明灯、防水方位灯。

（2）实施入水救援时，应使用水面漂浮救生绳对入水救援人员进行保护，水面漂浮救生绳应与消防专用救生衣快卸部件连接，严禁固定在入水救援人员身体或防护装备其他部位。

（3）实施潜水救援时，水域救援人员应使用潜水装具防护，并采取相应的安全措施。

（4）寒冷天气应采取防寒保暖措施，应使用干式水域救援服或潜水服防护。

（5）安全员应对水域救援人员安全防护进行检查，并做好记录。

（6）流动水域实施救援时，上游方向必须设置上游观察员保持瞭望、注意观察，发现险情及时发出预警信号；下游方向必须设置下游安全员，预防有救援人员或遇险和被困人员遇险时能够在下游处迅速以抛绳、拦截网、救援艇等立即将其救起。

（7）高山河谷地带实施水域救援时，安全员应对山体危险区段、部位进行实时监测，防止滑坡、滚石造成意外事故。

（四）人员搜救及险情排除

人员搜救及险情排除主要包含以下程序：

（1）分析判断灾情，评估风险危害，制定作业方案。

（2）根据现场不同情况，采取岸上、舟艇或直升机、入水救援等技术与方法施救。

（3）施救应按照就近先救、水面先救、伤员先救、老弱病残先救的原则进行。

（4）视情调集其他船舶配合救援作业，抢救疏散遇险和被困人员。

（5）对现场受伤人员应立即移交医疗急救部门进行救治。

（6）船舶搁浅翻沉、交通工具坠水救援时，应采取措施稳固事故船舶和坠水交通工具，防止倾覆移位。利用舱（车）门、舷（车）窗等途径，抢救疏散遇险和被困人员，必要时对船（车、机）体进行破拆施救。

（7）实施洪涝救援时，应优先营救被困在水中、树梢、岩壁、屋顶等险恶环境中的遇险人员。

（8）要确保伤员在转运之前有足够的个人防护装备并防护到位。

（五）现场管理

现场管理主要包含以下程序：

（1）按照便于观察、比较安全的原则，选择救援人员、装备器材的集结地点。

（2）实施水域救援时，应由指挥员带领编组作业，救援人员严禁单独行动。

（3）视情安排紧急救助小组待命，确保救援人员生命安全受到威胁时能及时组织救援。

（4）实施大面积洪涝救援时，应采取舟艇编组方式搜救遇险和被困人员。

（5）实施潜水救援时，潜水员在安全员检查后方可入水作业，并确定联络信号与岸上或水面保持不间断联络；应两人（含）以上编组入水，由上游向下游搜索。

（6）救援结束后，应全面、细致地检查清理现场。视情留有必要力量实施监护和配合后续处置，并向事故单位或者有关部门移交现场。

（7）撤离现场时，应清点人数、整理装备。

（8）洪涝救援结束后，应对救援人员、装备进行洗消，并加强卫生防疫工作。

第三节　无人机任务与实施

洪涝灾害一般发生区域较大，采用卫星遥感技术可对灾情的信息获取和灾情分析提供较好的技术支撑。无人机作为低空遥感，是卫星遥感的重要补充，可以获取高时间分辨率与空间分辨率的洪涝灾害影像和数据信息，为灾害救援提供有力支持。无人机在洪涝灾害中可以担负灾情侦察监测、应急航测、人员搜救、通信中继等任务。

一、侦察监测

（一）基本任务

在洪涝灾害发生后，采用无人机挂载可见光视频载荷，从空中深入灾区腹地，获取灾情信息，监测洪水动态，并通过4G单兵、卫星、专网、公网等多种方式，实时画面回传至现场指挥部和后方指挥中心，为灾害救援提供信息支撑。

（二）组织实施

无人机开展侦察任务，应重点查看灾区房屋、建筑、道路等受灾情况，人员疏散、撤离、等待救援情况，以及救援行动展开情况等。无人机开展监测任务，一是可有重点地对重点区域洪水发展情况、沙堤防护情况等，如白天可以通过可见光变焦相机查看土圩或临时沙堤细节，通过翻沙迹象辅助判断是否可能存在管涌或渗漏；夜间通过红外热成型相机，识别土圩温度低的异常区域，实现夜间甄别定位管涌；二是对救援行动展开情况等进行定点监测，使指挥员快速直观了解现场态势，为及时调整救援方案、科学高效决策奠定基础；三是可对被洪水冲走的幸存者进行动态监测，以便了解救援对象去向，并及时制定救援方案；四是可按照一定的时间间隔定期对灾害发展情况进行图片或视频记录，以便后期分析、推演洪涝发展过程和评估救援行动。

（三）注意事项

洪涝灾害中的无人机侦察监测应用，应注意以下几点：

（1）要合理选择无人机作业区，确保人员安全。

（2）要密切关注天气变化，根据飞机性能，不要在大风、大雨等恶劣条件下开展飞行作业。

（3）在侦察过程中要突出重点，如河道堤坝、险工险段、人员密集区域等。

二、应急航测

（一）基本任务

通过航测无人机挂载正射载荷、倾斜摄影载荷对洪涝灾害区域进行航测作业，获取灾害区域的正射影像图与实景三维模型，为灾情评估提供重要支撑。

（二）成果应用

无人机航测作业成果的用途主要有以下几种：

（1）正射影像图可用于灾害现场救援指挥"一张图"地图，为力量部署和行动展开提供支撑。

（2）正射影像图可用于对比分析，如将受灾前的卫星遥感影像与灾后的正射影像进行叠加对比分析，以了解洪水淹没区域原有地形和人为建筑情况；为制定救援行动方案提供参考，如通过对比分析，使救援人员掌握水下电塔、路灯、电杆、高大建筑的位置，以便合理规划橡皮艇行进路线，提高救援安全系数。

（3）结合三维实景模型可提前预判洪水冲击方向、易受灾区域、测算圩堤内外的水位差值、进行淹没分析等，协助风险评估，撤离路线标注，辅助指挥员科学制定人员疏散和救援方案。

（4）结合航测成果可实现受灾面积测量、决口跨度测量等，为救援行动展开提供精准的地理信息支持。

（5）航测成果可作为灾情档案的重要资料，为救援案例总结分析提供便利。

（三）注意事项

无人机在洪涝灾害中开展航测任务，应注意以下几点：

（1）任务测区相对较大，可适当降低分辨率，以提高作业效率。

（2）在规划测区时应在覆盖洪水区域的同时，兼顾地面原有地物，以便对照分析。

（3）可定期采用相同的航线任务对灾区进行航测作业，实现对灾害的"静态"时间序列监测。

三、人员搜救

（一）基本任务

通过无人机搭载可见光、热红外等侦察载荷、喊话载荷、照明载荷、抛投载荷等，可实现无人机对洪涝灾害中的被困人员进行搜索与救援。

（二）搜救方式

洪涝灾害中的人员搜救应用方式主要有以下6种。

（1）人员搜索：通过可见光、热红外载荷可实现昼、夜不间断人员搜索作业，辅助救援人员及时发现屋顶、树杈等位置的被困群众，并协助转移撤离，促进救援效率提升。

（2）人员定位：在人员搜寻过程中，一旦发现被困人员，可通过负载相机的激光传感器，将被困人员打点定位，定位信息可以一键截图分享给救援人员，提升救援精准度和效率。

（3）搜救喊话：搜寻过程中，一旦发现被困人员，可以通过喊话器进行引导和安抚，提高被困人员的生存信念，引导做出正确配合救援的动作，提高救援成功率与效率。发现其他突发情况也可对地面做出警示。

（4）应急照明：在夜间利用无人机搜救被困群众时，还可以搭载探照灯给救援人员进行指引和辅助照明，不受地形的限制，提供移动的光源。夜间发现管涌、溃堤等险情时，临时搭建输电线路效率低，特殊地区受地形限制使地面光源受限，可以利用无人机搭载照明设备为抢险救援人员提供高空应急光源。

（5）救生物资抛投牵引：当救援人员无法马上到达被困人员的位置进行营救时，无人机还可以携带应急救援物资，以空投的方式快速精准投放到被困者手中，提高被困人员的生存概率，为救援争取更多时间，降低救援人员安全风险。

（6）路径引导：在洪涝灾害中，由于水域面积较大，救援人员在救援行动开展过程中方向辨别、位置辨别难度增大，通过无人机在空中对水面救生艇、冲锋舟、救援人员进行路径引导，可大幅提升救援效率。

（三）注意事项

（1）灵活制订方案。无人机人员搜救是无人机在洪涝灾害救援、水域救援中的一种重要应用方式，在实战应用过程中可灵活制定无人机搜救行动方案，通过不同机型与载荷的密切配合、通力合作提升救援效果。

（2）注重空地协同。在人员搜救作业中，无人机通常可以发挥辅助搜索与救援的作用，因此需要与地面救援人员密切配合，才能抓住有利时机，完成救援任务。

（3）确保飞行安全。在山地、城市建筑群等复杂环境，以及风雨、低温等恶劣环境作业时，要充分考虑无人机装备性能，确保安全作业。

四、通信保障

（一）基本任务

洪涝灾害发生时，洪水会导致通信基站退服、通信光缆受损、通信系统瘫痪，给救援工作带来较大挑战。利用大型长航时无人机挂载应急通信载荷对灾区进行通信保障，可有效解决大区域通信难题。

（二）技术方案

大型长航时无人机应急通信保障一般采用的方案是 4G/5G +"空天地"一体化的保障体系，由大型固定翼无人机、4G/5G 基站设备（包括天线、RRU 和 BBU）、卫星通信系统组成。无人机应急通信保障方案如图 6 - 1 所示。

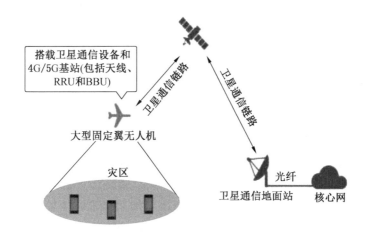

图 6 - 1 无人机应急通信保障方案

（三）实战应用

2021 年 7 月中下旬，河南等地持续遭遇强降雨，郑州等城市发生严重内涝，一些河流出现超警水位、个别水库溃坝、部分铁路停运、航班取消，造成重大人员伤亡和财产损失。在十多天日日夜夜抗洪抢险中，无人机协助受灾地区恢复应急通信，并对灾情进行评估。翼龙 -2H 无人机全天候、长航时无人机曾两度从贵州飞往河南，经过 4 h 飞行，抵达了位于郑州以西的洪灾重灾区巩义市，提供通信服务空中基站和进行评估灾情，还为郑州市中牟县一家医院的救援工作提供网络保障。7 月 22 日 23 时，湖北机动通信局第二梯队 11 名突击队员携带系留式无人机基站、背负式基站等 23 台/套应急装备抵达郑州市。通信保障突击队第二梯队到达米河镇后，迅速利用 Ka 卫星便携站开通系留式空中无人机基站，覆盖范围达 50 km²，使米河镇灾区的通信全面恢复。

第四节　应用战例分析

鄱阳湖流域洪涝灾害救援

一、基本情况

2020 年 7 月，受长江潮位顶托和持续强降雨影响，江西省环鄱阳湖流域发生大规模洪涝灾害，给人民群众的生命财产安全和社会生产生活秩序造成了严重威胁。入梅以来，长江中上游沿线持续降雨致使干流流量暴增、多个洪峰叠加，长江干流水面高于鄱阳湖水位，引发江水倒灌，鄱阳湖"饱饮洪水"。5 月 29 日至 7 月 24 日，江西先后经历 7 轮持续强降雨，平均降雨量达 678 mm，较往年同期均值偏多六成，鄱阳湖周边 11 县（市、区）累计降雨量创历史同期新高，致使五大河流暴涨，鄱阳湖水位持续攀升，水域面积最大增至 4794 km^2，较历史同期平均值 3510 km^2，偏大 36.5%。受汛情影响，全省 10 个设区市和赣江新区共 99 个县（市、区，含功能区）746.3 万人受灾，紧急转移安置 70.1 万人，农作物受灾面积约 7.35 × 10^5 ha，损坏房屋 2.3 万户 3.3 万间，直接经济损失 234.9 亿元。

二、救援行动

面对超历史极值水位的流域性洪涝灾害，江西省消防救援队伍先后调集 11 个支队、1500 名消防指战员、172 辆消防车、275 艘冲锋舟艇，经过 25 个昼夜连续奋战，累计完成 1826 起抗洪抢险救援任务，出动指战员 2.7 万人次、车辆 3451 辆次、舟艇 4272 艘次，营救被困群众 1.45 万人、转移疏散群众 3.7 万人，成功打赢了此次环鄱阳湖流域抗洪抢险救灾行动。

在救援行动展开过程中，无人机也配合救援队伍发挥了重要作用。在鄱阳县昌洲乡中洲圩决口、油墩街镇西河联圩决口、永修县三角联圩溃堤等大面积水域救援行动中，针对水域情况不明、被困人员众多，舟艇行进无路可循、无标可定等复杂情况，救援人员采取"竹竿探底、飘叶测速、掣旗测风"等便捷手段和"无人机侦察喊话，先遣队探路巡航，微信群定位回传，营救组区块救援"等战术战法，短时间内确定了被困群众的关键信息，编组实施精准救援。险情处置方面，在鄱阳县中洲圩、西河东联圩等多起堤坝抢险行动中，救援力量采用"堤头裹头保护、石磋钱堤进占、水上分层碾压、黏土抛填闭气"等技术手段和"无人机总体巡览、冲锋舟快速确认、作业组详细排查"等战术措施，形成了"水陆空一体"的巡堤排险新战法以及"疏堵配合、固移结合、先车后泵"排水排涝战术。

在信息保障方面，救援队伍立足"科技、数据、信息、传递"四大关键要素，以静中通、无人机、布控球、图传设备、卫星电话为节点终端，搭建了"五级贯通"的扁平化指挥调度体系；通过测算滞留人数、作业船只数、舟艇运载量，合理评估救援进度和救援时间；创新"聚合路由加单兵、公网加语音中继"等战法操法，利用无人机搭配倾斜摄影相机，沿堤坝和作业点巡视，生成二维正摄影像、三维实景模型，有效辅助航道标定和圩堤风险评估。无人机航拍洪涝灾情如图6-2所示。

图6-2　无人机航拍洪涝灾情

三、战例小结

无人机在洪涝灾害中发挥的空中侦察、喊话、应急航测作用，为救援行动顺利开展提供了重要支撑。无人机航测获取的超高分辨率影像，结合国家级地理信息平台数据和历史卫星遥感数据分析比对，及时精确掌握了下游泄洪区洪水现势性情况，数据和分析成果有力支撑了国家应急救灾部门和江西省地方部门防汛工作，为应急情况下开展灾情科学研判、重大决策及合理安置提供了重要的定量化科学支撑。

📖 习题

1. 简述洪涝灾害的具体类型。
2. 简述水域救援的基本程序。
3. 无人机在洪涝灾害中开展侦察监测组织实施的要点有哪些？
4. 无人机在洪涝灾害中开展人员搜救的方式有哪些？
5. 无人机在洪涝灾害救援中可以发挥哪些作用？

第七章　无人机在地质（地震）灾害救援中的应用

地质（地震）灾害发生时，往往会伴随山体滑坡、堰塞湖、建筑物倒塌等灾情产生，交通受阻，电力、网络条件被破坏，救助处置对时间效率要求高。在地质（地震）灾害中，可通过无人机快速侦察灾情、获取灾害现场信息，开展灾区测绘、评估灾情情况，展开辅助救援、投送紧急物资，对于制定救援方案、实施救援行动、争取"黄金"救援时间具有重要意义。

第一节　任务特点

一、地质灾害

（一）我国地质灾害发生情况与规律特点

我国山地丘陵区约占国土面积的65%，地质条件复杂，构造活动频繁，崩塌、滑坡、泥石流、地面塌陷等地质灾害隐患多、分布广、防范难度大，是世界上地质灾害最严重、受威胁人口最多的国家之一。地质灾害主要发生在川东渝南鄂西湘西山地、青藏高原东缘、云贵高原、秦巴山地、黄土高原、汾渭盆地周缘、东南丘陵山地、新疆伊犁和燕山等地区。

据统计，2021年全国共发生地质灾害4772起，造成80人死亡、11人失踪，直接经济损失32亿元。

（二）地质灾害基本概念

地质灾害是指自然因素或者人为活动引发的危害人民生命和财产安全的山体崩塌、滑坡、泥石流、地面塌陷、地裂缝、地面沉降等与地质作用有关的灾害。

（三）地质灾害分类

地质灾害可划分为30多种类型。由降雨、融雪、地震等因素诱发的称为自然地质灾害，由工程开挖、堆载、爆破、弃土等引发的称为人为地质灾害。常见的地质灾害主要指危害人民生命和财产安全的崩塌、滑坡、泥石流、地面塌陷、地裂缝、地面沉降6种与地质作用有关的灾害。

1. 崩塌

1）基本概念

陡斜坡上的岩土体在重力等因素作用下突然脱离母体，倾倒、崩落、跳跃或滚动后堆积在坡脚或沟谷的地质现象，称为崩塌。

2）形成条件

地震、降雨、自然演化、人类工程活动等作用于有构造裂隙的山体时，会发生崩塌。

3）危害

崩塌可造成下方居民区被摧毁，铁路、公路、桥梁等严重受损。

4）防治措施

（1）隐患排查。

（2）群测群防，连续强降雨期间及时转移安置群众。

（3）在危岩体下方修建拦石墙、防护网。

（4）采取工程措施清除危岩体。

（5）搬迁避让。

2. 滑坡

1）基本概念

斜坡上的岩土体，受降雨、地震、河流冲刷及人工切坡等因素影响，在重力作用下沿着一定的软弱面（滑面），产生以水平运动为主的顺坡运动的过程或现象，称为滑坡。

2）形成条件

地震、降雨、自然演化及采矿、切坡等人类工程活动长期作用于斜坡上土体或有结构面发育的岩体时，会发生滑坡。

3）危害

滑坡可造成居民区、城镇、厂矿被摧毁，铁路、公路、桥梁等重大工程设施被掩埋，河流堵塞。

4）防治措施

（1）隐患排查。

（2）群测群防，连续强降雨期间及时转移安置群众。

（3）在滑坡体上部及坡面防水排水，在坡脚修建挡土墙。

（4）采用抗滑桩、格构、锚索等措施加固滑坡体，或清除不稳定滑坡体。

（5）搬迁避让。

3. 泥石流

1）基本概念

山区沟谷或坡面上的松散土体，受暴雨、冰雪融化等水源激发，形成的携带有大量泥沙石块的流体，在重力作用下沿沟谷或坡面流动的过程或现象，称为泥石流。

泥石流大多伴随山洪发生，泥沙石块体积含量大于15%属于泥石流，小于15%属于山洪。

2）形成条件

山区沟谷中地形陡峭，松散堆积物丰富，暴雨、大量冰雪融水、滑坡、堰塞湖溃决等情况下，会发生泥石流。

3）危害

泥石流可造成居民区、城镇、厂矿被摧毁，铁路、公路、桥梁等重大工程设施被掩埋，河流堵塞。

4）防治措施

（1）隐患排查。

（2）群测群防，连续强降雨期间及时转移安置群众。

（3）定期清除山区沟谷中的淤积坝、松散堆积物、乱石坝，疏通强降雨中的排洪通道。

（4）在泥石流沟或山洪沟中修建拦挡坝，修建导流渠。

（5）搬迁避让，远离沟口。

4. 地面塌陷

1）基本概念

地表岩体或者土体，在自然作用或者人为活动影响下向下陷落，在地面形成凹陷、坑洞或裂缝的过程和现象，称为地面塌陷。它可分为岩溶地面塌陷和采空地面塌陷。

2）形成条件

地下工程施工、地下矿产开采、长期地下渗流等情况下，会发生地面塌陷。

3）危害

地面塌陷可造成道路陷落、建筑物倒塌或倾斜、生态环境被破坏等。

4）防治措施

（1）地下坑洞充填。

（2）灾后修复路基和建筑物基础。

5. 地裂缝

1）基本概念

由于自然或人为因素作用，地表岩土体开裂，在地面形成的具有一定规模和分布规律的裂缝，称为地裂缝。例如，断层活动（蠕滑或地震）或过量抽取地下水造成的区域性地面开裂而产生地裂缝。

2）形成条件

地震、断层活动、地下水开采等情况下，会产生地裂缝。

3）危害

地裂缝可造成道路、建筑物开裂或倾斜。

4）防治措施

（1）群测群防。

（2）工程、建筑物避让。

（3）相关部门组织修复受损房屋或工程建筑。

6. 地面沉降

1）基本概念

因自然因素或人为活动引发的地下松散地层固结压缩导致的地表标高（海拔高程）降低的现象，称为地面沉降。

2）形成条件

地壳升降运动、沉积物差异固结压实、地下水及油气开采、工程加载、地下松散土体潜蚀时，会发生地面沉降。

3）危害

地面沉降可造成道路与桥梁连接处破坏、建筑物下沉或倾斜。

4）防治措施

（1）加强监测。

（2）地表水回灌地下水。

（3）减少工程加载。

（4）修复受损公路。

（四）地质灾害规模分级

地质灾害依据发生体积的大小，划分为巨型、大型、中型和小型 4 个规模等级。不同类型的地质灾害，规模分级的体积大小界限不一，滑坡、崩塌（危岩体）、泥石流的规模分级见表 7-1。

表 7-1　滑坡、崩塌（危岩体）、泥石流的规模级别划分标准　　　　　　10^4 m³

级　　别	滑　　坡	崩　　塌	泥石流
巨　型	≥1000	≥100	≥50
大　型	100 ~ <1000	10 ~ <100	20 ~ <50
中　型	10 ~ <100	1 ~ <10	2 ~ <20
小　型	<10	<1	<2

（五）地质灾害灾情分级

地质灾害灾情依据造成人员死亡（失踪）、直接经济损失的大小，分为 4 个等级。

（1）特大型：因灾死亡和失踪 30 人（含）以上，或因灾造成直接经济损失 1000 万元（含）以上的。

（2）大型：因灾死亡和失踪 10 人（含）以上 30 人以下，或因灾造成直接经济损失 500 万元（含）以上 1000 万元以下的。

（3）中型：因灾死亡和失踪 3 人（含）以上 10 人以下，或因灾造成直接经济损失 100 万元（含）以上 500 万元以下的。

（4）小型：因灾死亡和失踪 3 人以下，或因灾造成直接经济损失 100 万元以下的。

（六）地质灾害险情分级

地质灾害险情依据威胁人员、财产的大小，分为 4 个等级。

（1）特大型：受地质灾害威胁，需搬迁转移人数在 1000 人（含）以上或潜在可能造成的经济损失 1 亿元（含）以上的。

（2）大型：受地质灾害威胁，需搬迁转移人数在 500 人（含）以上 1000 人以下，或潜在可能造成的经济损失 5000 万元（含）以上 1 亿元以下的。

（3）中型：受地质灾害威胁，需搬迁转移人数在 100 人（含）以上 500 人以下，或潜在可能造成的经济损失 500 万元（含）以上 5000 万元以下的。

（4）小型：受地质灾害威胁，需搬迁转移人数在 100 人以下，或潜在可能造成的经济损失 500 万元以下的。

二、地震灾害

（一）地震的基本概念

1. 震级

震级是指对地震大小的相对度量。

2. 地震波

地震时从震源发出的、在地球内部和沿地球表面传播的波，称为地震波。地震波分为体波和面波。在地球内部传播的地震波称为体波，分为纵波（又称 P 波，振动方向与传播方向一致的波）和横波（又称 S 波，振动方向与传播方向垂直的波）。沿地面传播的地震波称为面波。

3. 震源

产生地震的源称为震源。

4. 震源深度

震源深度是指震源到地面的垂直距离。

5. 震中

震源在地面上的垂直投影称为震中。

6. 宏观震中

宏观震中是指极震区的几何中心。

7. 极震区

一次地震破坏或影响最重的区域称为极震区。

8. 地震烈度

地震烈度是指地震对地表某处造成影响和破坏的程度。它是以地震影响的后果包括人的感觉、建构筑物破坏及地质灾害等推断地震的破坏作用和影响。我国把地震烈度分为 12 个等级，6 度（Ⅵ度）时建筑物开始出现破坏，川地震为最高烈度 11 度（Ⅺ度）。烈度与震级的关系，就如震级相当于原子弹的当量，而烈度就相当于原子弹在不同距离点造成的破坏程度。一般而言，距离震中越近，破坏越大，烈度越高；距离震中越远，破坏越小，烈度越低。

9. 地震灾害

地震灾害是指地震造成的人员伤亡、财产损失、环境和社会功能的破坏，包括地震原生灾害、地震次生灾害和地震衍生灾害。

（二）地震灾害的类型及特点

1. 类型

地震灾害包括地震原生灾害、地震次生灾害和地震衍生灾害。地震原生灾害指地震直接造成的灾害。地震次生灾害指地震造成工程结构、设施和自然环境破坏而引发的灾害，如火灾、爆炸、瘟疫、有毒有害物质污染以及水灾、泥石流和滑坡等对居民生产和生活区的破坏。地震衍生灾害通常是由社会功能、物资和信息流动破坏而导致社会生产与经济活动停顿所造成的损失，以及因为地震引起的人们的心理问题等。全球平均每年发生约 500 万次地震，有感地震占 1%。全球每年有 100 次地震造成灾害，仅占有感地震的 0.2%。

2. 特点

我国地震及灾害的特点是地震多、强度大、分布广、震源浅，由此决定了我国地震灾害重。20 世纪全球地震造成死亡人员总数约为 120 万人。其中，我国因地震造成人员死亡约有 60 万人，造成死亡百人以上的地震有 53 次，造成死亡千人以上的地震有 22 次。

现代地震灾害的特点：

（1）区域性。发达国家经济损失大，发展中国家人员伤亡重。

（2）复杂性。次生灾害重，衍生灾害难以估量。

（3）非线性。地震灾害损失非线性加速增长。

第二节　基 本 救 援

地质、地震灾害由于种类较多、灾害现场情况复杂，其救援行动是涵盖灾前、灾中、灾后的一个系统性工程，救援方式灵活多样，基本救援可分为地质灾害应急处置与地震灾害救援两个方面。

一、地质灾害应急处置

（一）处置的主要任务

地质灾害应急处置中的主要任务包括以下 8 个方面。

（1）第一时间建立地质灾害应急救灾现场指挥机构，启动应急预案，根据防灾责任制明确各部门工作内容。

（2）根据险情和灾情具体情况提出应急对策，转移安置人群到临时避灾点，在保障安全的前提下，有组织地救援受伤和被围困的人员。

（3）对灾情和险情进行初步评估并上报，调查地质灾害成因和发展趋势。

（4）划定地质灾害危险区并建立警示标志。

（5）加强地质灾害发展变化监测，并对周边可能出现的隐患进行排查。

（6）排危及实施应急抢险工程。

（7）通信、交通、医疗、救灾物资、治安、技术等应急保障措施到位。

（8）根据权限做好灾害信息发布工作，信息发布要及时、准确、客观、全面。

（二）地质灾害应急避让场地的选择

在对辖区内地质环境调查的基础上，依托技术单位选定临时应急避让场所。

（1）场址尽量选在地形平坦开阔，水、电、路易通入的区域。

（2）选在历史上未发生过滑坡、崩塌、泥石流、地面塌陷、地面沉降及地裂缝等地质灾害的地区。

（3）场址不应选在冲沟沟口及弃渣场、废石场、尾矿库（矿区）的下方。

（4）避开不稳定斜坡和高陡边坡。

（5）不宜紧邻河（海、库）岸边。

（6）避开地下采空区诱发的地表移动范围。

（7）存在工程地质条件制约因素时，应实施相应的处置措施。

（三）灾后抢险救灾

灾后的抢险救灾主要包括以下7个方面：

（1）监测人、防灾责任人及时发出预警信号，组织群众按预定撤离路线转移避让。

（2）在确保安全的前提下开展灾后自救，包括被困人员自救、家庭自救、村民互救。

（3）不要立即进入灾害区去挖掘和搜寻财物，避免灾害体进一步活动导致的人员伤亡。

（4）及时向上级报告灾情。

（5）灾害发生后，迅速组织力量巡查滑坡、崩塌斜坡区和周围是否还存在较大的危岩体和滑坡隐患，并应迅速划定危险区，禁止人员进入。

（6）有组织地救援受伤和被围困的人员。

（7）注意收听广播、收看电视，了解近期是否还会有发生暴雨的可能。如果将有暴雨发生，应该尽快对临时居住的地区进行巡查，避开灾害隐患。

（四）转移避让后返回居住地时机

经专家鉴定地质灾害险情或灾情已消除或者得到有效控制后，当地县级人民政府撤销划定的地质灾害危险区，转移后的灾民才可撤回居住地。

（五）崩塌应急抢险

崩塌应急抢险措施主要包括以下7个方面：

（1）加强监测，做好预报，提早组织人员疏散。

（2）针对规模较小的危岩，在撤出人员后可采用爆破清除，消除隐患。

（3）在山体坡脚或半坡上，设置拦截落石平台和落石槽沟、修筑拦坠石的挡石墙、用钢质材料编制栅栏挡截落石，防治小型崩塌。

（4）采用支柱、支挡墙或钢质材料支撑在危岩下面，并辅以钢索拉固。

（5）采用锚索、锚杆将不稳定体与稳定岩体联固。

（6）因差异风化诱发的崩塌，采用护坡工程提高易风化岩石的抗风化能力。

（7）疏导排地下水。

（六）滑坡应急抢险

滑坡应急抢险措施主要包括避、排、挡、减、压、固6种。

（1）避：加强监测，做好预报，提早组织人员疏散。

（2）排：截、排、引导地表水和地下水，开挖排水和截水沟将地表水引出滑坡区；对滑坡中后部裂缝及时进行回填或封堵处理，防止雨水沿裂隙渗入到滑坡中，可以利用塑料布直接铺盖或者利用泥土回填压实封闭；实施盲沟、排水孔疏排地下水。

（3）挡：采用抗滑桩、挡土墙、锚索、锚杆等工程对滑坡进行支挡。挡是滑坡治理中采用最多、见效最快的手段。

（4）减：当滑坡仍在变形滑动时，可以在滑坡后缘拆除危房，工程削方清除部分土石，以降低滑坡的下滑力，提高整体稳定性。

（5）压：当山坡前缘出现地面鼓起和推挤时，表明滑坡即将滑动。这时应该尽快在前缘堆积砂石压脚，抑制滑坡的快速发展，为滑坡的应急治理赢得时间。

（6）固：结合微型桩群对滑带土灌浆提高滑带土的强度，增加滑坡自抗滑力。

（七）泥石流应急抢险

泥石流应急抢险措施主要包括以下7种：

（1）避：居民点、安置点应避开泥石流可能影响的沟道范围和沟口。

（2）排：截、排、引导地表水形成水土分离以达到降低泥石流爆发频率及规模的目的。

（3）拦：修建挡沙坝和谷坊坝，起到拦挡泥石流松散物并稳定谷坡的作用。工程实施可以改变沟床纵坡、降低可移动松散物质量、减小沟道水流的流量和流速，从而达到控制泥石流的作用。

（4）导：修建排导槽引导泥石流，通过保护而不对被保护对象造成危害。

（5）停：在泥石流沟道出口有条件的地方采用停淤坝群构建停淤场，以减小泥石流规模使其转为挟砂洪流，降低对下游的危害。

（6）禁：禁止在泥石流沟中随意弃土、弃渣、堆放垃圾。

（7）植：封山育林、植树造林。

二、地震灾害救援

地震灾害救援一般包括侦察检测、设置警戒、救援准备、生命救助、排除险情、后勤保障、现场清理7个方面。

（一）侦察检测

（1）掌握受灾总体面积、建筑垮塌区域、可能再次发生垮塌区域等情况。

（2）利用生命探测仪、搜救犬等装备，采取听、看、敲、喊、询问知情人等方法，确定被困人员的具体位置及数量。

（3）查明建筑物垮塌后是否造成煤气（天然气）、自来水管道爆裂，掉落的电线是否带电。

（4）掌握受灾区域是否有火灾、水灾发生，以及有无危险化学品、有毒物质泄漏、放射性物质扩散等情况。

（5）掌握现场的道路交通情况，确定救援车辆的行驶通道、操作场地，以及所需的车辆装备和人员。

（二）设置警戒

协调相关部门划定警戒区域，设置警戒线，实施局部交通管制。警戒范围的确定应综合考虑火灾、水灾、危险化学品泄漏、供电状况、建筑物再次垮塌等因素。

（三）救援准备

（1）参加地震灾害事故的抢险救援，指挥员及相关人员应参加当地政府地震抢险救援总指挥部、制订抢险救援方案、掌握灾情状况、领受任务并组织实施。

（2）成立消防抢险救援指挥部，按照确保危、急、险、重和重点部位（区域）的原则制订抢险救援行动方案、确定救援力量部署，而后展开救援行动。

（3）进行分工部署，强调安全防护，提出行动要求。

（4）确定转移疏散灾民和物资的路线。

（5）在地震专家的指导下，设立现场安全员全程观察救援现场的环境，了解和发现余震、建（构）筑物垮塌或危险化学品泄漏等危险情况和征兆，及时发出警示信号，便于救援人员迅速、安全撤离。

（四）生命救助

（1）迅速组织救人行动，运用各种救人手段和器材装备，全力抢救遇险被困人员。

（2）加强宣传指导，可使用扩音设备进行广播，引导组织群众开展自救自助活动，指导群众报警求救和扑救初期火。

（3）通过问、听、喊、嗅、寻、判、测等方法，利用生命探测仪、搜救犬等装备，确定被埋人员数量和具体位置。使用破拆、救生、牵引、起重等器材装备，积极营救被埋压人员，做到早发现、早救助。

（4）对于受灾程度不同的现场，要以险、重地段为优先救助区域；对于同时有多个急需救助的现场，要以待救者多的为优先救助区域；对于受伤者，要以重伤、病患者及老弱妇幼者为优先救助对象。

（5）在伤亡严重的重灾区域，除布置救援力量外，还要迅速通知医疗急救部门，设置现场紧急救护所，协助医务人员对受伤人员进行救治。

（6）协助医疗急救人员抢救窒息、休克、出血等重、危伤员，并迅速转送医院做进一步救治。

（7）转移疏散灾民，及时保护或疏散重要物资。

（五）排除险情

（1）关阀断源。关闭因地震灾害造成的漏水、漏气、漏电等管道阀门，有效处置危险化学品泄漏事故。

（2）对易垮塌的建筑堆垛进行打桩顶固，对悬而未落或有塌落迹象的断壁残垣要先清理，防止造成救援人员伤亡。

（3）及时扑灭现场发生的火灾，注意排除事故现场积水。多处同时发生火灾时，要确保重点区域和重要部位的安全。

（4）遇有危险化学品泄漏扩散时，可采取中和稀释、堵漏排险、筑堤引流等措施，防止引发次生灾害。

（六）后勤保障

地震灾害救援任务重、难度大、时间长，要及时补给各类救生、破拆等器材装备和饮用水、食物、药品、衣物等生活必需品，确保队伍长时间连续救援作战的需要。

（七）现场清理

（1）协同地震、公安等部门利用生命探测仪、搜救犬等器材装备，再次对现场进行探测搜索，确认有无被困遇险人员。

（2）将救出的伤亡人员做好登记，移交给医疗救护人员。对伴随有危险化学品泄漏的现场，利用稀释驱散、沙土埋压等方法清除低洼处或地表的残余物质。

（3）清点人员，收集、整理器材装备。救援结束后，必须要以队为单位全面、彻底清点人员，检查有无受伤或失踪的人员，并将检查情况报告现场总指挥员，做好记录。

（4）撤除警戒，移交现场，安全撤离。

第三节　无人机任务与实施

当地质、地震灾害发生后，往往交通受阻，救援环境复杂恶劣，利用无人机对受灾地区进行数据采集、传送和分析，可为灾害救援提供有力技术支持。在地质、地震灾害救援中，无人机可担负空中侦察、灾区航测、辅助救援等任务。

一、空中侦察

（一）基本任务

地质、地震灾害发生后，灾区地貌发生巨大变化，余震频繁发生。山体滑坡、泥石流和河流堵塞等造成的建筑、公路、桥梁等的变化，普通救援方式对灾情的实时监测十分困难，无人机可凭借不受道路、地形限制的优点快速到达灾区，开展灾情侦察任务，并回传灾情信息，为救援行动展开提供参考。2015年4月30日，尼泊尔一带发生8.1级强烈地震，由于尼泊尔直升机数量较少，无人机有效弥补了空中侦测力量不足的问题，在灾区灾情信息采集方面发挥了重要作用。在地质、地震灾害救援中，无人机主要侦察居民区受灾情况、道路损毁情况、电力通信设施损坏情况、人口密集区域（如学校、医院、商场等）受灾情况、重大工程设施（如水库、堤坝等）受灾情况等，为指挥员快速、直观掌握灾区情况，准确评估灾情，科学制定救援方案提供依据。在救援行动开展过程中，指挥员也可通过无人机观察各个区域救援行动展开情况，及时调整力量部署和救援方案。

（二）组织实施

在开展空中侦察任务时，一是要选择合适的作业场地，场地要尽可能空旷、开阔、平整，远离山体、建筑物、树木等危险地带，防止余震或二次灾害对机组人员安全造成威胁。二是要根据侦察目的合理选择作业机型，如巡察类作业任务一般作业面积较大，对无人机航时有一定要求，可尽量选择固定翼或垂直起降固定翼无人机开展巡察任务，一方面可实现长航时作业，另一方面也可以避免作业过程中信号断联等问题。重点区域侦察一般需要开展抵近侦察作业，作业区域较小，要求飞机飞行路线灵活性高，可使用旋翼无人机完成作业任务。危险源监测可使用旋翼无人机或系留无人机开展作业。三是要科学规划侦察航线，确保侦察作业安全、高效。

二、灾区航测

（一）基本任务

无人机灾区航测是地质、地震灾害中的一种重要应用方式。在山体滑坡、泥石流等地质灾害中，通过无人机航测可以快速获取灾害区域的倾斜摄影影像数据，并经过专业软件处理生成实景三维模型，用于灾害体距离、面积、体积等精确量测，为制定救援方案提供依据。在地震灾害中，通过无人机航测获取二维正射影像图或实景三维模型，可为重大地震灾害救援及灾后恢复重建提供技术支持和决策依据。建筑物损毁是地质灾害造成损失的主要因素，也是灾害实物量损毁评估的重要内容，使用无人机航测数据进行灾区建筑物和道路损毁评估是国内目前发展的重要技术手段。2010年4月，青海玉树7.1级地震，青海省第二测绘院采用LT150-M无人机对玉树地区进行震后测绘，并为灾后重建的地形地貌和建设项目进行了低空航摄工作。

（二）组织实施

在开展无人机航测任务时，一是应根据测区情况合理选择多边形测区（居民区等一般测区）或带状测区（道路测区），对居民区进行倾斜摄影影像数据采集时要根据地面建筑情况，合理设置航线重叠度与旁向重叠度，以实现较好的三维建模效果；二是当测区较大时，应采用多机组作业方式，提高数据采集效率，当采集影像数量较多时，可选用集群处理方式进行数据处理；三是如需根据无人机航测成果精确评估灾区建筑物受损情况时，应根据需求设置较高的分辨率，便于精确评估分析。

三、辅助救援

（一）基本任务

地质、地震灾害中无人机辅助救援主要包括辅助照明、物资投送、防疫消毒、通信中继等。辅助照明是指采用无人机（或系留无人机）搭载照明设备，用于夜间废墟搜索营救照明，辅助地面人员开展救援行动；物资投送是指采用具备一定载重性能的无人机搭载小型医疗急救包、应急救援设备、小量食品进行定点投掷，为医疗小分队和被困灾民投送急需物品；防疫消毒是指采用植保无人机等大载重无人机搭载消毒试剂对灾区进行快速高效杀菌，辅助开展灾区防疫防病工作等；通信中继是指采用无人机平台搭载通信中继设备，为灾区快速构建局部通信网络，以保障救援队伍通联等。2016 年 2 月发生在台湾高雄的 6.7 级地震，由于地震发生在地形复杂的城市市区，搜救人员借助无人低空机航拍视频更清晰地了解到灾难现场，并投掷大量食品和简单的医护物品，整个搜救行动有条不紊，效率明显提升。无人机还可以进入一些救援人员无法进入的地区实施探察救援，如核辐射、火山灾害和泥石流的区域。2011 年日本 9.0 级大地震，地震引发核泄漏事故，灾区核辐射极大，救援人员根本无法进入反应堆内查看，美国军方迅速派出全球鹰无人侦察机对核电站进行近距离侦查，了解核反应堆的受损情况，并派出搭载测辐传感器的微型无人机，监测和检查福岛核电站核燃料池附近的辐射水平，为救援抢救人员进入灾难现场做好充分的准备。

（二）组织实施

辅助救援的组织与实施，需根据救援行动需求，配合整体救援行动展开作业，在开展作业前应制定无人机行动方案，从无人机装备及载荷的选用、装备人员编成、无人机飞行作业的航线路径、空地协同方式、无人机组与地面救援人员联络方式等方面进行明确，任务实施时各方要加强沟通协调与密切配合，确保作业顺利实施。

第四节　应用战例分析

"4·20 芦山"地震救援

一、基本情况

2013 年 4 月 20 日，四川省雅安市芦山县发生 7.0 级强烈地震。四川测绘地理信息局利用无人机测绘技术，为各级抗震救灾指挥部，参与抗震救灾的武警、解放军及专业救援队伍等提供了测绘应急保障服务和技术支撑。在抗震救灾期间，开展无人机航飞12架次，获取地震灾区0.05~0.3 m分辨率无人机影像222.5 km²，第一时间实现了地震灾区高分辨率影像全覆盖。测绘保障工作贯穿抢险救援、过渡安置、损失评估、灾后重建各个阶段，发挥了不可替代的先行保障作用。

二、救援行动

地震发生后，中共中央总书记习近平立即做出重要指示，要求抓紧了解灾情，把抢救生命作为首要任务，千方百计救援受灾群众，科学施救，最大限度减少伤亡，同时要加强地震监测，切实防范次生灾害。要妥善做好受灾群众安置工作，维护灾区社会稳定。成都军区、武警部队、公安消防、矿山救护队、民兵预备役、卫生、通信、电力等，已派出救援队伍95支、总人数28971人、装备933台套参与地震救援行动。

抗震救灾应急救援阶段，四川省应急测绘保障中心震后半小时集结应急测绘保障队伍，派出无人机和移动测量应急分队前往灾区一线，震后7小时成功获取地震灾区第一批无人机影像并制作影像图，为抗震救灾研判灾情、决策部署、指挥救援提供了及时可靠的测绘地理信息保障。中国地震应急搜救中心派出自行研发的救援无人机，配合国家地震救援队开展了现场救援行动，实时为国家地震紧急救援队提供房屋倒塌、道路桥梁畅通、危险废墟搜索的影像信息等决策依据，使救援队有针对性地调度和部署救援力量，提高了工作效率。这些信息也同时提供给了当地政府，为地方政府的抗震救灾指挥决策提供了科学依据。国家测绘地理信息局紧急派往雅安市芦山县的5架无人机成功获取到芦山县核心灾区太平镇的首批高分辨率航空影像，分辨率达到0.16 m。4月22日9时，国家测绘地理信息局又紧急赶制出了最新获取的宝盛乡、龙门乡等最新低空无人机应急航拍影像图。芦山县太平镇震后航拍影像图将提供给国务院应急办、国家减灾委、国土资源部、中国地震局、四川省有关部门等，用于指挥决策和抢险救灾。芦山县太平镇、宝盛乡震后无人机航拍影像图如图7-1所示。

(a)芦山县太平镇震后无人机航拍影像图

(b) 芦山县宝盛乡震后无人机航拍影像图

图 7-1 芦山县太平镇、宝盛乡震后无人机航拍影像图

三、战例小结

地质、地震灾害的发生具有较大的不确定性，当灾害发生以后，救援部门准确掌握灾情状况，采取合理的救援方式、正确的救援方案非常重要，无人机具有的快速机动性、自身重量小、飞行面积广、飞行时间长、耗资低、无人员危险、可在恶劣条件下工作等特点，满足了各类应急测绘和精准测绘需求，促进了救援工作高效展开，减少了人民财产损失，也可为灾区的灾后重建工作提供重要支撑。

习题

1. 简述地质灾害的主要类型。
2. 简述地震灾害基本救援的内容。
3. 无人机在地质（地震）灾害中执行侦察任务的要点有哪些？
4. 无人机在地质（地震）灾害中开展应急测绘的要点有哪些？
5. 试列举两个无人机应用于地质（地震）灾害救援的案例。

第八章 无人机在其他事故救援中的应用

山岳事故和海上事故发生时，救援现场具有环境复杂、救援时间紧、救援难度大，遇险人员具体位置难以确定等特点。在实施救援过程中，可通过无人机迅速开展侦察监测、搜索定位遇险人员位置、远程投送救援物资，为救援指挥机构提供辅助决策、制定救援方案、完成救援任务具有十分重要的意义。

第一节 山 岳 救 援

山岳灾害事故救援简称山岳救援，指救援队员在山岳危险区域、地带，运用各种救援器材装备，采取相应的技术手段和方法，对遇难、遇险、受困人员实施搜寻和救援活动。山岳救援是一项集艰难性、危险性、复杂性为一体的工作，为了安全、准确、迅速地开展救援，山岳救援行动的目的是正确、顺利、及时地将在山区遇险人员及其物资物品进行紧急救援和安全疏散，保护其生命财产安全。

一、山岳救援的特点

（一）事故发生的随机性和偶然性

山岳事故是随机性、偶然性的，不受时间地点和场所的限制，并且常常会伴有浓雾、雷暴雨、山洪、滚石、山体滑坡、爆炸等危险情况。救援人员在救助行动中，有些情况很难做到准确预料，即使预料到了，但为了保卫国家财产、人民群众的生命安全也必然会自身安危置之度外，舍生忘死、尽职尽责。

（二）救援时间紧迫

山岳救援是一项时间性很强的工作。事故灾害会随着时间的延续而发展扩大，伤亡人数也会增加，救援队员为了及时地抢救人员的生命，就要争分夺秒、争取时间、取得主动。因此，接到灾害情况报告时，接警人员或调度指挥员要快速记录灾害发生地点，并迅速发出出动指令；救援队员听到出动指令，要迅速整装出发，驾驶员要选择最有利的出车路线奔赴现场；到场后，指挥员要迅速组织灾害现场侦察，并寻找知情人了解灾害发生的经过、被困人员的位置、生存情况并下达救助命令。救援队员应根据指挥员的命令迅速展开救助，以最快的速度准确、安全地把被困人员救出。

（三）救援空间有限

山岳事故的发生具有一定的空间性。事故发生后，人员被困在什么位置，救援队员就必须赶到什么位置，无论有多大困难，都必须全力克服，这样才能实现救助的目的。救援队员的救助行动往往会受到有限空间的限制。如某登山人在登山时，失足跌入狭窄的裂缝中，裂缝的宽度不足 0.5 m，救援队员要佩戴空气呼吸器进入裂缝内救人，救援队员和佩戴的空气呼吸器及救助器材不能同时进入，在这种情况下救援队员只能佩戴呼吸器面罩进入，呼吸背架与救助器材由绳索保护进入，在有限的空间内迅速将被困人员救出。

（四）救援难度大

救助过程中，救援队员经常要使用绳索、安全钩、滑轮等，从岩壁上下降到被困人员的位置进行救助，有时还要钻到狭窄的石缝内千方百计地抢救被困人员，救援队员的救助活动极其困难。

（五）救援持续时间长

救援队员在大面积或特殊的山岳事故现场，经常会长时间战斗在既恶劣又危险的环境中，体力消耗快，容易出现疲劳。有时一个灾害现场刚刚结束，又接到了新的灾害报警，便立即奔赴新的灾害现场，队员得不到好的休息，器材、装备得不到及时补充，由此而造成救援队员过度连续性的疲劳。

（六）通行保障困难

由于山岳事故大都发生在特定的地域环境中，恶劣的天气和自然条件往往会限制救援技术的使用，特别是通信保障跟不上、指挥决策的困难，因此救援者得到的信息非常少，他们必须要寻找快速救援途径与办法，解决救援中信息通信盲点问题。

二、山岳救援对无人机作业的影响

（一）救援时间跨度较长

由于山岳事故大都发生在旅游景点附近或未开发的山崖、沟谷、森林及湖泊等区域，一般海拔较高，经常出现云雾遮挡，视线受限较为严重，地面搜救分队需背负大型野外救援装备在既恶劣又危险的环境中长途奔袭，搜救时间无法预料。所以对无人机的续航时间及复杂环境下执行任务的能力要求较高，必须要求航时长、抗干扰能力强的无人机来执行任务。

（二）无人机搜救难度极大

在多起山岳事故救援案例中，大部分因素均为驴友对地形地貌不熟悉，冒险穿越没有开发的路线，要不下去就上不来、要不迷路、要不跌入悬崖致伤致死，并且救援力量必须悬空索降到小平台或者悬崖缝隙中实施处置救援，地面救援分队救援实施展开困难。无人机在空中进行侦察时很难发现被困者，需搭载多种搜救模块进行侦察探测，才能搜索到被困者。所以对无人机的集成化要求较高，必须具备多挂载多模块的无人机执行任务。

（三）决策信息获取难

由于山岳事故大都发生在特定的地域或环境中，恶劣的天气和自然条件往往会限制救援技术的使用，山岳事故救援者得到的信息非常少，必须准确地侦察到被困者的准确位置信息、周边环境的地貌地物、快速到达被救者的路径、通行的条件能力等，对指挥决策提供的信息支撑有很高的要求。

（四）信号遮挡严重

山岳救援一般发生在深山老林中，手机和公网信号受限，并且山体和山体之间对信号数据传输造成一定的遮挡，所以能解决在信号遮挡情况下保持数据通信的正常显得尤为重要。而山体背面会成为无人机搜救的盲区，在侦察过程中很难进行抵近侦察，所以在山岳救援中，必须要求无人机需具备数据通信中继的能力，才能完成山岳救援侦察任务。

三、无人机在山岳救援中的任务与实施

无人机由于机动灵活、安全性高的特点，可迅速穿越山区、江流，深入腹地获取实时图像，可以有效解决山地救援中因为通讯不畅、定位不准带来的救援难题，提高救援效率，增加救援人员的安全性。

（一）无人机在山岳救援中的任务

无人机在山岳救援中主要的任务：通过搭载的侦察模块、喊话照明模块、物资抛投模块等对遇险人员进行侦察搜救、心理疏导、物资补给等，从而达到辅助救援的目的。

（二）无人机在山岳救援中的实施

山岳事故发生后，救援机构的指挥机构需要迅速、准确地获取遇险现场的救援环境及遇险人员的具体位置，从而制定出最佳有效的救援方案。

1. 目标侦察

无人机具有开阔的视野和独特的视角，对救援区域环境的全景和局部进行实时视频侦察，对重点可疑区域进行抵近侦察和搜索，能够快速地搜索到遇险人员，进行准确的定位，也可以把现场情况实时传输到指挥中心进行辅助指挥决策，从而提高救援指挥效率。

1）侦察重点信息

无人机在进行大范围搜索侦察时应关注重点信息，重点关注疑似有生目标，如遇险者本身、散落的衣物、行李、帐篷、旗帜等。通过搭载可见光、热红外、激光三光载荷模块，对救援区域的地形、地貌和周边环境进行全景和局部侦察，对重点可疑区域进行抵近侦察和搜索时，应通过热红外和可见光进行交替侦察快速地搜索到遇险人员，通过激光打点模式能准确定位到人员的位置及距离信息。

2）360°全景侦察

360°全景侦察一般用于重点可疑目标区域的搜索，通过无人机搭载视频载荷进行空中悬停，调整云台的镜头向下俯视60°，通过调整机体或者云台镜头的航向角，绕机体旋转一周的方法进行搜索，在悬停搜索目标时要分段分区域进行，通过观察飞行区域并确定下一个悬停侦察点，从而达到搜索目标的。

3）航线扫描侦察

航线扫描侦察主要用于大范围区域搜索，使搜索区域达到无死角，通过地面端绘制扫描航线，使无人机按照预定的航线进行搜索。这种搜索的方式不但可以实时观察搜索回传的画面，也可以利用后端的地面站软件进行正射影像的拼接，实时查看侦察画面进行可疑目标的判别，也可以在本次飞行任务结束后，经过后台软件进行正射影像的精细拼接，可以详细地查看目标区域的可疑目标。无人机按照预设的航线自主飞行进行搜索侦查时，侦察人员可以根据无人机实时视频画面进行观察，发现可疑目标时可以使无人机暂停执行航线，通过调整无人机的位置和镜头的变焦功能进行详细辨认，排除目标后可以继续执行航线进行搜索，在进行搜索航线规划时应注意航线的旁向重叠度不得低于 30%，镜头的方向应该垂直向下，飞行时相对高度不得高于 50 m，速度不得超过 10 m/s，才能保证侦察画面的清晰度和稳定性。

2. 心理疏导

山岳事故发生后，道路交通受限因而救援时间一般较长，受困者因受伤心理比较焦虑，为了让其能够很好地等待和配合救援，心理安慰和疏导是不可缺少的环节。无人机喊话器具有广播和灯光照明警示系统，其功率大、重量轻、音质清晰、传输距离远等优点，并且支持实时无线喊话、警笛、重复播音内容等功能。

1）喊话引导

当发现受困者时，可以通过无人机搭载的喊话设备与其进行远程沟通和心理疏导，询问其身体情况及所需物品，并进行心理安慰，增强被救助者的信心，使其静心等待救援。当受困者在茂密的树林难以被搜索侦察到时，可以利用无人机喊话器对其进行指挥引导，让其对树干进行摇晃摆动，便于发现其所在的具体位置，引导救援人员前往目的地实施救援，也可以引导受困者到就近的开阔区域进行等待救援。

2）灯光预警

无人机的声光电载荷在救援过程中，不但可以引导救援人员按照最捷径路线前往实施救援，又能在实施救援的过程中，当发生二次灾害事故时通过空中喊话及灯光预警系统及时通知救援人员撤离，既可有效保障消防救援人员自身安全，又能帮助其进行安全撤离。无人机光电系统不但起到警示作用，还能在夜间进行远距离空中照明，解决夜间光照条件不足的问题，为受困者自救提供指示灯光，使其能更好地感知周边环境，更能辅助消防救援队伍夜间执行救援任务。

3. 物资投送

采用无人机进行远程物资投送，具有速度快、效率高等特点，无人机投送可以不间断、多架次地轮番投送，比起传统的人员投送物资高 10 倍。在山岳事故中，由于被困者等待救援的时间比较长，非常急需急救药品、食品、救援装备进行自救，同时受困者更需要通信器材与后方进行实时沟通，通过对讲机可以把现场及自身的情况及时传递给救援人员，救援人员根据其需求实施救援。

1）位置信息获取

无人机在进行物资投送时需要获取准确的投送区域位置信息，才能将救援物资投送给被困人员。获取准确位置信息的方式有两种；一种是根据无人机实时的视频侦察画面，手动操控无人机到目标区域正上空，通过无人机定位的位置信息，确定投送目标区域位置信息，通过手动操控进行投送；另一种是根据被困者或救援人员提供的投送位置坐标信息，按照坐标信息通过地面站进行航线的预规划，无人机按照航线自主飞行到目标区域进行远程投送。

2）降高投送

降高投送就是机载端挂载一定长度的绳索，通过绳索挂载物资的方式直接投送。挂载物资的绳索长度不宜超过 15 m，此种方式就是在无人机不降落的情况下，将救援物资直接投送至救援者的手中，此种投送方式效率高，但是挂载的物资摆动性较大，安全隐患较大，对无人机的稳定性和操作技能要求较高。此种方式投送要注意以下两点：一是在起飞阶段要慢要稳，运送过程中必须保持一定的安全高度和匀速飞行，防止物资摆动幅度太大造成飞行事故。

3）伞降投送

伞降投送适用于开阔的区域及有信号遮挡的区域，在无人机无法降低高度进行直接投送的情况下采用。此种投送方式对场地和现场的环境要求较高，投送目标区域不能有较高的树木和其他障碍物，投送的救援物资必须是非易摔碎品，当风力达到 3 级以上风力时，要在投放目标区域的上风口，根据无人机投放的高度、物资的重量、风力等级来判断投放的准确位置，确保投放的物资能准确降落到救援者附近。

4. 双机协同抛投救援绳索

在山岳救援行动中，为保证救援绳索在投送过程中能顺利跨越障碍物及河流，并且准确将救援绳索投送到被救援者手中，可采用两架无人机协同配合，同时提拉绳索的方式执行抛投任务，这样既可以避免无人机在拽拉绳索的过程中，防止绳索的另一端挂在障碍物，从而影响无人机的飞行安全，也能防止在跨越河流时被冲走的危险。

1）绳索的挂载

救援绳索要选择重量比较轻，且非常牢固的尼龙绳作为救援绳索，长度不得低于 50 m。在进行抛投器挂载绳索时，两端的绳索头要预留一定的长度，长度不得低于 5 m，从预留处进行挂载，才能确保绳索在抛投过程中，不会因为绳索的拽拉，很难抛投在被救援者的手中。

2）绳索的协同运输

在执行双机协同抛投救援绳索的飞行任务中，必须听从现场指挥员的指挥及调度，前端的无人机先起飞至一定的高度及距离后，后端的无人机再起飞，在飞行的时候必须是退着飞行，这样才能避免因为绳索拽拉干扰云台镜头。在两架无人机协同配合拽拉绳索的飞行过程中，要求两架无人机要保持一定的安全距离、相同的高度、相同的速度，同时向前飞行,中间的绳索必须确保一定的弧度,并且时刻观察两架无人机的安全距离及绳索的弯度,防止因绳拽得太紧而造成飞行事故。

3)绳索的抛投

在抛投的过程中,先抛投前端的绳索,待被救人员完全抓住绳索后,再按照指定的位置将另一端绳索抛投到救援人员的手中,待绳索全部抛投完毕之后,无人机按照指令及返航的路线进行返航。双机协同执行抛投救援任务的难点,在于确保双机飞行能协同、高效、安全。尤其是在飞行过程中速度和距离的把握,要求现场必须有一名观察员负责观察两机之间的距离,并担任机组飞行作业的指挥员,下达所有的飞行指令任务,操作员必须严格按照预定航线高度进行飞行,按照指令依次完成抛投救援绳索任务。

四、战例分析

无人机搜寻失联人员

（一）基本情况

2017年4月,四川省德阳市什邡红白镇松林村67岁的农妇冯天云上山采药失联。当地镇村、公安、群众连续多日搜救无任何音讯。德阳市登山协会山地救援队携带一架无人机进行空中搜寻,救援队队员在距离黑龙池不远的山沟处,发现了失联的冯天云,但已经没有了生命体征。此次黑龙池山地救援海拔高、地形复杂、经常出现降雨天气,给救援带来了不少困难,错失了救援的最佳时间。无人机在复杂条件下参与搜索救援,缩短了搜索救援的时间和范围,极大地提高了救援的效率,得到了当地乡镇领导的肯定。无人机在德阳市黑龙池侦察搜索失联人员冯天云时的画面如图8-1所示。

图8-1 无人机侦察搜索画面

（二）救援行动

2017年4月6日早晨,四川省德阳市什邡红白镇松林村67岁冯天云与丈夫、儿子一起上山采中药重楼，而重楼一般生长在海拔 2000 m 以上的高山，而黑龙池的环境地理位置，正是该药生长的理想场所。于是三人一起来到黑龙池，并分头行动进行采药，从而获得更多的药材。因为怕走散，他们时不时地互喊着对方的名字，确定彼此的方位。但是后来，张永明和儿子就没听到冯天云的声音了，他们俩想着是大白天，并且她也熟悉返回的路，两人也就没有再多问。直到下午 4 点，父子俩在山下相遇，但是不见冯天云，等了一会儿还是没见到人，儿子便上山寻找，但一直到晚上 10 点都没消息。4 月 7 日早上，冯天云的家人再次上山寻找，但依然没有结果。不得已到了中午的时候，张永明父子俩拨打了 110 报警。当地镇、村、公安、群众连续多日的搜寻没有无任何音讯，直到 11 日的晚上，经搜救队伍连夜会商，利用无人机进行空中搜寻。德阳市登山协会山地救援队专程从德阳带了一架无人机用于空中搜寻，在 12 日上午 11 点左右，救援队队员利用无人机在空中侦察和地面人员搜寻相结合的方式，德阳市山地救援队队员胡再仁在黑龙池的山沟处发现了冯天云，如图 8 - 2 所示。胡再仁用急促的口哨声及对讲机将消息传递其他救援人员，但是他为了把消息传递给乡镇领导，他向山下跑了 1 个多小时才找到有手机信号的地方，并向红白镇及德阳市登山协会报告了找到失联人员及相关情况。

图 8 - 2　无人机发现失联人员画面

（三）战例小结

此次山岳事故救援主要有以下特点：一是错失了最佳的搜救黄金期。人员因受伤失血过多，失去了生命特征，当发现人员失联后，最佳的黄金救援时间 72 h 内没有专业的救援队参与救援工作，只有当地的镇村、公安、群众自行进行搜救，待搜救无果两天后才有专业的搜救队伍参与救援，错失了救援的时机。二是信息化通信手段比较缺乏。在山地救援行动中，建立信息化通信手段显得尤为重要，保持信息的畅通是非常关键环节，在山岳救援事故中，利用无人机进行空中通信中继是解决在山区通信联络中断的最佳手段。三是利用无人机进行空中侦察搜索是缩短救援时间、提高搜救效率的重要手段。通过无人机进行空中侦察搜索，是山岳救援事故搜索行动中不可缺少的搜救手段，不但可以提高搜索效率，还能减少人员搜救的成本。

<h1 style="text-align:center">第二节　海　上　救　援</h1>

海上救援是指人员或者船舶在海水中受到严重威胁，或者其他重要设备因不可抗力造成的意外灾害等，如不及时施救将会造成人员伤亡或重大财产损失所采取的救援行动。海上救援主要是针对海洋开发、航运、水上水下施工及水产养殖、捕捞等水上活动中，由于工作人员的疏忽及某些不可抗力造成的意外损失或灾祸，或者是由于水患致灾而实施的救援行动。海上救援是一项突发性强、时间紧迫、技术要求高、救援难度大、危险性高的救援项目。在遇险人员存活时间有限与海洋环境复杂多变的情况下，采取科学有效地信息化救援手段，加强智能化装备救援的能力，制定海空联合搜救方案，对于提高海上事故的搜救效率具有重要意义。

一、海上救援的特点

（一）海上事故频发

我国海域辽阔、海岸线漫长，海上交通运输十分频繁，因受台风、海啸等自然灾害的影响，海上事故时有发生。根据国际海事组织的不完全统计，自 21 世纪以来发生在中国周边海域的海上事故共计 375 起，其中"特别重大"级海上事故高达 197 起，"重大"级海上事故 131 起。随着当前海洋经济及开发活动逐步向远海区域拓展，提高边远海域的海上搜救应急响应能力已成为海洋强国战略实施过程中的迫切需求。对于发生在远离大陆边远海域的海上事故，由于被搜救目标位置不确定、搜索面积较大等原因，使得搜救工作往往困难重重。

（二）海上环境复杂

海洋环境的高盐、高湿都会严重影响无人机的使用寿命，特别是电子元器件的可靠性和稳定性、复杂的电磁环境、通信网络限制等问题，这对无人机的整体制造工艺提出很高要求。而海上救援通常出现在恶劣天气条件下，要求无人机必须具备在复杂天气条件下的作业能力，特别是强风条件下的飞行稳定性。这些都要求未来海上救援用无人机的设计研发必须满足海上特殊环境要求。海洋环境对无人机与控制站、无人机与探测目标之间的通信影响大，无线通信信号传输的稳定性在复杂海况下会急剧下降，而复杂天气又通常是救援的常态环境，因此必须从传感技术、信号传输、无线定位软硬件各方面系统地解决海上作业的信号稳定性问题。

（三）海上救助难度高

在海上遇到不可抗力造成船舶翻沉或人员不慎落水时，人员自身的自救能力较差，极易造成人员伤亡。当发生溺水事故时，专业救援力量很难及时到达搜救海域，溺水人员位置不容易确定，短时间无法找到溺水者，救援力量到达现场时已失去最佳救人时机，水面上已没有明显落水痕迹，往往需要大范围搜寻、长时间打捞才能找到溺水者，导致最佳救人时间错失。经研究表明，人在海水中一般不能超过 3 个小时，否则就有死亡的危险，主要原因有：一是人员在自救过程中，游泳要消耗大量的体力，要保持平稳的气息才不至于把脸沉下去；二是带来的绝望，身处茫茫大海，吉凶未卜，心理防线极易被攻破；三是海水的温度低，除了白天太平洋的海水在 30 ℃ 以上外，其他海洋的水都很凉，这样加速了落水者热量的支出。

（四）人员伤亡和财产损失较大

海上船舶一旦沉没失事后，会造成船上的乘客和船舶直接掉进海里，由于落水地点难确定，遇险人员的伤病情况、现场环境及海上气象条件复杂多变等因素，使搜救工作面临巨大的挑战。同时，落水伤员很有可能伴随有出血、淹溺、骨折、颅脑损伤、烧伤、爆炸伤、化学毒物沾染、低体温等伤病情况，落水后伤情将进一步迅速恶化，若不及时施救，落水伤员的生还概率大幅度降低，会造成群死群伤。货运的船只失事后，很容易发生次生灾害，尤其运载化学危险品的油轮，一旦在海上失事将严重污染事故附近水域、破坏海洋生态环境，造成的经济损失较大。

二、无人机在海上救援中的优势

传统的直升机在海上救援难度较大，对气象条件要求都比较苛刻，直升机一旦在海上失事，会造成重大人员伤亡和财产损失。无人机在海上救援相对于有人机有独特的优势。

（一）无人机对起降场地要求低，起飞准备时间短

无人机机动性和灵活性比较强，当到达作业区域内后，能够在很短时间内完成起飞作业，快速地抵达遇险海域上空；能够根据任务性质搭载不同的任务模块设备，及时准确地侦察搜索与救援，并将收集到现场信息快速传输至后方指挥调度中心，为实施救援提供信息决策和加强海上搜索救援能力。

（二）无人机智能化水平比较高

无人机具有自主飞行能力、自主侦查与识别能力，不但能提高搜救效率、增加搜救的可靠程度，而且能快速定位搜救目标，满足搜救信息化和数据传输能力。无人机的飞行路线可由机载的计算机进行控制，并具有多机联合集群搜寻能力，能在短时间内覆盖较大的范围，快速搜寻和定位到遇险目标提高搜救效率，减低事故造成后果的严重性。

（三）无人机安全风险系数低

无人机在执行任务时是通过地面遥控或自主程序进行飞行，无人机上没有操纵人员，而不存在人员安全的风险，不会直接造成人员的伤亡。虽然有人机的安全系数很高，但是还是有机毁人亡的小概率事件发生，而无人机发生意外后只是无法进行回收，不用担心操纵人员的人身安全。

（四）无人机维护成本较低

无人机与传统的搜寻直升机、搜救船艇相比，其制造维护成本低廉、能源利用率高、经济性更佳，尤其对地面勤务保障要求很低，不需要专门的跑道和庞大的地勤人员进行维护，满足降低搜寻成本的需要。

三、无人机在海上救援中的任务与实施

无人机具有的无人化、轻便、小型、迅速起降、气候条件适应性强等特点，在海上救援过程中起到了重要的作用，可以在最短时间里实现救援任务，降低路面救援队伍的危险性，将海上损失降低到最小化，充分体现出无人机的辅助救援预警作用。

（一）无人机在海上救援中的任务

无人机在海上救援中主要的任务是进行落水人员的搜索与定位、海滩预警警示、投放救生圈及医疗物资，从而达到辅助救援的目的。

（二）无人机在海上救援任务中的实施

无人机在海上救援中的实施难度较大，要根据其物理性能及结合现场环境条件开展有效实施，在救援搜索中能够配合水面的船舶执行扇形搜索、扩展方形搜索及航迹线搜索等任务。在离岸较远的海上开展搜救时，需要使用续航能力强、抗风性能好的大型无人机，而且往往使用舰艇作为无人机平台，开展协同作业。

1. 人员搜索与定位

在广阔的水域中，无人机通过搭载双光侦察模块对落水人员进行搜救，尤其海水的温度和人体的温度相差较大，利用热红外和可见光交替使用的侦察模式，很容易找到落水人员。如果仅仅依靠人工搜救或者船舶搜救，在搜救的过程中会存在许多盲点，达不到理想的效果。无人机开展搜救工作时会具有一定的飞行高度，视频图像所获取的范围会比船只上获取的范围要大。在搜救最初阶段可以用无人机对落水人员进行锁定，初步锁定后指派直升机或者船只进行营救，既能够节约时间，又可以节省大量的人力和物力资源，有效提高搜救的成功概率。利用无人机的地面站航线规划功能，可设置扇形搜索航线、扩展方形航线以及航迹线航线等，并且能够作为载人航空器搜索侦察方法的补充。无人机在船舶行驶中进行起降作业时，作业点应选择船尾，无线缆、旗杆遮挡的开阔平台作为起降垫。在配合船舶进行搜索时，无人机侦察搜索的航线，进场时与船舶行进方向相同，出场时航线方向与船舶行进方向相反。无人机配合船舶进行协调搜索航线如图 8－3 所示。

2. 预警警示

在海上船舶火灾事故救援行动中，无人机得到了非常广泛的应用。当海上船舶或者是钻井平台出现危险时，都会造成比较严重的后果，利用无人机开展侦察搜救任务，可以及时了解到船舶的火灾情况和人员的伤亡程度，并将信息及时反馈给救援人员，以便于可以展开及时的援助工作。无人机除了可以对险情进行信息收集外，还可以积极地投入海上火灾扑灭工作。在海上救援行动的开展过程中，地面上的救援队伍无法在第一时间了解海上危险情况，无人机通过搭载声光电载荷，在制高点对海上的情况进行全方位观察和预警，

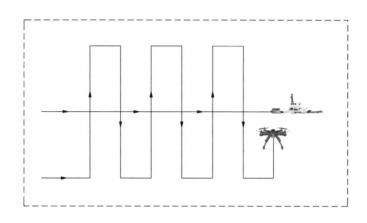

图8-3 无人机配合船舶进行协调搜索航线示意图

当出现危险情况时，通过喊话器将消息传递给救援人员，为救援人员起到预警警示的作用。

3. 投放救生圈

在海滩溺水急救中，考虑到海上风浪因素，无人机比救生员到达求救位置的速度要快很多。当无人机到达溺水人员位置时，可向其投放救生装备，救生圈或救生浮条能保持溺水者始终处于漂浮状态，从而保证在救生员到达现场前，溺水者能够凭借无人机投放的救生装备展开自救，争取更多的救援等待时间。当溺水事故发生后，无人机能以最快的速度飞往溺水人员附近，并且通过全画质、超高清摄像头实时传回画面，对落水人员及其周围环境进行初步甄别，在确定溺水人员位置后，无人机可向溺水人员投放其携带的救生圈。在投放救生圈时，可采用载重量大、一次能携带多个救生圈的无人机进行逐个投放，可以救助更多的人。在水流湍急的区域，可以通过用绳索系挂救生圈的方式进行投放，待溺水人员抓住救生圈之后再抛开绳索，这种投放方式可以避免投掷不准，也能防止救生圈被水流冲走的危险。也可以利用载重量大的无人机，将救生圈投放至溺水人员手中不抛开绳索，而是利用无人机的拉力，将溺水人员拉至岸边，从而达到救援的目的。无人机在海上给被困人员抛投救生圈的画面如图8-4所示。

4. 投送医疗救援物资

无人机具有较高的挂载能力，可以对药品以及其他的救灾物资进行投放和挂载，将特定的药品和物资运送到指定的地点；灵活应对各种环境和运输条件，展开远距离输送任务，在特定的时间进行紧急的运送。在开展失事船舶援救任务中，通过无人机对失事区域及人员生命体征进行侦察搜索，在一些医疗团队无法到达的地方可以展开海上救援，投放医疗物资让其进行自救。在舰艇编队开展巡航任务的过程中，医疗中心会设置在编队的旗舰上，如果单舰上的工作人员出现了问题，无人机可以进行医疗物资和血液样品的转移，

图 8-4　无人机抛投救生圈

帮助工作人员开展紧急突发的安全保障工作，也可以确保工作人员的安全。利用无人机进行医疗物资投送最大的优势是快，这与医疗急救要求不谋而合，因此在近海救援中无人机能提供急救服务。对于心脏衰竭、溺水、创伤以及各种呼吸问题等突发疾病，发病的前几分钟是抢救的黄金时间。通过无人机可向紧急救援人员运输除颤器、血液和血清等紧急医疗用品，以解决海滩或近海急救时物资缺乏问题。无人机搭载医疗救援箱画面如图 8-5 所示。

图 8-5　无人机搭载医疗救援箱

5. 海滩驱鲨

鲨鱼伤人是除溺水外另一个海滩常见事故。通常人类在海里游泳时，一般无法及时注意到水中的鲨鱼，而使用直升机和低空飞机长期巡逻海滩监测鲨鱼，成本高昂且效率很低，使用无人机来监测和预警鲨鱼是一个新的解决方案。2016 年，悉尼科技大学与商业无人机公司共同开发了无人机鲨鱼监测项目。研究人员通过算法"教"系统识别海中常见物体——游泳者、冲浪板、船只、鲨鱼、其他海洋生物、波浪和岩石，以最终能够实现实时标记鲨鱼、其他海洋生物和游泳者。无人机工作时，如果发现鲨鱼，可通过内置扬声器警告冲浪者和游泳者，还可投放鲨鱼趋避包及其他辅助设备，以保护海中人员安全。美国加利福尼亚州的旅游胜地海豹滩，已经使用我国大疆公司的 Phantom3 无人机进行近海鲨鱼侦查和其他环境感知任务，以确保海滩浴场安全。

四、战例分析

无人机海上救援

（一）基本情况

2018 年 1 月，在澳大利亚新兰威尔士州雷诺克斯角附近，两名少年在大约离岸 700 m 的海面进行冲浪时，被巨浪困住无法游到岸边。接到求救电话后，恰好新州海岸警卫队员们正在附近组织救生员在进行无人机操作培训，分队负责人立刻决定使用无人机实施救援，通过无人机定位到被困的两名少年，两名少年通过无人机直接投放的救生浮条，游回岸边，得到了现场观众的热烈掌声和高度赞誉。无人机在遇险者上空进行抛投救生浮条画面如图 8 - 6 所示。

图 8 - 6　无人机抛投救生浮条

（二）救援行动

2018 年 1 月 18 日上午，当地时间约 11 时 30 分，在澳大利亚新兰威尔士州雷诺克斯角附近冲浪的 2 名男孩，他们的年龄分别是 16 岁和 17 岁，两名少年在大约离岸 700 m 的海面冲浪时被巨浪困住无法游到岸边。在冲浪期间，一名市民注意到两少年疑发生意外掉落水中载浮载沉，于是打电话呼叫救生员求助。恰好新州海岸警卫队员们正在附近组织救生员在进行无人机操作培训，分队长立即做出无人机搭载救生浮条升空进行救助的指令，救生员迅速操作无人机飞向目标海域的上空，在空中通过视频侦察确定两人的位置后，无人机在其身旁抛下救生浮条，两位少年随后借助救生浮条自行游回到岸边，尽管出现过度疲劳迹象，但总算有惊无险，遇险者利用救生浮条进行逃生的画面如图8-7所示。近年来，澳大利亚一直在致力于将无人机应用于海岸警卫巡逻任务，这也是澳大利亚在海岸警卫巡逻任务投入资金最多的项目。澳大利亚的海域有两个特点：一是澳大利亚的海岸风浪特别大；二是海岸边一直是鲨鱼经常出没的海域。这两种危险因素经常致使澳大利亚海岸发生安全事故，所以政府不得不采取利用无人机进行空中巡逻措施来保障游客的安全。据有关资料显示，澳大利亚的海上救援机构 Surf Life Saving Clubs 在 2017 年采购了大约 40 架 Little Ripper 无人机用于海上救援。

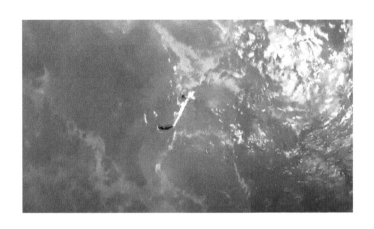

图8-7　遇险者利用救生浮条逃生画面

（三）战例小结

此次海上救援案例主要有以下特点：一是救援响应时间快。海岸救援队常态化在海边进行无人机巡逻，是这次海上救援响应时间快的主要原因，发生海上溺水事故的区域距海岸警卫队进行无人机飞行训练的地方比较近，减少了无人机运输和组装的环节，从无人机接到求救信号到实施救援总共用时 70 s。二是人员搜索定位迅速准确。海岸警卫队接到求救电话后，救生员能够迅速操作无人机搭载救生浮条，飞行至目标区域并展开搜索，通过无人机搭载的高清摄像头辨别到溺水人员，准确快速地侦察到溺水的两名人员，侦察搜索时间较短。三是瞄准速度快、抛投精度高。在海上抛投救生浮条难度很高，因为救生浮条重量比较轻，而海上风力比较大，对抛投的精准度影响比较大，能在大风的情况下，把救生浮条抛投在溺水人员的旁边，得益于操作手的精准控制及平时常态化的抛投训练。

📖 **习题**

1. 简述山岳事故救援的特点。

2. 无人机进行物资投送时，投送的类型有哪些？

3. 无人机在山岳救援中的应用有哪些？

4. 简述海上事故救援的特点。

5. 无人机在海上救援中的优势有哪些？

第九章　无人机应用保障管理

无人机的高效应用涉及方方面面，其应用保障管理是无人机应用的基础。本章从飞行安全、综合保障和装备管理 3 个方面介绍无人机应用过程中的重要保障环节。

第一节　飞　行　安　全

在我国民用无人机归属于民用航空器，与国家体委主管的航模飞机不同，是由中国民用航空局（以下简称民航局）牵头管理的。民航局与无人机相关的 3 个主要管理部门是飞行标准司、适航审定司和运输司。

近年来，我国无人机产业市场规模爆发式增长，相比管理却相对滞后。管理和应用往往是一对矛盾，又共同在矛盾中发展。时代赋予无人机技术爆炸式发展的机会，而限制应用、离开应用，无异于让创新力量闭门造车。对于无人机应用，一方面可通过制定行政法规进行管理，另一方面通过技术标准进行规范，管理规定还应避免一刀切地禁飞、限飞。

一、相关法律法规

（一）无人机相关法规与文件

我国通用航空的法规是比较完整的，对民用无人机的管理思路，基本上是按照现有相关通用航空法规框架来进行发展和完善。目前，我国无人机的监管文件体系相对滞后，在民航法律法规、无人机法律法规、无人机规范性文件和无人机标准体系文件方面陆续出台了一系列监管文件和标准体系文件，很多文件仍处于征求意见稿、试行阶段亟须进一步完善。目前，我国出台的无人机监管及标准化相关文件，见表 9 - 1。

表 9 - 1　我国无人机监管及标准化相关文件

文　号	文 件 名 称	文件分类	发文日期	备　注
MH/T 2011—2019	《无人机云系统数据规范》	行业标准	2019 - 06 - 24	
—	《无人驾驶航空器飞行管理暂行条例（征求意见稿)》	行政法规	2018 - 01 - 26	
MH/T 2009—2017	《无人机云系统接口数据规范》	民用航空行业标准	2017 - 10 - 20	

表 9 - 1（续）

文　号	文件名称	文件分类	发文日期	备　注
MH/T 2008—2017	《无人机围栏》	民用航空行业标准	2017 - 10 - 20	
—	《无人驾驶航空器系统标准体系建设指南（2017—2018 年版）》	技术性文件（标准体系）	2017 - 06 - 06	
AP - 45 - AA - 2017 - 03	《民用无人驾驶航空器实名制登记管理规定》	规范性文件（管理程序）	2017 - 06 - 01	
MD - TM - 2016 - 004	《民用无人驾驶系统空中交通管理办法》	规范性文件（咨询通告）	2016 - 09 - 21	
AC - 61 - FS - 2016 - 20 - R1	《民用无人机驾驶员管理规定》	规范性文件（咨询通告）	2016 - 07 - 11	
AC - 91 - FS - 2015 - 31	《轻小无人机运行规定》	规范性文件（咨询通告）	2015 - 12 - 29	2019 - 01 新修订

2014 年 7 月，国务院、中央军委空中交通管制委员会（以下简称"国家空管委"）发布《低空空域使用管理规定（试行）》（征求意见稿），明确"低空空域"原则上是指真高 1000 m（含）以下区域。山区和高原地区可根据实际需要，经批准后可适当调整高度范围。该规定征求意见稿从空域分类划设、空域准入使用、飞行计划审批报备、相关服务保障、行业监管和违法违规飞行查处五大方面，对低空空域的管理使用进行了详细、有实操性的规定，将成为未来我国低空空域使用管理的基本依据。

2015 年 4 月 23 日，民航局下发《关于民用无人驾驶航空器系统驾驶员资质管理有关问题的通知》，主要解决无人机的驾驶员资质管理问题。

2015 年 12 月 29 日，民航局飞标司正式发布《轻小无人机运行规定（试行）》，自下发之日起生效。这是我国专门针对无人机进行管理的第一部行政规定（咨询通告）。

2016 年 7 月 11 日，民航局飞行标准司发布《民用无人机驾驶员管理规定》（咨询通告编号 AC - 61 - FS - 2016 - 20R1），对原《民用无人驾驶航空器系统驾驶员管理暂行规定》进行了修订。

2018 年 8 月 31 日，民用航局飞行标准司印发《民用无人机驾驶员管理规定》，对原《民用无人机驾驶员管理规定（AC - 61 - FS - 2016 - 20R1）》进行了第二次修订。

2019 年 1 月 4 日，民航局发布"关于对《轻小无人机运行规定》咨询通告征求意见的通知"。通知中提到，飞行标准司修订了咨询通告《轻小无人机运行规定》，修订的主要内容包括调整无人机运行管理分类，明确无人机云交换系统定义及功能定位，增加无人机云系统应具备的功能要求，细化提供飞行经历记录服务的条件，更新取消无人机云提供商试运行资质的政策等。

2019 年 6 月，为规范无人机云系统功能和数据内容及格式，确保无人机系统与无人机云系统之间及无人机云系统与国家无人机综合监管平台数据传输的有效性和安全性，促进无人机行业协调发展，民航局飞行标准司于 2019 年 6 月 24 日委托中国民航科学技术研究院编写了《无人机云系统数据规范》行业标准。

（二）无人机分类和驾驶员管理规定

1. 无人机分类

世界各国对于无人机几乎都是在分类的基础上进行管理的，无人机系统分类较多。《轻小无人机运行规定（试行）》将无人机分成七大类，且要求部分无人机接入无人机云和使用电子围栏。2016 年 7 月 11 日，民航局飞行标准司发布了《民用无人机驾驶员管理规定》，全面系统地明确了我国无人机分类体系，共 9 个类别，为便于与国际接轨，分类以罗马数字表示。相比《轻小无人机运行规定（试行）》的分类方法，前 7 类完全一致，另增加了第 XI 类和第 XII 类。分类表中从 VII – XI 之间暂缺，是为今后行业无人机等类别预留的类别。为便于理解，加了一列一般中文常用的表述分类，见表 9 – 2。

表 9 – 2　《民用无人机驾驶员管理规定》无人机分类

分　类	空机重量/kg	起飞重量/kg	一般表述
I	$0 < W \leqslant 1.5$		超微型
II	$1.5 < W \leqslant 4$	$1.5 < W \leqslant 7$	微型
III	$4 < W \leqslant 15$	$7 < W \leqslant 25$	小型
IV	$15 < W \leqslant 116$	$25 < W \leqslant 150$	轻型
V	植保类无人机		
VI	无人飞艇		
VII	超视距运行的 I 、II 类无人机		
XI	$116 < W \leqslant 5700$	$150 < W \leqslant 5700$	中型、大型
XII	$W > 5700$		重型

2. 驾驶员管理规定

2018 年 8 月 31 日，民航局飞行标准司印发了《民用无人机驾驶员管理规定》（以下简称《规定》）。《规定》针对目前出现的无人机系统的驾驶员实施指导性管理，并将根据行业发展情况随时修订，最终目的是按照国际民航组织的标准建立我国完善的民用无人机驾驶员监管体系。

1）管理机构的要求

《规定》中明确驾驶员身体、技能及对驾驶员的管理，对其要求如下：

（1）下列情况下，无人机系统驾驶员自行负责，无须执照管理。

① 在室内运行的无人机。

② Ⅰ、Ⅱ类无人机（如运行需要，驾驶员可在无人机云交换系统进行备案。备案内容应包括驾驶员真实身份信息、所使用的无人机型号，并通过在线法规测试）。

③ 在人烟稀少、空旷的非人口稠密区进行试验的无人机。

（2）在隔离空域和融合空域运行的除Ⅰ、Ⅱ类以外的无人机，其驾驶员执照由局方实施管理。

① 操纵视距内运行无人机的驾驶员，应当持有按本规定颁发的具备相应类别、分类等级的视距内等级驾驶员执照，并且在行使相应权利时随身携带该执照。

② 操纵超视距运行无人机的驾驶员，应当持有按本规定颁发的具备相应类别、分类等级的有效超视距等级的驾驶员执照，并且在行使相应权利时随身携带该执照。

③ 教员等级。一是按本规则颁发的相应类别、分类等级的具备教员等级的驾驶员执照持有人，行使教员权利应当随身携带该执照。二是未具备教员等级的驾驶员执照持有人不得从事下列活动：向准备获取单飞资格的人员提供训练；签字推荐申请人获取驾驶员执照或增加等级所必需的实践考试；签字推荐申请人参加理论考试或实践考试未通过后的补考；签署申请人的飞行经历记录本；在飞行经历记录本上签字，授予申请人单飞权利。

2）局方要求

局方对无人机系统驾驶员的管理有如下要求。

（1）执照要求：

① 在融合空域 3000 m 以下运行的 XI 类无人机驾驶员，应至少持有运动或私用驾驶员执照，并带有相似的类别等级（如适用）。

② 在融合空域 3000 m 以上运行的 XI 类无人机驾驶员，应至少持有带有飞机或直升机等级的商用驾驶员执照。

③ 在融合空域运行的 XII 类无人机驾驶员，应至少持有带有飞机或直升机等级的商用驾驶员执照和仪表等级。

④ 在融合空域运行的 XII 类无人机机长，应至少持有航线运输驾驶员执照。

（2）对于完成训练并考试合格人员，在其驾驶员执照上签注信息包括：无人机型号；无人机类型；职位，包括机长、副驾驶。

（3）熟练检查：驾驶员应对每个签注的无人机类型接受熟练检查，该检查每 12 个月进行一次。检查由局方可接受的人员实施。

（4）体检合格证：持有驾驶员执照的无人机驾驶员必须持有按中国民用航空规章《民用航空人员体检合格证管理规则》（CCAR－67FS）颁发的有效体检合格证，并且在行使驾驶员执照权利时随身携带该合格证。

（5）航空知识要求：申请人必须接受并记录培训机构工作人员提供的地面训练，完成下列与所申请无人机系统等级相应的地面训练课程并通过理论考试。

（6）飞行技能与经历要求：申请人必须至少在下列操作上接受并记录培训机构提供的针对所申请无人机系统等级的实际操纵飞行或模拟飞行训练。

（7）飞行技能考试要求：

① 考试员应由局方认可的人员担任。

② 用于考核的无人机系统由执照申请人提供。

③ 考试中除对上述训练内容进行操作考核，还应对下列内容进行充分口试：所使用的无人机系统特性；所使用的无人机系统正常操作程序；所使用的无人机系统应急操作程序。

二、运行安全

影响运行安全的要素有驾驶员、无人机、运行环境、操作安全等方面。

在驾驶员层面，除持有驾驶员执照外，还必须持有按中国民用航空规章《民用航空人员体检合格证管理规则》颁发的有效体检合格证。驾驶员在操控新机型前，务必要熟读其产品使用手册，牢记注意事项。

在运行环境方面，尽量选择空旷无遮挡的场地起飞，尽量避免在高层建筑物中间、有树木等遮挡物的地点、楼顶或桥梁等由钢筋混凝土构成的平面起飞，如果无法规避，可以尝试把无人机架空悬高。

在操作安全方面，无人机主要涉及飞行前、飞行实施中、飞行结束后的具体要求。

（一）飞行前检查

为确保无人机运行安全，要进行飞行前检查。通过飞行前检查，无人机驾驶员可以确定无人机是否适航和处于安全运行状态。无人机是复杂精密的设备，飞行中机身会承受很大的作用力，可能导致一些物理损坏，飞行前的机身检查有助于及时发现这些损坏，从而保证飞行安全。机身检查应当包括以下项目：

（1）机身是否有裂纹。

（2）螺丝钉或紧固件有无松动或损坏。

（3）螺旋桨有无损坏、变形以及安装是否紧固。

（4）电池安装是否牢固。

（二）特情处置

无人机除了在保障装备人员安全的同时，飞行实施中的操作安全具体参照各种类飞行器的操作说明书。无人机的飞行路线要远离建筑物、信号塔、变电站等，严禁在人群密集的场地上空飞行，注意避开鸟类、风筝等空中物体，驾驶员在飞行时一定要注意观察飞行环境，不过分依赖视觉避障系统。同时要做好飞行中无人机特情处理，保证无人机运行安全，以下列举几种无人机飞行中出现的问题供参考。

1. 无人机指南针受到干扰

一般来讲，若是无人机在高空发生指南针干扰时，周边空域较宽广情况下，多是先打到姿态模式，手动控制住飞行，再让其升降或远离来脱离干扰源。脱离干扰源后，若指南针干扰报警消除，则可切换回定位模式飞行；若是指南针干扰报警未消除，则要小心迫降，对指南针进行重新校准。

在飞行时，要避开电力线、铁塔、基站天线、高层建筑等，同时尽量不要贴地、贴水面、贴近建筑物飞行，防止受到意外干扰导致失控，保持飞行安全距离。在任务需要抵近侦察时，如果配有光学变焦镜头或带有数码变焦功能，则尽量在一定距离外侦察。此外，起飞地区的选择很重要，最好周边有一定的开阔度，同时注意地面以下的影响，比如地下有涵洞、金属结构等，也可能引起指南针干扰。在复杂空域超低空飞行时，适当降低飞行速度，多观察，增加特情处置的反应时间。

2. 无人机受到风切变等局部恶劣气象条件影响

飞机在空中受到气象条件等多方面的影响，尤其是在复杂空域超低空穿越飞行时，遇到风切变或局部对流等情况可能会带来危险，看似安全的飞行，一阵风过来可能就立刻陷入危险之中。即使没有自然风影响，超低空飞行时无人机旋翼下洗气流吹到周边障碍物引起的湍流对飞行的影响也很大，所以飞行中要尽量与周边障碍保持安全距离，条件允许的情况下最好高于障碍物数倍机身高度飞行，起降时选择较空旷场地。出现碰撞等危险后，应尽快判断出飞机方向脱离危险区域并降落检查。出现空中特情时要沉着冷静，若急于脱离危险区域而不仔细判断飞机方向有可能造成二次事故，更不要强行续飞。

3. 无人机图传信号丢失或卫星信号弱

城市中无线电信号较多，像 Wi-Fi 等多采用 2.4 GHz，当无人机采用 2.4 GHz 频率工作时，较容易受到干扰，可以考虑选择 5.8 GHz 频率进行目视飞行，当需要超视距飞行时，相对来说 2.4 GHz 的信号穿透能力强一些，起飞前可以测试周边无线信号的情况。在飞行中，可能遇到干扰导致图传信号丢失，也可能是飞到建筑后面被遮挡或是峡谷中而导致图传信号丢失，亦或是超出了遥控范围。

比如，在峡谷中飞行时，由于天空中可接收的卫星数量少，导致卫星导航信号弱而漂移。在遥控信号没有失联的情况下，由于飞机上天线有方向性，可以根据遥控器屏幕地图上显示的航线及航向调整飞机回退，或者让飞机拉升高于遮挡信号的建筑，使图传恢复和接收更多的卫星导航信号。飞行中要注意信号强度，不要飞出遥控范围，若所有信号丢失，可以尝试调整遥控器天线方向，登上消防车高处进行尝试遥控与飞机连接。

4. 电池温度问题导致无人机坠毁

在冬天电池温度较低时，出现电池功率限制报警；夏天电池温度较高时，会出现电池过热报警等情况。由于悬停需要更大的动力，大机动飞行也需要很大的动力，这种空中特情处置的基本思路是：首先避开人群安全第一。其次是不要悬停或作大机动飞行防止电供应不上，可以边下降边飞行，通过目视和图传显示观察周边地形，就近迫降到高度相近、距离靠近的楼顶或露台等；或是在拉回飞机过程中从较为茂盛的树木上方飞行，这样即使飞行过程中飞机意外掉电坠落在树木上，由于树叶缓冲保护，飞机一般不至于直接坠毁。从无人机研制的角度，可以考虑双电池或多电池冗余、电池保温贴，当有个别电池出现问题时，也能确保安全降落。

（三）飞行后检查

以前，应急救援队员对使用的无人机了解比较片面，认为无人机的设计、组装、调试和飞行是无人机的全部，加上没有太多的连续飞行任务，对无人机的维护保养一直不太在意，经常是飞完后直接装箱，飞的时候再拿出来组装飞行。随着任务的增加，无人机出现的问题浮出水面，主要表现在再次飞行时发现零部件缺失，导致无法飞行；组装过程中发现飞机有损坏的地方；飞行过程中经常出现发动机熄火、电池异常，甚至在飞行中发生无人机解体的情况。

出现问题的原因有：无人机飞行后没有将零部件和工具归位，导致再次飞行时缺少东西；在飞行后没有对无人机进行全面彻底地检查，不能发现使用后造成的损坏；重要的设备没有定期检修，长时间使用造成损坏。因此，在任务执行结束后，应该进行以下操作来保证无人机的运行安全。

1. 飞行平台检查

如果飞行平台非正常姿态触地，应优先检查碰撞处的损伤情况；检查记录机载电源电压；检查吊舱、双目视觉系统、舵机、飞控、电动机的供电线缆连接情况是否完好；检查机体、连接件、电机、起落架、天线、飞控、螺旋桨外观有无损伤、变形、污垢，紧固螺栓是否拧紧。

2. 任务设备检查

检查吊舱外观是否完好，吊舱光学设备保护外罩是否损伤、划痕；检查双目模块、双目主控外观是否完好，是否有划痕、损伤等异常情况；镜头表面应洁净、无污染。

3. 影像检查

检查记录图片数量与预计数量是否相符、相差多少；与 POS 数据一一对应；检查图片大小是否是最大值，记录单张影像的大小（大概值，单位 M）；检查视频、图片色彩是否饱满，锐度是否清晰（看地物边缘），反差适中（看阴影部分）；观察地物，判断影像分辨率是否满足设计要求。

4. 整理设备、场所

将无人机系统断电，分解至储存、运输状态；将分解后的无人机装箱，随机工具放入专用工具箱；恢复场所原有秩序。

第二节　综　合　保　障

一、空域保障

（一）无人机空域

空域是指地球表面以上可供航空器运行的一定范围的空间，是航空器运行的环境。其主要组成要素包括一定的空间范围，位置点，航路或航线，飞行高度、方向、位置和时间等限制，通信、导航和监视设施。空域资源具有介质性、有限性和连续性等自然属性，也具有公共性、主权性、安全性和经济性等社会属性。

目前，我国民用无人驾驶航空器系统使用的空域分为融合空域和隔离空域。融合空域是指有其他载人航空器同时运行的空域。隔离空域是指专门分配给无人驾驶航空器系统运行的空域，通过限制其他载人航空器的进入以规避碰撞风险。隔离空域由空管单位会同运营人划设，明确水平范围、垂直范围和使用时段。已经划设的隔离空域，经飞行管制部门同意后，单位或者个人可以使用。

（二）飞行计划申请

1. 飞行计划申请程序

从事无人机飞行活动的单位或者个人实施飞行前，应当向当地飞行管制部门提出飞行计划申请，经批准后方可实施。飞行计划申请应当于飞行前一日 15 时前，向所在机场或者起降场地所在的飞行管制部门提出；飞行管制部门应当于飞行前一日 21 时前批复。

国家无人机在飞行安全高度以下遂行作战战备、反恐维稳、抢险救灾等飞行任务，可适当简化飞行计划审批流程。

微型无人机在禁止飞行空域外飞行，无须申请飞行计划。轻型、植保无人机在相应适飞空域飞行，无须申请飞行计划，但需向综合监管平台实时报送动态信息。

2. 飞行计划内容

（1）组织该次飞行活动的单位或个人。

（2）飞行任务性质。

（3）无人机类型、架数。

（4）通信联络方法。

（5）起飞、降落和备降机场（场地）。

（6）预计飞行开始、结束时刻。

（7）飞行航线、高度、速度和范围，进出空域方法。

（8）指挥和控制频率。

（9）导航方式，自主能力。

（10）安装二次雷达应答机的，应注明二次雷达应答机代码申请。

（11）应急处置程序。

（12）其他特殊保障需求。

有特殊要求的，应当提交有效任务批准文件和必要资质证明。

3. 飞行计划批准权限

无人机飞行计划按照下列规定权限批准：

（1）超出飞行管制分区在飞行管制分区内的，由负责该区域飞行管制的部门批准。

（2）超出飞行管制分区的，由空军批准。

（三）应急救援空域申报

1. 日常训练空域申报

不同地区，日常训练空域申报略有差异。以北京地区为例，对于需要持续性在某地开展的飞行训练，例如无人机飞行训练场地，需要向相关战区空军参谋部航管处申请批准飞行空域，填写通用航空临时飞行空域审批表（表9-3），审批同意后代表获得临时空域飞行权利。

表9-3 通用航空临时飞行空域审批表

参航函〔××××〕××号

飞行单位		任务单位	
机型/机号/数量			
起降场地			
执行日期		任务类型	
联系人、电话			
临时空域范围及飞行高度			
飞行计划申报单位及电话			
飞行调配			
相关要求			
审批部门意见			
承办单位		联系电话	

临时空域获批后，飞行前一天15时前通过低空申报系统（http://www.yeahfei.com/）提出次日飞行计划申请；飞行前1 h，提出飞行申请，经批准后方可实施，起飞、降落等飞行情况要及时通报，飞行计划申报批准页面如图9-1所示。

2. 应急救援任务空域申报

按照《无人驾驶航空器飞行管理暂行条例（征求意见稿）》规定，使用无人机执行反恐维稳、抢险救灾、医疗救护或者其他紧急任务的，可以提出临时飞行计划申请。临时飞行计划申请最迟应当于起飞30 min前提出，飞行管制部门应当在起飞15 min前批复。

抢险救灾等紧急任务空域申报，应由应急部门提出申请，现场指挥部向相关部门申报。

国家各地的消防救援队伍应该与航空管理单位加强联系，提升消防无人机在空域里的申请审核管理机制，加强日常训练时的空域申报管理。对于救援抢险等飞行任务，应该简化审批程序，提升运营效率，方便救援。

图 9 - 1　系统飞行计划申请页面

二、动力保障

无人机及其配套装备在应急救援现场需要动力来源，目前无人机及其配套的动力主要有电、油、气等能源提供，为做好应急救援现场的动力保障，需注意以下安全问题及保障。

（一）电力保障

无人机在消防救援领域有广泛的应用，在各类应急救援中，需要使用电动无人机、通信等设备，它们都以电能作为能源。电力供应一旦中断，应急救援行动将寸步难行，无法快速有效地完成救援目标。根据救援任务现场实际，电力保障主要有市电、应急电源、发电设备3种方式。

1. 市电保障

在救援任务现场，如有市电保障，优先考虑通过外接电源将市电接入现场，保障无人机、通信等设备的正常使用。在使用市电时要注意以下用电安全事项：

（1）不要超负荷用电，如用电负荷超过规定容量，应到供电部门申请增容。

（2）要选用合格的电线、开关、插头、插座等。

（3）不要使用国家明令禁止或者淘汰开关、插头、插座等。

（4）对规定使用接地的用电设备的金属外壳要做好接地保护，不要忘记给三眼插座、插座盒安装接地线；不要随意将三眼插头改为两眼插头。

（5）不用湿手、湿布擦带电的设备、开关和插座等；插拔电源插头时不要用力拉拽电线，以防止电线的绝缘层受损造成触电。

（6）勿违规在给大容量电池充电，充电时不要离人。

（7）避免在雷雨天气的环境下使用带电物品，以防充电器、电插排等遭受雷击，导致损坏，发生触电的危险。

（8）发生触电，要采取急救措施，坚持迅速脱离电源、就地急救处理、准确使用人工呼吸，坚持抢救的原则。

2. 应急电源保障

在救援任务现场，市电无法保障或正常用电设备遭到破坏时，要考虑使用应急电源，在任务出发前根据实际作业需要，统筹考虑用电设备数量、检查储电设备的性能、完成储电工作，保障任务现场的供电需要。

不间断电源（Uninterruptible Power System，UPS），是一种含有储能装置的设备，如图 9 - 2 所示。它以逆变器为主要组成部分的恒压恒频的不间断电源，主要用于给电力电子设备提供不间断的电力供应。当市电输入正常时，UPS 将市电稳压后供应给负载使用，此时的 UPS 就是一台交流市电稳压器，同时它还向机内电池充电；当市电中断（事故停电）时，UPS 立即将机内电池的电能，通过逆变转换的方法向负载继续供应 220 V

图 9 - 2 UPS

交流电，使负载维持正常工作并保护负载软件、硬件不受损坏。UPS 设备通常对电压过大和电压太低都提供保护。UPS 电源在野外无市电可用的环境下，以其高可靠性的不间断电源供应保障了无人机、通信等装备高效安全运行。

UPS 有不同品牌，使用过程中务必仔细阅读使用说明书与注意事项，遵照使用说明，按步骤依法使用，要妥善保管使用说明书；设备搬运过程务必小心轻放，按照使用操作规范进行使用与维护，避免超负荷使用；设备出现异常现象，依据异常处理程序依法处理，避免出现人员触电伤害。

UPS 日常保养要注意做到定期日常清洁，确保使用寿命；清洁时用软布擦拭外壳；每月定期检查各连接线，防止碰撞、松动或潮湿；UPS 进出风口要保持通畅，每月定期检查进出风口是否有异物堵塞。

3. 发电设备保障

当救援现场既没有市电，也没有应急电源保障时，需要通过发电设备进行电力保障，可以选择发电机或发电车。

发电机是将其他形式的能源转换成电能的机械设备。它由水轮机、汽轮机、柴油机或其他动力机械驱动，将水流、气流、燃料燃烧或原子核裂变产生的能量转化为机械能传给发电机，再由发电机转换为电能。发电机的形式很多，但其工作原理都基于电磁感应定律和电磁力定律。因此，其构造的一般原则是：用适当的导磁和导电材料构成互相进行电磁感应的磁路和电路，以产生电磁功率达到能量转换的目的。目前，野外用发电机以柴油发电机为主。

发电车是装有电源装置的专用车，可装配电瓶组、柴油发电机组、燃气发电机组，如图9-3所示。装配发电机组的车厢要求消音降噪，还要配置辅助油箱、电缆卷盘、照明灯等设备。

(a) 发电机　　　　　　　　　　　　　　　(b) 发电车

图9-3　柴油发电机与发电车

使用发电设备应注意以下事项：

（1）附近不得放置油料或其他易燃物品，并应设置消防器材，如有火情，应先切断电源并立即扑救。

（2）发电机的连接件应牢固可靠，转动部位应有防护装置，输出线路应绝缘良好，各仪表指示清晰。

（3）运转时，操作人员不得离开机械，发现异常立即停机，查明原因并故障排除后，方可继续工作。

（二）油保障

在消防救援现场，大型油动无人机的发动机使用燃料提供动力来源，为做好油的保障，专业人员需要掌握燃料的成分、配方、配置方法及注意事项。

1. 混合油成分和配方

活塞式无人机发动机一般将燃料和润滑剂等混合在一起使用，这种混合液称作混合油。在混合油中，除燃料和润滑剂外，有时根据需要还要加入用以改善启动性能、抗爆震、提高工作稳定性和增大功率等作用的添加剂。压燃式、电热式和电点火式发动机用混合油的成分和配方如下。

1）压燃式发动机用混合油

（1）混合油成分及其作用。

煤油：燃料，燃烧做功的主要成分。

蓖麻油：润滑剂，可减少摩擦。

乙醚：燃料，引起爆燃，燃烧做功的次要成分。

亚硝酸戊酯、亚硝酸异戊酯：添加剂，稳定燃烧，防止爆震，降低油耗，提高功率，增大调节适应范围。

（2）混合油配方中各组分的含量范围（体积百分含量）如下所述。

煤油：33.3% ~45% 。

蓖麻油：25% ~35% 。

乙醚：30% ~45% 。

亚硝酸戊酯或亚硝酸异戊酯：1% ~5% 。

（3）常用配方（体积百分含量）见表9-4。

表9-4 压燃式发动机用混合油常用配方 %

配方种类和成分	煤油含量	乙醚含量	蓖麻油含量	亚硝酸戊酯或亚硝酸异戊酯含量
基本配方	33.3	33.3	33.3	—
一般用配方	35.0	34.0	30.0	1.0
大功率配方	40.0	32.5	25.0	2.5

注：基本配方主要用于磨合和一般飞行；一般用配方改善了启动性能，增大了功率，主要用于练习飞行；大功率配方可以使发动机达到最大功率，主要用于执行特殊任务。

2）电热式发动机用混合油

（1）混合油成分及其作用。

甲醇：燃料，燃烧做功的主要成分。

蓖麻油：润滑剂，可减少摩擦。

硝基甲烷：添加剂，可改善启动性能，提高工作稳定性，增大功率。

（2）混合油配方中各组分的含量范围（体积百分含量）如下所述。

甲醇：70% ~80% 。

蓖麻油：20% ~30% 。

硝基甲烷：3% ~15% 。

（3）常用配方（体积百分含量）见表9-5。

在基本配方中添加少量（如5%左右）的硝基甲烷，可有效地改善发动机的启动性能，提高运转的稳定性以及扩大调节的适应范围和改善风门的调节特性。但使用后应及时清洗发动机，以防硝基甲烷燃烧生成物腐蚀发动机零部件。

3）电点火式发动机用混合油

（1）混合油成分及其作用。

汽油：燃料，燃烧做功的主要成分。

机油：润滑剂，可减少摩擦。

表9-5　电热式发动机用混合油常用配方　　　　　　　　　　　　　　%

配方种类和成分	甲醇含量	蓖麻油含量	硝基甲烷含量
基本配方	75	25	—
一般用配方	80	20	—

注：基本配方主要用于磨合和一般飞行；一般用配方改善了启动性能，增大了功率，主要用于练习飞行，主要用于执行特殊任务。

（2）常用配方中机油与汽油的比例：1：25 ~ 1：50。磨合用1：25；一般飞行用1：40。

2. 混合油的配制

1）油料的选用

混合油使用的煤油可用一般灯用煤油；汽油为车用汽油，牌号按发动机说明书的要求；甲醇、乙醚和蓖麻油都可用工业用品，乙醚和蓖麻油也可用医药用品，由于它们的含酸值较高，使用时应经常清洗发动机。

2）混合油配制过程

（1）配制用具：配制前应准备液体体积量具，如量筒或量杯及注射器等。量筒、量杯的规格依混合油配制量而定，一般是量筒、量杯的容量小于配制量。另外，还要准备配制容器，它的容积最好是配制混合油体积的2倍左右，即留有与配制混合油体积相同的空间，以达到有足够的摇动强度，保证混合油能充分混合溶解。混合油的贮存容器最好用深色或不透光材料制成的瓶或桶，用于压燃式发动机混合油的容器最好是玻璃或金属制成，进出油口应为小口，并有能旋紧密封的盖子。

（2）配制顺序：

① 按混合油配方中各组分的体积百分含量，依混合油配制量计算出各组分的实际体积量，然后分别用量筒、量杯或注射器称量出后倒入配制容器中，摇动混合。

② 应将配方中难溶解和溶解性强的组分先行混合，再加入其他组分。压燃式发动机用混合油应先将蓖麻油溶于乙醚中，摇匀溶解后再充入煤油摇匀，最后注入添加剂亚硝酸戊酯或亚硝酸异戊酯。电热式发动机用混合油是先将蓖麻油溶于甲醇中，摇匀后再注入硝基甲烷。电点火式发动机用混合油配制最简单，将机油倒入汽油中摇匀即可。

③ 配制后，在容器中密闭静置24 h以上，经过滤后才能使用。过滤可用滤纸，最好使用管路过滤器在密闭状态下过滤，以防止易挥发组分的挥发。例如，乙醚等因挥发而减量，会影响使用性能。

3）注意事项

配制混合油的燃料和添加剂都是易燃易爆和有毒的物质，如硝基甲烷、亚硝酸异戊酯，在碰撞和敲击时可能引起爆炸；乙醚是医用麻醉剂，不慎吸入会引起昏迷；误服甲醇会危害循环和呼吸系统，导致失明或死亡；硝基甲烷能损伤神经系统和肝肾等。但只要正确操作，一般是安全的。配制时应注意以下事项：

（1）配制应在清凉、干燥、通风、无灰沙和远离火源的地方进行，配制人员应在上风处操作。

（2）配制人员应熟悉物料性质，正确操作，并加强防护。如手上有伤，必须戴防护手套；吸取灌装甲醇时，如溅入眼睛，应及时用清水冲洗，最好佩戴防护眼镜和口罩。

（3）燃料、添加剂和混合油应置于远离火源的地下或半地下，并应远离工作室和居室。

（三）气保障

氢燃料电池是一种高效、清洁的发电装置，能量转化效率高、噪声小，近些年来开始以一种新能源动力形式应用于无人机。当采用氢燃料电池的无人机执行消防救援任务时，需要燃气保障，氢气可以采用氢气瓶和制氢机两种方式保障。

氢气瓶用于储存燃料电池需要的氢气，包含减压阀和高压传感器，如图9－4所示。在室外使用氢气瓶时，要注意与明火或普通电气设备的间距不小于10 m，与其他可燃性气体贮存地点的间距不小于20 m，禁止敲击、碰撞；气瓶不得靠近热源，夏季防止暴晒；必须使用专用的减压器，开启气瓶时操作者应站在阀口的侧后方；阀门或减压器泄漏时，不得继续使用；阀门损坏时，严禁在瓶内有压力的情况下更换阀门。瓶内气体严禁用尽，应保留5 kPa以上的余压。

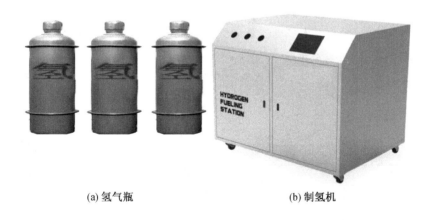

(a) 氢气瓶　　　　　　　　　　　　(b) 制氢机

图9－4　氢气瓶与制氢机

如条件允许，可配备微型加氢站，智能化实现制氢、储氢、加注的一体化制氢加压。

三、通信保障

在应急救援行动中，通信是应急救援的先行军，通信在消防救援领域有举足轻重的地位。无人机通信不仅仅体现在遥控操纵方面，还有数据和图像资料的传输方面。通信是通过信号来传输的，所以一般把无人机的无线控制信号分为遥控器信号、数据传输信号和图像传输信号。不过，遥控器终究还是一个通过数传来操纵无人机的简易控制站，使用的还是数据传输方式。虽然图传和数传使用的手段是相同的，但是为了避免图传链路坏了影响到数传链路，一般图传链路和数传链路是相互分开的。

无人机应用的通信保障主要涉及无人机和地面站的通信保障、地面站和指挥中心的通信保障。无人机信号传输技术包括 Wi – Fi 传输、4G 网络、数据卫星、COFDM 等，使用无人机及地面站具备使用自身配置通信模块条件时，直接采用对应传输技术实现通信。当救援现场环境恶劣，比如受到遮挡或距离影响使原有的传输方式无法发挥作用时，可采用自组网的方式实现无人机和地面站之间的通信。

无人机自组网的基本思想：多无人机间的通信不完全依赖于地面控制站或卫星等基础通信设施，而是在无人机上搭载自组网模块，将无人机作为网络节点，各节点间能够相互转发指控指令，交换感知态势、健康情况等数据，自动连接建立起一个无线移动网络。该网络中每个节点兼具收发器和路由器的功能，以多跳的方式把数据转发给更远节点。Mesh 中继载荷为无线数据链路提供中继转发模式，实现无人机载荷链路非视距传输，同时提供控制链路扩展功能、控制链路组网功能、载荷数据链路组网功能。基于此，可在灾场构建基于自组网节点的天地通信一张网，如图 9 – 5 所示。

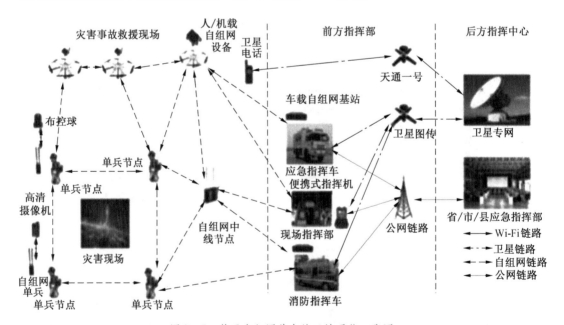

图 9 – 5　基于自组网节点的天地通信一张网

前方指挥部获取到无人机所采集的信息，可通过公网或卫星的方式传输到后方指挥中心。在实际任务现场，如有公网覆盖，优先考虑使用公网信号实现通信保障。如果公网信号不佳或遭到破坏，要考虑使用卫星来实现通信保障，比如通过搭建 Ka 卫星便携站，实现与外界通信联络。

第三节　装　备　管　理

无人机系统涵盖无人机飞行平台、任务载荷、地面站等，涉及的装备种类多、精度要求高，需要构建严密的装备管理程序。装备管理主要涉及装备配备、装备保管、装备使用、装备维护、装备运输几个环节，各环节都要建立规范化的制度与程序。

一、装备配备

无人机具有飞行速度快、视野范围广、机动灵活的特点，特别适用于突发事件的紧急部署。不同型号无人机及搭载设备，可以实现对重点区域的覆盖，达到快速反应、大面积感测、事前预防及现场救援的效果，改变了以往应急事件处理以地面信息为主的局面。根据消防救援应用场景，无人机系统的配备要坚持以下原则。

（一）数量上坚持"一主一备一训练"原则

"一主一备一训练"原则即每种类型无人机系统原则上配备 3 套，分别为实战任务机、实战备用机、日常训练机。实战任务机和实战备用机用于实战任务中，具备良好的任务性能，在日常管理中要时刻处于战备状态。训练机用于模拟训练中，其性能和参数与实战机一致。

（二）类型上坚持任务功能实现的导向原则

无人机有多种机型和配置可供选择，以应用场景及执行任务需求为主，涉及侦察监视、应急测绘、应急通信、喊话照明、物资运输等功能，同时综合考虑起降场地、预算等因素，具体装备配备要求见表9-6。

表9-6　无人机装备配备要求

实现功能	选用机型	性能要求	机载设备
侦察监视	固定（复合）翼无人机、旋翼无人机	飞行稳定，大范围侦察选用固定（复合）翼无人机，小范围精细侦察选用旋翼无人机	可见光/红外吊舱、多光谱吊舱、激光雷达
应急测绘	固定（复合）翼无人机、旋翼无人机	飞行稳定	测绘相机（正射、倾斜相机、激光雷达融合）
应急通信	固定（复合）翼无人机、旋翼无人机	续航时间长	通信模块

表 9-6（续）

实现功能	选用机型	性能要求	机载设备
喊话照明	旋翼无人机	续航时间长	喊话器、探照灯
物资运输	旋翼无人机	载重量大、续航时间长	抛投器、索降机构（灭火弹、物资）

在实际应用中，同一救援场景中可能需要同时完成侦察、通信、物资运输等多种任务，可以选择不同类型飞行平台搭配使用。例如，在野外复杂场景或气象条件较恶劣的情况下需采用大型无人机，日常监测等情况可以采用中等规模机型，普通现场侦察等场合采用小型无人机即可。除了无人机飞行平台，还需要高清、可变焦及专业热红外镜头等多种类型镜头配合使用。比如，火灾现场的侦察等需要热红外镜头的使用，远端侦查则需要可变焦镜头等。

针对日常监测需要，可配备小型无人机，通过定制化飞行软件与无人机指挥作战平台实时互联，能够将日常监测拍摄的图片数据上传至数据平台存储，同时支持指挥平台调取无人机空中实时影像。针对临时救援需求，使用中型无人机搭配高倍率变焦镜头，大型无人机搭载喊话器等设备，支持指挥作战平台远程实时操控云台相机进行现场远程监控。

二、装备保管

无人机装备保管是无人机和辅助设备在非使用状态下对其实施保存和管理，是装备管理的重要内容和关键环节。无人机保管应着眼战备，确保安全和质量。无人机保管，应当根据技术标准和战备要求，按规定的顺序统一排列，分类存放，配套保管；机身和零部件要尽量装箱上架，堆垛整齐稳固，做到"一垫五不靠"（下有垫木，上不靠房顶，四周不靠门窗和墙壁）、"十防"（防潮、防热、防冻、防火、防雷、防洪、防尘、防盗窃破坏、防鼠咬虫蛀和防间保密）；要及时进行登记、统计，做到"三相符"（即账、物、标签相符）；应不断改善无人机储存保管环境，库房结构牢固，库区清洁整齐，并有良好的消防设备和避雷装置。除待修、待报废的无人机外，所保管的无人机应当保持良好的技术状态。

（一）装备临时存储

装备（无人机和辅助设备）临时存放应选择恰当的地方，可设置装备临时存储区。在选择存放地点要考虑以下因素：火源（明火和火星）、温度、湿度、灰尘、防盗、附近货物的堆叠情况。

（二）装备长期存储

拟长期存储的装备应保持良好的技术状态，保证启用时其实战性能仍能适应实战的需要。

1. 存储前操作

如果装备要停止使用一个月以上，在存储前要做好以下存储步骤：

（1）拆除机载电池和遥控器电池并使用专用充电器给电池充电至百分之七十后，将电池存放在电池防爆柜内或阴凉干燥的地方，并确保每月充放一次电。

（2）燃料必须从油箱和化油器里放出。

2. 存储注意事项

（1）确保质量。根据技术使用说明书所规定的要求，按维护保养项目对拟入库存储的装备（无人机）进行全面彻底地维护保养，进行通电、启动、运转、试车等全面检查，排除故障，检查合格后将无人机装箱存放。

（2）检查数量。存储前要组织点验，清点无人机、辅助设备、工具等的型号及数量，检查配套情况，进行登记统计，并将无人机信息资料整理归档。

（3）保证安全。在无人机存放过程中要注意防止无人机、器材的损坏和意外事故发生，装备管理小组要制定相应的安全守则和措施，并督促认真执行。

3. 长期存储后无人机的操作

（1）对于电动无人机，要将充满电的电池装入无人机和遥控器，装入电池前要先确认无人机的主开关和遥控器电源开关处于关闭状态。连接蓄电池正负极时，不要将正负极接反，先接正极再接负极。

（2）对于油动无人机，要准备新配制的燃料，将燃料加注到油箱中，使用很长时间前配制的燃油会导致启动和发动机运转情况变差。经过长时间的存储，发动机会比较难启动，要进行启动发动机操作。

（3）进行飞行前的检查。

三、装备使用

装备使用严格按照操作手册进行，使用过程中坚持定人定岗定责，使用人员要熟悉无人机设备结构功能及使用程序，经过培训考核合格后上岗。

为方便装备管理与使用，建立无人机装备小组专门负责无人机装备的保管与出入库登记。装备管理小组要做到战备装备保持最佳战备状态，及时检查维修，做好随时出动任务的准备；组织实施装备的日常维护，每周至少进行一次装备日活动，对无人机装备进行检查、维修、电池维护，同时清理机库、耗材库等的卫生；及时做好装备出入库登记，入库时需严格检查装备的数量和完好程度，保证无误后方可入库并履行登记手续。

无人机装备使用者在使用前需要按照规定向装备管理小组提交领用申请表（表9-7），按照程序审批完成后领用装备，装备管理小组做好无人机装备器材出入库登记表（表9-8）。在教学和训练需要借用装备时，需提前一天提供使用装备的清单，装备管理者按照需求提前准备好装备；装备使用完毕后，要对装备进行清洁和维护，办理入库登记，按照要求放回原处。若有装备损坏或者丢失情况，借用者视情况进行赔偿或者提供书面的情况说明。各单位可根据实际情况自行制定无人机装备使用规定和程序。

表9-7 无人机装备器材领用申请表

序号	名称	型号	单位	数量	使用日期	归还日期	用途	装备状态	使用后状态	备注

批准领导：　　　　　　　　领用人：　　　　　　　　交付人：

表9-8 无人机装备器材出入库登记表

名称	型号	单位	数量	用途	出库时间	出库人	入库时间	入库人	管理员	备注

四、装备维护

无人机系统包含很多精密元器件，在无人机使用中，往往需要进行一系列维护工作来确保无人机时刻保持良好的战备状态，不同类别的无人机维护内容和方法有差异，需要结合说明书开展。

（一）装备维护分类

无人机的维护为无人机的检查和维修，包括部件的替换。正确的维护能够确保无人机在其运行寿命周期内满足可接受的适航标准。不同类型的无人机维护要求不同，每飞行一定时间就需要进行定期维护或某种类型的预防性维护。这些维护同时受运行类型、气候条件、保管设施、机龄和无人机结构的影响。无人机维护主要有预防性维护、检查性维护、修理和更换等。

1. 预防性维护

预防性维护主要包括简单的或者次要的维护操作以及小的标准零件或设备的替换，不涉及复杂的操作。认证的驾驶员，可以对他们拥有或者运行的任何无人机执行预防性维护。

（1）每次飞行结束都要按清单清点设备、材料和工具。

（2）及时把SD卡内的相片及视频移进计算机，避免积压占用过多的内存给下次使用带来不便。

（3）每次飞行结束后及时检查飞行器完好情况，如螺旋桨、护架等的完好情况，发现有缺陷的要及时更换修复，如不能修复的应暂停使用此飞行器，避免造成对飞行器的继续损坏，必须修复好后方可继续飞行。

（4）及时清理油污、碎屑，保持各部位清洁。

（5）视需要加注润滑油。

（6）长期储存时，整机使用机衣进行防尘，轴承和滑动区域喷洒专用保养油进行防腐蚀与霉菌。

（7）定期保养包含但不限于以下内容：①保持机身外观完整无损；②保持机身框架完好无裂纹；③保持橡胶件状态良好；④保持紧固件、连接件稳定可靠。

（8）日常保养包含但不限于以下内容：①保持任务载荷设备清洁；②保持数据存储空间充足；③合理装卸，妥善储存，避免碰撞损坏。

2. 检查性维护

所有者和运营者对处于适航条件的无人机维护负主要责任，必须对无人机执行可靠检查，所有者在任何故障校正的检查期间必须维持无人机的适航性。

所有的民用无人机按照特定的时间间隔来确定总体运行状态，间隔时间依赖于无人机所属的运行类型。一些无人机需要每12个月至少一次检查，而其他无人机要求的检查间隔是每运行100 h检查一次。在某些情况下，可以按照一个检查制度来检查无人机，这个检查制度是为了对无人机进行完全的检查而建立的，可以基于日历时间、服务时间、系统运行次数或者这些条件的组合。

所有检查都应该遵守制造商的最新维护手册，包括检查间隔、部件替换和适用于无人机的寿命有限条款这些连续适航性的说明。

3. 修理和更换

修理和更换被分为重要的和次要的两个级别。重要的修理和更换应该由局方评级的认证修理站、持有检查授权的局方认证人员，或者在局方的代表批准后执行。常见的一些无人机部件需要修理和更换的情况如下。

1）电池

一般电池的正常使用寿命是很长的，但是一旦电池坏了，就需直接更换新的。

2）螺旋桨

螺旋桨由于其本身材质的特性，损坏较快。桨叶一旦出现裂痕、缺口等会直接影响飞行稳定性，所以需要直接更换新的桨叶。

3）减震球

当拍摄视频出现果冻效应时，很可能是减震球破损。一旦发现其破损了，应马上更换，以免航拍影片画面产生扭曲或波动。

4）电动机

除了螺旋桨外，对飞行稳定性影响最大的就是电动机了。如果无人机在悬停时出现无故侧倾或无法顺利降落，则有可能是电动机出了问题。可先尝试重新校正机身后再起飞。若仍然出现问题，那么一定要及时送厂检修，避免出现电动机停转导致无人机失控甚至坠毁。

无人机修理更换需要做好记录（表9-9），建立信息档案，便于了解无人机系统基本硬件情况。

表9-9　无人机装备器材维修记录表

日期	名称型号	维修方式	送修时间	送修人	厂家联系人及电话	修好时间	情况描述

（二）多旋翼无人机的维护

多旋翼无人机由于其机动灵活及可悬停的特性，广泛用于航拍航测。多旋翼无人机的维护包括无人机机身、电动机、螺旋桨、遥控器、云台和相机、电池、视觉定位系统。

1. 无人机机身检查保养

目前，大多数无人机采用碳纤维材料作为机身，在保护无人机内部电路不被外界环境腐蚀的同时，一般也设有散热孔，但小的孔隙也容易让机身受到腐蚀难以清理。

机身检查保养技巧如下：

（1）检查机身螺丝是否出现松动，机身结构、机臂是否出现裂痕破损。

（2）检查减震球是否老化（减震球外层变硬或者开裂）。

（3）检查GPS上方以及每个起落架的天线位置是否贴有影响信号的物体（如带导电介质的贴纸等）。

（4）尽量避免在沙土或者碎石等有小颗粒存在的环境下起飞。

（5）避免在雨雪天或者雾气较大的天气使用无人机。

2. 电动机检查保养

电动机检查保养技巧如下：

（1）清擦电动机。及时清除电动机机座外部的灰尘、淤泥，如使用环境灰尘较多，最好每次飞行之后清理一次。

（2）检查和清擦电动机接线处。检查接线盒接线螺丝是否松动、烧伤。

（3）检查各固定部分螺丝，将松动的螺母拧紧。

（4）检查电动机转动是否合格。用手转动转轴检查是否灵活，有无不正常的摩擦、卡阻、窜轴和异常响声，同时检查电动机上各部件是否完备。

（5）如果通电后某个电动机不转、转速很低，或有异常响声，应立即断电；若通电时间较长，极有可能烧毁电动机，甚至损坏控制电路。

3. 螺旋桨检查保养

在正常使用中，因视觉误差或操作不当导致的撞毁时有发生，使得螺旋桨成为高耗材之一。螺旋桨检查保养技巧如下：

（1）检查螺旋桨是否出现裂痕、缺口等直接影响飞行稳定性的问题。如果损伤严重，最好直接更换新的螺旋桨。

（2）注意起飞前螺旋桨是否按顺序固定好。

4. 遥控器检查保养

无人机遥控器一般包括开关键、遥控天线、摇杆等基础装置。想要无人机在空中展现各种姿态，除了飞手需要拥有丰富经验之外，还需要对遥控器进行保养，使其随时保持"最佳工作状态"。

遥控器检查保养技巧如下：

（1）不要在潮湿、高温的环境下使用或放置遥控器。

（2）避免让遥控器受到剧烈的震动或从高处跌落，以免影响内部构件的精度。

（3）注意检查遥控器天线是否有损伤，遥控器的挂带是否牢固以及与航拍器连接是否正常。

（4）在使用或者存放过程中，尽量不要"弹杆"。

5. 云台和相机检查保养

云台是无人机安装、固定相机的支撑设备。一般无人机云台都能满足相机的 3 个活动自由度，即绕 X、Y、Z 轴旋转。每个轴心内都安装有电动机，当无人机倾斜时，同样会配合陀螺仪给相应的云台电动机加强反方向的动力，防止相机跟着无人机"倾斜"，从而避免相机抖动。如果无人机的云台与相机出现故障，将导致航拍出现失误，所以平时的保养很重要。

云台和相机检查保养技巧如下：

（1）使用一段时间后，建议检查排线是否正常连接。

（2）金属接触点是否氧化，云台快拆部分是否松动，风扇噪声是否正常。

（3）相机镜片注意不要用手直接触摸，被污损后可用镜头清洁剂清洗。

（4）系统通电之后，检查云台电动机运转是否正常。

6. 电池检查保养

电池是无人机的动力之源，支撑着无人机飞行与作业。无人机电池需要放电，以此来满足无人机在不同环境下的使用要求，如遇强风，就需要电池能大电流放电以做出相应的补偿，保证无人机的稳定。

电池检查保养技巧如下：

（1）检查电池是否可以使用，观察电池外观是否有鼓包，有鼓包的电池不建议继续使用。

（2）如果经常外出航拍，还应注意温度对电池的影响。电池理想的保存温度为 22 ~ 28 ℃，切勿将电池存放于低于 - 10 ℃ 或高于 45 ℃ 的场所。

（3）长时间不用时应把电池放在阴凉且干燥的地方保存。电池每隔大约 3 个月或经过约 30 次充放电后，需进行一次完整的充电和放电过程再保存。定期检查智能飞行电池寿命，当电池指示灯发出低寿命报警时，请更换新电池。

7. 视觉定位系统检查保养

视觉定位系统是通过内置的视觉和超声波传感器感知地面纹理与相对高度，来实现低空无 GPS 环境下的精确定位和平稳飞行。

视觉定位系统检查保养技巧如下：

（1）检查视觉定位系统模块的镜头是否有污损或者异物，若有及时清理。

（2）检查视觉定位系统固定是否牢靠，全部步骤完成后，在室内不装螺旋桨的情况下将系统启动，连接 APP，在一个光线充足、地表有丰富纹理且有坚硬地面的位置平握飞行器，使飞行器距离地面 1～2 m，将遥控器飞行模式切换至 P，查看 APP 界面上是否出现离地高度以及 P–OPTI 的模式。若出现，则表明视觉定位系统工作正常。

8. 常用维护工具

无人机的一些简单维护保养可独立完成。准备一个小工具箱，用于放无人机的保养、清洁和修理工具等。这些工具需和无人机的品牌、型号相匹配。

1）无人机清洁工具

（1）柔软的小清洁刷：用于清除无人机角落与缝隙中的尘垢，也可以用清管器代替。

（2）罐装压缩空气：清洁彻底，不留水痕，环保配方，带强力小气吹，能有效地清洁缝隙的灰尘。它适合用来清除无人机电动机或电路板旁边的尘垢，而且还不会损坏无人机。

（3）异丙醇：可以去除污垢、草渍、血液等各种顽渍，不会损坏电路，可以让无人机外壳光洁如新。

（4）超细纤维布：吸水去污能力强、易清洗、不掉毛、不生菌、不伤物体表面，又可以和异丙醇协同工作、配合完美，能把无人机清洁彻底。

（5）三合一多用途润滑剂：包装小巧、使用方便、高效润滑且有清洁、防锈力效，能精准点滴在需要保养的部位。它适用于各种金属制品表面的润滑、防锈，包括精密轴承、齿轮的润滑，各类工具的润滑保养。

2）无人机修理工具

无人机在飞行或降落过程中都有可能发生小故障。无人机是一种精密器械，任何部件的微小变动都会影响其飞行状态和使用寿命。所以，在处理无人机故障时务必小心谨慎，在出门之前也要备足工具。

（1）备用支架：支架是让无人机飞起来的重要零件之一，一旦支架出现故障就应立刻降落，用备用支架把它替换下来。备用支架的型号也要和机型匹配。

（2）工具箱：小工具箱能够装下所有需要的工具，方便携带，而且能够快速进行现场维修。

（3）烙铁：随身携带烙铁是区分专业人员与业余爱好者的重要标准之一。一旦无人机的电线或电子设备出现重大故障，烙铁就派上了用场。但是，一定要有使用烙铁的经验，保证焊接到位以防发生安全事故。

（4）备用电池：要根据无人机的具体情况而定。如果有可更换电池，一定要充满电，作为备用。

（三）固定翼无人机的维护

固定翼无人机的维护保养与多旋翼无人机的维护保养有很多结构部件类似，如无人机的日常维护及电机、电池等设备保养不再赘述，这里主要介绍固定翼无人机中特有设备的维护。

1. 电调的简易修理

电调的损坏现象并不是各不相同，而仅仅是有所不同，不管电调是什么样的损坏状况，其检测和维修的步骤其实是大同小异的。电调的损坏需要检查的部位一般有 BEC、单片机的供电、MOS 管的前级推动、末级 MOS 管。对于 PCB 已经烧焦的，建议报废。

2. 舵机故障的判断与修理

（1）炸机后舵机电机狂转、舵盘摇臂不受控制、摇臂打滑，则可以断定齿轮扫齿了，这时应换齿轮。

（2）炸机后舵机一致性锐减，现象是炸坏的舵机反应迟钝、发热严重，但是可以随着飞控的指令运行、舵量很小很慢，则基本可以判定舵机电机过流了。拆下电机后，发现电机空载电流很大（大于 150 mA），且失去完好的性能（完好电机空载电流 ≤90 mA），这时应换舵机电机。

（3）炸机后舵机打舵后无任何反应，基本确定舵机电子回路断路、接触不良或舵机的电机、电路板的驱动部分烧毁。这时应先检查线路，包括插头、电机引线和舵机引线是否有断路现象，如果没有则进行逐一排除，先将电机卸下测试空载电流，如果空载电流小于 90 mA，则说明电机是好的，舵机驱动烧坏了，换掉 9～13 g 微型舵机电路板上面的 2 个或 4 个小贴片三极管即可。若是有 2 个三极管的，用 Y2 或 IY 直接代换，也就是 SS8550；若是有 4 个三极管的 H 桥电路，则直接用 2 个 Y1（SS8050）和 2 个 Y2（SS8550）直接代换，65MG 的 UYR 用 Y1（SS8050，IC = 1.5 A）；UXR 用 Y2（SS8550，IC = 1.5 A）直接代换。

（4）舵机摇臂只能一边转动，而另外一边不动时，舵机电机应该是好的，主要检查驱动部分，有可能烧了一边的驱动三极管，此时按照（3）维修即可。

（5）维修好舵机后通电，发现舵机向一个方向转动后就卡住不动了且舵机吱吱地响，说明舵机电机的正负极或电位器的端线接错了，这时将电机的两个接线倒个方向即可。

（6）崭新的舵机买回来后，通电发现舵机剧烈抖动，但用遥控摇臂后舵机一切正常，说明舵机在出厂的时候装配不当或齿轮精度不够，这个故障一般发生在金属舵机上面。其解决的方法：卸下舵机后盖，将舵机电机与舵机减速齿轮分离后，在齿轮之间挤点牙膏，上好舵机齿轮顶盖、减速箱螺丝后，安上舵机摇臂，用手反复旋转摇臂碾磨金属舵机齿轮，直至齿轮运转顺滑、齿轮摩擦噪声减小后，将舵机齿轮卸下并用汽油清洗，这样可解决舵机故障。

（7）有一种故障舵机表现：遥控指令时舵机有正常的反应，但是固定某一位置后，故障舵机摇臂还在慢慢地运行，或者摇臂动作拖泥带水并来回动作，固可以确定在舵机末级齿轮中电位器的金属转柄与舵机摇臂大齿轮（末级）结合不紧，甚至发生打滑现象，导致舵机无法正确寻找飞控发出的位置指令、反馈不准，从而不停地寻找导致的，这时电位器与摇臂齿轮紧密结合后故障可以排除。按照上述方法检修后故障仍旧存在时，有可能是舵机电机或电位器的问题，需要综合分析逐一排查。

（8）故障舵机不停地抖舵，如排除无线电干扰和电位器老化等原因时则需更换。

（四）无人直升机的维护保养

无人直升机系统的维护保养与多旋翼无人机的维护保养有很多结构部件类似，如无人机的日常维护及电机、电池等设备保养不再赘述。单旋翼无人直升机系统相对于电动多旋翼无人机系统结构更为复杂，必须做好日常维护保养工作。

1. 机身检查保养

（1）机身主体的清洁工作，如大桨、尾案、机身板、尾杆、外露轴承、全机舵机拉杆的清洁工作。

（2）主轴、外露轴承、启动轴、尾轴及其变矩结构建议涂上润滑脂，以达到润滑、防锈、防腐蚀的目的。

（3）清洁过程中注意观察大桨、尾桨和尾杆的完整度、是否膨胀、是否开裂等情况，机身板上的固定螺丝是否有松脱等现象。

（4）检查主螺旋头、尾螺旋头、尾同步轮的各个螺丝状况，大桨的固定情况，T头是否松动。

（5）检查主轴横向是否有晃量，上下是否有松动。如晃量很大，建议与厂家联系处理；若上下松动明显，建议马上返厂维修。

（6）检查齿轮箱前轴横向是否有晃量，若有晃量，建议返厂维修。检查单向轴承，正常状况是顺时针方向旋转时只能自转，逆时针方向旋转时会带动主轴旋转。

（7）顺时针旋转离合器罩，观察是否卡壳、不顺畅。有必要可拆掉皮带检查，正反向都应旋转顺滑。

2. 启动器检查保养

单向轴承是否损坏，固定螺丝是否松脱，继电器是否脱焊。

3. 遥控器清洁检查

注意防潮、防尘、防暴晒，有条件的话可用风枪吹干净；检查各个操纵杆、按键是否正常工作。

4. 主皮带、尾皮带、风扇皮带检查

作业期间每周检查确认，长时间未使用时在首飞前应先检查一次；要注意是否少齿、分叉以及其他可能导致断裂的状况，并检查松紧度是否合通。

5. 检查更换空气滤清器

空气滤清器的干净与否会影响发动机的工作效率，因此要经常检查空气滤清器，在其更换安装时注意固定卡是否对齐、牢靠。

6. 清洗火头检查保养

作业期间，建议每周用汽油清洗一次火头，并将火头上的积炭用铜丝刷刷掉；清洗干净后，用间隙尺测量火头间隙是否为 0.7 mm。

7. 齿轮油检查及更换

作业期间建议每周检查一次，连续使用一个月后可拧开加油孔检查齿轮油是否老化，长时间未使用时在其首飞前也须检查确认。10 个飞行小时磨合阶段后应更换一次齿轮油，以后每 30 个飞行小时更换一次齿轮油。每周检查一次齿轮油密封状况，即是否有渗漏，若齿轮油老化明显建议更换。

8. 线路检查保养

无人直升机属于精密器械，任何部件的微小变动都会影响其飞行状态和使用寿命。因此，不仅在其使用、转运和存放的过程中应该小心谨慎，其日常的保养工作也是非常重要，甚至在很大程度上决定了其使用的寿命。作业期间建议每周进行线路检查保养。

五、装备运输

无人机体积大小不一，尤其是轻型、中型无人机不方便携带，需要构建无人机装备运输保障。无人机的装备运输要根据任务紧迫度、离任务场地的距离等综合考虑，采取适宜的运输方式，目前前往任务区采用的交通方式主要为飞机、火车和汽车。

（一）飞机出行

目前，国内航空公司规定允许携带登机的行李体积、数量有限，设备大都会超过携带尺寸，所以需要进行设备托运。

1. 设备托运

到达机场后首先要为设备办理托运。如果携带大量设备，为了保证充足的办理时间，需要提前 2～3 h 到达机场，为托运和安检至少留出 1 h。

易损设备建议随身携带，如监视器、相机等；工具类则需要托运；特殊的器材既不能随身携带，也不能托运，如清洁气罐等。如果设备不符合航空公司的托运或携带规定，可能导致误机等问题，具体的要求还要查阅不同航空公司的规定。

为适应远途运输，降低运输过程对无人机系统损坏的风险，运输前一般根据系统整体装备采用自有包装箱或定制便携箱装箱运输（图 9 - 6），对装备做好防撞击措施。

2. 锂电池携带

飞机出行最大的困扰在于携带大量的锂电池。虽然各航空公司对于能带上飞机的电池

图 9-6 无人机装备便携箱

容量和体积，有明确的规定，但出发前仍需查阅所乘坐航空公司关于锂电池携带的相关规定。

携带锂电池时需要特别注意：小于 100 W·h 的锂电池可以随身携带；100 W·h 和 160 W·h 之间的锂电池，每位旅客携带不能超过 2 个，且不能托运；超过 160 W·h 的电池禁止带上飞机。此外，在出发前应对锂电池做好保护措施，如将电池的正负极做好绝缘，使用绝缘袋包装电池等。

3. 锂电池邮寄

有些超过航空公司运输标准的电池，可以选择邮寄的方式运输，但是寄送锂电池都是陆运，时效性比较慢，需要提早准备。运输前，需要把锂电池放电至安全电压（保存电压），做好绝缘保护，防止电池自燃。例如"悟"Inspire2 使用的 TB50 电池，可以通过 DJI 电池管理站放电至 25% 左右，非智能电池可以使用锂电池放电设备将电压放至 3.75 V 左右。

（二）火车出行

如果乘坐火车出行，安检时间较快，预留 1 h 即可。火车不限制锂电池携带，不需要考虑锂电池的携带问题。但不是所有物品都可以携带，具体禁止和限制携带品需参考《铁路进站乘车禁止和限制携带品公告》。

（三）汽车出行

当拍摄地距离较近或需要频繁转场时，可以考虑汽车出行的方式。相比飞机和火车，汽车便于携带无人机装备，能更快更灵活地转场。在实际外场作业时，很多时候不便为飞行器充电，而汽车出行可以携带一个 220 V 车载逆变器或发电机连接到汽车电瓶给飞行器电池充电，以解决户外充电问题。

目前国内专业无人机运输车辆较少，但是随着无人机的应用不断广泛，运输需求愈发明显，无人机保障运输车的研究也不断发展，中大型无人机系统的运输一般根据装备特性采用改装或组装车辆进行运输。

集装箱式无人机装备运输车采用集装箱设计，将不同类型无人机机体箱、天线箱、地面站等分类分格摆放，并用标签标注，方便取用，如图9-7所示。

(a) 运输车整体　　　　　　　　　　　(b) 运输车装备存储仓

图9-7　集装箱式无人机装备运输车

应急无人机保障运输车（图9-8），具有无人机运输、无人机充电、无人机信号中继等功能。其车顶配备无人机升降平台，侧开式平移顶盖，用于无人机的起降；尾部具有液压尾版及器械装备柜，可用于无人机搬运、保障设施的转运；前舱设计为无人机操控间，满足无人机的操控及视频信息的回传等需求，实现一车多能、专业保障的新型勤务模式。

图9-8　无人机保障运输车

📖 习题

1. 目前我国有哪些无人机相关法律法规？

2. 为了飞行安全，无人机飞行前后应该重点做好哪些检查？

3. 以北京地区为例，在开展无人机训练和执行消防救援任务时，空域申报流程是什么？

4. 无人机的使用、存储及运输应该注意哪些方面？

第十章　无人机消防救援应用训练

无人机消防救援应用对无人机的操作技能、组织指挥能力要求高，需要严格按照无人机分队训练大纲开展常态化训练，以提升无人机分队遂行实战任务能力。

无人机训练设置指挥训练、专业训练和合成训练3个部分。指挥训练主要包括基础训练与组织指挥；专业训练主要包括无人机侦察与救援、无人机航测、应急通信保障等单人训练和班（组）训练；合成训练主要以战备拉动形式展开。

训练按照"任务牵引、课题主导、周期循环"的模式运行。根据任务有针对性地选择相关课题，逐级合成、专攻精练。年度训练以专业训练为主线，指挥训练和合成训练结合季节性任务特点贯穿全年开展，常态保持遂行任务基本能力。

第一节　指　挥　训　练

一、基础训练

基础训练包括基础理论、信息化装备操作与使用、识图用图、教学组训技能共4个课目。

（一）基础理论

基础理论训练包括相关政策法规、遂行任务理论、训练理论、航空气象常识、灾情常识、信息化知识和安全知识，要求熟悉相关法规基本内容，把握基本原则，掌握基本精神，能综合运用所学政策法规分析、研究、解决实际问题；把握各类自然灾害救援行动的特点、规律和基本原则，掌握组织指挥遂行任务的基本程序和方法；熟悉训练的基本内容，理解基本思想，掌握基本原则，能运用知识指导分队训练。

（二）信息化装备操作与使用

信息化装备操作与使用包括计算机操作与网络应用、超短波电台、卫星导航定位终端以及其他信息化装备（系统）的操作和使用。

（三）识图用图

识图用图训练主要是电子地图使用与标绘，要求了解电子地形图、电子城区图的基本知识，熟悉常用地物符号；会在图上进行距离、面积、高程（高差）、坡度（起伏）、通视、方位（密位）等量算与判定，能在图上识别山的各部形态，能利用地形图进行地形分析；能现地判定方位，准确确定站立点、目标点；熟记任务常用标号，熟悉标示规则，能快速识别和解读标号，掌握标绘要领，准确解读要图，会手工和计算机标图。

（四）教学组训技能

教学组训技能训练包括编写教案及想定、制作多媒体课件和教具、教学法，要求掌握教案、想定的编写方法，教案和想定的要素齐全、内容完整、操作性强；会运用常用软件制作多媒体课件，能根据教学需求制作教具；掌握重难点课目教学组训方法。

二、组织指挥

（一）任务研究

任务研究包括任务、对象、环境研究和战法战例研究，要求对遂行的主要任务、类型、基本原则和行动对象的特点、方式研究透彻；任务区地形、交通、天候等情况掌握清楚，对行动的影响分析准确；准确把握战法的核心要义，掌握行动要领，能针对不同情况灵活运用；熟悉战例研究的程序、内容和方法，能从战例中总结提炼形成理论成果，并有效指导工作实践。

（二）计划方案讲解

以战备方案和电子地图为基础，讲解计划方案，涉及情况判断、任务区分、力量编成和情况处置等，可口述行动命令。其要素齐全，语言流畅，声音洪亮，吐字清晰，表述准确，动作规范。

（三）遂行任务组织指挥

以作业想定为基础，开展无人机侦察、航测、应急通信组织指挥，掌握基本程序、方法与步骤，会组织指挥各类任务行动。

第二节 专 业 训 练

一、无人机侦察与救援

（一）单人训练

1. 侦察与救援基础理论

训练内容包括无人机的组成、常用载荷、无人机装备和侦察与救援常识。

2. 飞行控制基础

飞行控制基础包括仿真模拟飞行、穿越机飞行和训练机飞行训练，开展多旋翼无人机起降、多位悬停、自旋和固定翼无人机起降、四边航线、低空通场等科目训练。

3. 无人机操作与使用

采用任务无人机开展装备展开与撤收、操作使用、维护保养和一般故障排除科目训练，熟练掌握无人机操作与使用规范。

4. 无人机灾情侦察

采用任务无人机开展无人机灾情侦察训练，包括作业机的组装与调试、无人机侦察载荷使用、无人机任务规划、数据处理与研判。

5. 无人机抛投

采用任务无人机开展无人机抛投训练，包括无人机抛投载荷操作与使用、目标探测与定位、伞降与索降抛投，要求熟悉无人机抛投载荷操作与使用；掌握目标探测与定位方法；掌握伞降与索降抛投。

（二）班（组）训练

1. 全景侦察与重点区域监控

采用任务无人机开展全景侦察与重点区域监控训练，了解全景侦察与重点区域监控的应用场景，掌握全景侦察和重点区域监控方法。

2. 指挥疏导与危化品探测

采用任务无人机开展指挥疏导与危化品探测训练，包括相关任务载荷的应用，指挥疏导与高空照明、危化品探测科目训练。

3. 多机协同抛投

采用任务无人机开展双机或多机协同抛投训练，掌握协同抛投的方法。

4. 中继侦察和物资投送

采用中继无人机系统及配套载荷开展中继无人机系统的应用，超视距侦察、物资投送；要求掌握中继无人机系统的应用方法，以及超视距侦察、物资投送的方法。

二、无人机航测

（一）单人训练

1. 航测基础理论

航测基础理论包括航测无人机的组成、常用载荷、航测成果、航测常识。

2. 航测无人机操作与使用

采用常用航测无人机开展装备的展开与撤收、操作使用、维护保养和一般故障排除科目训练，熟练掌握航测无人机操作与使用规范。

3. 航测无人机数据采集

采用常用航测无人机及配套载荷开展数据采集训练，包括无人机组装与调试、数据采集载荷使用、任务规划、数据存储与检查。

4. 快拼图制作

以影像数据为基础，在图形工作站或计算机上安装快拼图制作软件（如无人机管家）开展快拼图制作训练，包括常用快拼图软件操作与使用、单机快拼图制作与集群快拼图制作，要求熟练掌握快拼图制作流程，产出有效成果。

5. 三维实景建模

以影像数据为基础，在图形工作站或计算机上安装三维实景建模软件（如 Context

Capture）开展快拼图制作训练，包括常用三维实景建模软件操作与使用、单机三维实景建模与集群三维实景建模，要求熟练掌握三维实景建模流程，产出有效成果。

6. 专题图制作

以快拼图数据为基础，在图形工作站或计算机上安装专业 GIS 软件（如 ArcGIS）开展专题图制作训练，包括常用 GIS 软件操作与使用、GIS 专题图制作，要求熟练掌握 GIS 专题图制作流程，产出有效成果。

7. 多源数据融合分析

以快拼图数据、基础地理数据、气象数据等为基础，在图形工作站或计算机上安装专业 GIS 软件（如 ArcGIS）开展多源数据融合分析，包括多源数据融合分析与灾害辅助决策信息提取。

（二）班（组）训练

1. 快拼图数据采集、处理、分析与成果输出

采用常用航测无人机及配套载荷开展数据采集，在图形工作站或计算机上安装快拼图制作软件开展快拼图制作，进行数据分析，形成成果输出。

2. 三维实景模型数据采集、处理、分析与成果输出

采用常用航测无人机及配套载荷开展数据采集，在图形工作站或计算机上安装三维实景模型制作软件开展三维实景模型制作，进行数据分析，形成成果输出。

3. 快拼图多机协同数据采集、集群处理、分析与成果输出

采用多台常用航测无人机及配套正射载荷开展多机协同数据采集，在多台图形工作站或计算机上安装快拼图制作软件开展集群快拼图制作，进行数据分析，形成成果输出。

4. 三维实景模型多机协同数据采集、集群处理、分析与成果输出

采用多台常用航测无人机及配套倾斜载荷开展多机协同数据采集，在多台图形工作站或计算机上安装三维实景模型制作软件开展集群三维实景模型制作，进行数据分析，形成成果输出。

5. 航测组综合作业演练

采用多台常用航测无人机及配套正射、倾斜载荷开展多机协同数据采集，在多台图形工作站或计算机上安装快拼图制作软件和三维实景模型制作软件开展集群快拼图制作与集群三维实景模型制作，进行数据分析，形成成果输出，掌握多小组协同作业的方法。

三、应急通信

（一）单人训练

1. 指挥信息化与应急通信保障基础

指挥信息化与应急通信保障基础为基础理论进行知识训练，包括指挥信息化与应急通信保障的常识、指挥信息化与应急通信保障的任务职责、法规性文件解读、常见的应急通信保障装备介绍（室外）；要求掌握指挥信息化与应急通信保障的基本要求、力量分级和

保障任务，掌握指挥信息化与应急通信保障的岗位设置和岗位职责，了解常用的应急通信保障装备及作用。

2. 应急通信基础理论

应急通信基础理论训练包括卫星通信基础理论、短波超短波通信基础理论、无线宽带专网基础理论、数字集群通信基础理论、先进应急通信技术展望，要求了解通信领域和应急通信领域的发展前景、常用的应急通信保障装备及作用；掌握卫星通信，短波、超短波，无线宽带专网，数字集群通信的基本理论知识以及每种应急通信方式的特点及适用范围。

3. 卫星通信系统设备操作

卫星通信系统设备操作是基于配备装备开展卫星（海事卫星、Ku 卫星、Ka 卫星）便携站操作，了解各类卫星便携站的组成部分、主要性能参数和特点以及存储和运输要求；掌握保养维护的基本方法和技巧，熟练掌握卫星便携站的展开、调平、对星等操作和组网方法；能够利用架设卫星便携站对作业展开现场提供有线宽带和卫星通信服务。

4. 卫星平板与卫星电话使用

卫星通信系统设备操作是基于配备装备开展卫星平板与卫星电话（铱星卫星电话、海事卫星电话、天通卫星电话）使用操作，掌握卫星平板的使用方法，能运用卫星平板对卫星通信系统进行参数设置、对星和其他管理任务；掌握各类卫星电话的组成部分，会使用各类型的卫星电话；掌握保养维护卫星平板和卫星电话的基本方法；能够利用架设卫星便携站对作业展开现场提供有线宽带和卫星通信服务。

（二）班（组）训练

1. 自组网通信设备操作

基于配备自组网通信设备开展操作使用，了解自组网设备的结构组成和组网原理；掌握车载自组网设备和单兵背负自组网设备的使用方法；能够对自组网设备进行参数配置、调试和维护保养，进行点对点组网操作和通信。

2. 长航时无人机自组网通信设备操作

基于长航时太阳能无人机系统和单兵自组网设备开展，包括长航时太阳能无人机的结构组成和配套自组网设备的功能、太阳能无人机起降操作和地面站操作、太阳能无人机Mesh 节点的参数设定、通过太阳能无人机进行节点组网、通信和相互访问，要求能够正常起降太阳能无人机，掌握太阳能无人机的地面站操作技巧和维修保养方法；学会两点节点之间通过太阳能无人机进行组网的方法，以及简单判定太阳能无人机飞行姿态状态对通信的影响。

3. 短波电台、数字集群电台操作

短波电台、数字集群电台操作包括短波通信天线的架设、基地台和背负台的操作和参数设定、数字集群电台的操作和集群电台写频与频谱管理，3 人协同架设短波电台天线；掌握短波基地台和背负台的参数设定和通信方法，进行电台写频操作；掌握电台的维护保

养方法。

4. 指挥信息化与视频会议保障

指挥信息化与视频会议保障内容包括视频指挥箱和视频指挥终端使用操作、使用视频会议系统、视频会议分会场开设与保障、公网图传终端设备操作；熟练掌握开设视频会议分会场的方法，能对视频会议中出现的问题进行简单排除。

5. 现场指挥所开设

依托现场指挥所帐篷、信息化装备及配套设施开设现场指挥所，包括现场指挥所帐篷搭建、信息化装备联通、视频会议分会场开设与保障、音视频调度，要求快速完成搭建帐篷，了解现场指挥所信息化装备性能；熟练掌握现场指挥所信息化装备操作方法，会对现场指挥所开设任务中出现的问题进行简单排除。

第三节 合 成 训 练

合成训练是在任务背景下融合并涵盖指挥训练与专业训练的内容，主要包括任务场景设置、战备拉动、遂行任务等阶段，要求全员掌握合成训练程序，指挥员、组长、机长需掌握现地勘察和任务分析的方法，各组根据任务完成协同作业，根据实际情况设立安全保障机制。通过开展合成训练，使分队在近似实战环境下，得到全面摔打锻炼，提高分队综合作战能力。

一、任务场景设置

以不同灾害场景为基础构建任务场景，包括灾害类型，任务区域的位置、地形环境、天气条件、现场情况，以及作业任务等。

二、战备拉动

（一）启动应急响应

接到出动通知后，分队队长与副队长迅速进行沟通，并安排收拢人员、装备领取及检查工作。通知人员按照战备预案携带个人物品、规范着装，而后集合简要传达任务信息，并安排部署工作。按照分队战备预案及人员装备编成，队长负责将人员分组（按预案）开展准备工作，分别负责领取战备电池、检查各机组装备、各类保障器材情况。所有出动人员、装备准备到位后，集合队伍并组织人员蹬车，做好出发准备。

（二）组织人员投送

组织人员向任务区域投送，副队长组织各组组长对车厢内的电池等器材放置方式是否安全进行检查，防止跌落伤人或坠落损坏。通信组组长组织本组人员将对讲机调至预定信道，做好试联试通并分发。队长、副队长根据需要向分队传达灾情动态信息，以及分队到达任务区域后工作安排、注意事项等。

三、遂行任务

遂行任务阶段包括场地勘察与任务分析、作业区开设、作业实施及撤收与撤离 4 个阶段。

（一）场地勘察与任务分析

到达任务区域后，队长安排值班员带各组副组长及成员将装备卸载至车辆两侧，并有序摆放。队长、副队长带各组组长对任务现场场地进行勘察，包括任务区地形、交通、气候等，分析对行动的影响；结合场地勘察，以战备方案和电子地图为基础讲解计划方案，涉及情况判断、任务区分、力量编成和情况处置等，并与联指确定指挥帐篷架设及分队作业区域。

（二）作业区开设

根据场地勘察情况确定作业区开设位置，主要包括指挥帐篷架设和无人机作业区开设。

1. 指挥帐篷架设

指挥帐篷架设主要由队长统筹负责。确定指挥帐篷架设区域后，由队长与指导教员带领帐篷架设组对指挥帐篷进行架设。

2. 无人机作业区开设

无人机作业区开设主要由副队长统筹负责，包括开设装备存放区、人员作业区、飞机组装区、飞机起降区。作业场地确定后，各组分头组织开设装备存放区、人员作业区。副队长指定 2 名人员同步开展警戒带架设（圈定装备存放区、人员作业区、飞机组装区、飞机起降区），确保作业安全。装备存放区和人员作业区开设完成后，各机组原地待命，待副队长传达上级指示及分队任务后，各机组进行飞机组装。组装完毕后，由地勤人员将飞机搬运至飞机起降区，根据要求开展作业。

（三）作业实施

按照方案开展无人机侦察与救援、无人机航测、应急通信作业。作业时，各机组根据自身任务，按照起飞前检查→请求起飞（汇报）→抵达任务区域（汇报）→完成任务（汇报）→请求降落（汇报）的流程展开作业。

无人机侦察与救援组利用任务无人机对任务场景开展全景侦察和重点区域监控，获取位置、灾害信息及周围环境信息等，根据指挥开展超视距侦察、物资投送、指挥疏导等。

无人机航测组对任务区域进行航测作业，利用航测无人机及配套正射、倾斜载荷开展多机协同数据采集，在多台图形工作站上利用快拼图制作软件和三维实景模型制作软件，开展集群快拼图制作与集群三维实景模型制作，进行数据分析，形成成果输出，为现场指挥提供负责决策分析参考和排兵布阵底图。

通信组展开卫星便携站、电台、自组网等通信设备，基于长航时太阳能无人机开展无人机自组网通信，进行指挥信息化与视频会议保障，为无人机分队提供互联网接入保障，利用图传设备有线接入模式实现无公网条件下的视频回传。

除按操作规程操作使用装备外，副队长及指导教员应随时关注气象条件和任务现场环境，防止发生意外；各机组成员要密切关注飞机电池电量、飞机姿态等状态数据。各组作业时要管好所属装备、器材、配件，按要求放置到指定位置。遇寒冷天气时，要注意做好飞机电池防寒保暖工作，由各机组机长负责。

（四）撤收与撤离

任务完成后，副队长集合全体人员，安排撤收事宜。各机组按照与展开作业相反的顺序进行现场撤收与装备装载，防止装备及零部件的丢失、损坏和遗漏，副组长仔细核对装备数、质量情况，清点人数并组织登车。

四、人员装备归建与总结

人员、装备返回营区后，队长、副队长讲评分队遂行任务情况，并就有关后续工作进行安排。副队长安排装备保养工作，电池保障组负责将战备电池入库，并与指导教员确认。分教员与学员层面对实战任务进行总结，收集整理相关影像、视频、数据资料，对战例进行分析并归档。

📖 习题

1. 基础训练主要包括哪些课目？

2. 专业训练中，无人机侦察与救援、无人机航测、应急通信 3 个部分的主要训练内容有哪些？训练标准是什么？

3. 合成训练主要流程包括哪些？

4. 如何将训练内容与合成训练有机结合？

参 考 文 献

[1] 麻金继，梁栋栋. 三维测绘新技术［M］. 北京：科学出版社，2018.

[2] 贾平. 无人机系统光电载荷技术［M］. 北京：国防工业出版社，2019.

[3] 魏瑞轩，李学仁. 先进无人机系统与作战运用［M］. 北京：国防工业出版社，2014.

[4] 孙永生，崔宇. 无人机安防应用技术教程. 基础篇［M］. 北京：中国人民公安大学出版社，2018.

[5] 孙永生，罗颖. 技术教程. 提高篇［M］. 北京：中国人民公安大学出版社，2019.

[6] 杨宇，陈明. 无人机模拟飞行及操控技术［M］. 西安：西北工业大学出版社，2019.

[7] 谢辉. 无人机应用基础［M］. 西安：西北工业大学出版社，2018.

[8] 孙毅. 无人机驾驶员航空知识手册［M］. 北京：中国民航出版社，2019.

[9] 李发致，钟仲钢，皴益. 无人机应用概论［M］. 北京：高等教育出版社，2018.

[10] 远洋航空教材编写委员会. 无人机应用技术导论［M］. 北京：北京航空航天大学出版社，2019.

[11] 孔文. 无人机在灭火救援工作中的应用分析［J］. 消防界，2021（1）.

[12] 罗娜. 无人机在消防灭火救援监管工作中的应用［J］. 今日消防，2021（1）.

[13] 秦旸. 无人机在消防灭火救援工作中的应用［J］. 化工管理，2021（1）.

[14] 王念忠，张大伟，刘建祥. 无人机摄影测量技术在水土保持信息化中的应用［M］. 北京：中国水利水电出版社，2019.

[15] 蔡志洲. 民用无人机及其行业应用［M］. 北京：高等教育出版社，2017.

[16] 樊邦奎，段连飞，赵炳爱. 无人机侦察目标定位技术［M］. 北京：国防工业出版社，2019.

[17] 刘滨龙. 消防多旋翼无人机搭载电控水炮技术重组创新［J］. 中国科技信息，2020（11）.

[18] 刘滨龙. 舟艇机协作立体化水域救援探讨［J］. 中国科技信息，2020（11）.

[19] 尹黎，任壮. 消防无人机实战应用与发展研究［J］. 河南科技，2020（11）.

[20] 王林. 无人机在应对地震灾害方面的应用及发展［J］. 减灾纵横，2016（6）.